国際化学産業経営史

伊藤裕人

八朔社

はじめに

　本書は，世界市場競争の視点から，化学産業の歴史的発展について考察したものである。そのような経営史研究としては，個々の企業を具体的な対象とする個別経営史が経営史研究の基礎にあるといえるので，個々の企業の国際化を軸に世界市場競争について考察する「国際経営史」研究が考えられる。おそらく，これがオーソドックスな方法であろう。企業は競争のなかで発展するので，経営史研究は自ずから競争の分析へと進むことになる。いわば「企業→競争」という方法である。しかし，私は，競争の視点からの経営史研究を重視する立場から，いわば「競争→企業」という方法から，「国際産業経営史」研究を進めてきた。

　競争の視点を重視するのは，次の二つの理由からである。その一つは，経営学の理論的基礎に，とりわけ経済学と経営学とを結ぶ主要な環として「競争」の問題があると考えていたからである。競争の場としての産業を対象とすることにより，競争戦を通じて展開される個々の企業の経営戦略・行動を比較するだけでなく，その相互の連関をも明らかにすることができると考えたのである。さらに，経営史研究の発展が，経済史のみならず政治史や社会史などのより広い歴史研究と交わることなしには有りえないと考えていたことから，個別企業に対象を限定することのない経営史研究としての「産業経営史」研究を進めたのである。

　もう一つは，多国籍企業の問題をたんに企業の国際化として理解するのではなく，「資本に応じて」，「力に応じて」世界市場を分割する国際独占体の問題として理解すべきと考えたことが，世界市場競争の視点を重視することになった。それは，自ずから，多国籍企業の経営史研究において，また「国際産業経営史」研究において，国際カルテルから多国籍企業への国際独占体の発展についての考察がその軸になることを意味する。多国籍企業についての定義をめぐって，あるいは企業形態としていかに理解すべ

きかの論争が展開されるなかで研究をはじめたことから，私は，世界市場競争の，世界市場の分割構造の変化，およびその主体としての国際独占体への関心を強め，その実態を経営史研究から明らかにしようと考えたのである。

さらに，このような国際独占体の発展は，世界政治における「力関係」とも関連しており，第2次大戦後の多国籍企業の発展は，パクス・アメリカーナという世界システムの形成・発展と結びついていると考えたから，企業活動と政治（政策）との接点に着目し，覇権国としてのアメリカの政策形成のなかでの「国際競争力問題」をも重視するようになった。もちろん，経営史研究としては，第2次大戦前の国際カルテルの時代におけるアメリカの政策についても大きな関心をもつことになったのである。アメリカの政策としては，アメリカ議会におけるアメリカ化学産業の国際競争力問題を主な研究対象としたことから，国際競争力問題と最も関わる貿易政策を考察することになる。それとともに，アメリカ企業の競争行動に大きな影響を与えた反トラスト政策を中心に考察することになる。

本書の第1篇では，多国籍企業への発展を展望しながら，化学産業における国際カルテルの問題を考察している。第1章では，アメリカ合成染料工業の成立と，国際カルテルへの関与において中心的な役割を果たしたデュポン社を主な考察の対象とした。I節では，保護関税とアメリカ合成染料工業の成立・発展の問題を考察している。それをめぐる議会での論争は，アメリカ化学産業の国際競争力問題に関する歴史的考察の原点として位置づけることができるであろう。II節では，デュポン社の合成染料工業への進出と，そのような国際競争環境の変化に対応してのIG・ファルベン社の成立，アメリカ合成染料市場での両社の競争と協調について考察している。それは，デュポン社とIG・ファルベン社の再分割戦略についての考察でもある。III節では，第2次大戦前のデュポン社の国際経営戦略の中心に位置する国際カルテル，デュポン＝ICI同盟について考察している。デュポン社は，火薬産業の時代から国際カルテルに参加しており，それを熟

知したうえでの国際経営戦略であったといえる。IV節では，デュポン社の国際経営戦略との関連で，技術力の強化について考察している。積極的な外国技術の導入から，自らの研究開発体制の成立・発展に至る過程は，多国籍企業化の基礎を構築する過程でもあった。V節では，反トラスト法判決によるデュポン＝ICI同盟の解体が，第2次大戦後のデュポン社の多国籍企業化を決定づけたことについて考察している。

第2章では，アメリカにおける国際カルテルの展開として重要な問題である「ウェッブ組合」の問題を中心に，国際アルカリカルテルについて考察している。I節では，ウェッブ法の成立について，革新主義という時代的背景に留意しながら，考察している。II節では，「ウェッブ組合」の国際カルテルへの参加に道を開いた「シルバー・レター」について考察している。III節では，アメリカアルカリ工業の成立・発展と，「ウェッブ組合」の成立，その国際カルテルへの参加について考察している。

第3章では，スタンダード・ニュージャージー社とIG・ファルベン社との国際カルテルが，アメリカ合成ゴム工業の形成において果たした役割を主に考察している。ただし，アメリカ合成ゴム工業の形成については，化学産業の側からだけでなく，すでに世界最大であったアメリカゴム工業の側からの考察も必要であると考えたことから，I節では，アメリカゴム工業の成立・発展をビッグ・フォー体制の成立として明らかにするとともに，合成ゴムとの関連から原料問題としての天然ゴムの国際カルテルをも考察している。II節では，合成ゴムの技術の発展と，それを支配しようとした国際カルテル，スタンダード＝IG同盟について考察している。III節では，第1章での考察をも踏まえて，IG・ファルベン社の再分割戦略（国際経営戦略）について考察し，アメリカにおいて国際カルテルへの批判とIG・ファルベン社への批判が強まったことを明らかにしている。

第2篇では，第2次大戦後のアメリカ化学産業の国際競争力問題を，ASP制度の問題を中心に考察し，1970年代末から80年代にかけての「アメリカ合成染料工業のヨーロッパ化」の要因を明らかにしている。I節で

は，1950年代におけるアメリカ化学産業の国際競争力問題の中心にASP制度の問題があったこと，しかし，それは，アメリカ政府による国内法のGATTへの適合・調整という国内問題であったことをも明らかにしている。II節では，1960年代にASP制度がケネディ・ラウンドでの争点となり国際的な問題となったこと，アメリカ化学産業の国際競争環境の変化がその国際競争力問題を多様化し，ASP制度をめぐる業界の利害の分裂が顕在化してきたことを明らかにし，「アメリカ合成染料工業のヨーロッパ化」の歴史的背景を明らかにしている。

　第2篇で，ASP制度の問題を中心にアメリカ化学産業の国際競争力問題を考察したのは，その成立の問題が，本書でのアメリカ化学産業の発展，とくに合成染料工業の成立・発展に関する考察の原点であったといえるからである。さらに，アメリカ化学産業に関する歴史研究において，合成染料工業の成立とASP制度成立の問題は，この時期のアメリカ化学産業の発展に占める重要性から，忘れられることはないであろうが，第2次大戦後にアメリカ化学産業における合成染料工業の比重が極めて小さくなったことから，1970年代から80年代にかけての主要化学企業の合成染料工業からの撤退とASP制度廃止との関連は忘れられてしまう問題かもしれないと考えたからでもある。

　したがって，本書の構成は，たんに第1篇から第2篇への連続とはなっていない。第1篇の第1章を原点としながら，第2章と第3章は第2次大戦前の国際カルテル問題のさらなる考察として位置づけられ，第2篇は，第1章——とくにその前半部分——と併せて，ASP制度の成立から廃止に至る過程と，それと深く関わっているアメリカ合成染料工業の成立・発展を明らかにしたものとして位置づけられる。

目　次

はじめに

第1篇　国際カルテルから多国籍企業へ

第1章　国際カルテルとデュポン社 ……………………………… 3
I　アメリカ合成染料工業の成立と関税 ……………………… 5
II　アメリカ染料市場の再分割とIG・ファルベン社 ………… 19
  1　デュポン社の合成染料工業への進出　19
  2　IG・ファルベン社の成立と国際経営環境　23
  3　アメリカ合成染料市場の再分割　28
III　国際カルテルとデュポン社 ………………………………… 35
  1　国際染料カルテルとデュポン社　35
  2　デュポン＝ICI同盟の歴史　42
IV　多角化から「多国籍企業」化への技術戦略 ……………… 56
  1　多角化の技術戦略　56
  2　研究開発体制の確立と特許・プロセス協定　62

V　ICI判決と「多国籍企業」化 …………………………74
　　1　ICI判決の歴史的背景　74
　　2　デュポン＝ICI同盟の解体　78

第2章　ウェッブ＝ポメリーン法とアルカリ輸出組合 …………85
　I　ウェッブ＝ポメリーン法の成立 ……………………87
　　1　歴史的背景──「革新主義」　87
　　2　立法化への動き　88
　　3　FTC報告　91
　　4　議会での論議　93

　II　FTCの変質と「シルバー・レター」………………106
　　1　FTCの変質　106
　　2　「シルバー・レター」　108

　III　アルカリ輸出組合 ………………………………114
　　1　アメリカアルカリ工業の成立とアルカリ輸出組合　114
　　2　アルカリ輸出組合と国際カルテル　119
　　3　アルカリ輸出組合とカリフォルニア・アルカリ輸出組合　125
　　4　アルカリ輸出組合と反トラスト法　127

第3章　アメリカ合成ゴム工業の形成とIG・ファルベン社 …………134

Ⅰ　アメリカゴム工業の発展とビッグ・フォー体制 …………136
 1　ビッグ・フォーとタイヤ部門の競争　138
 2　スチーブンソン・プランとビッグ・フォー　147
 3　ビッグ・フォー体制の成立　157

Ⅱ　アメリカ合成ゴム工業の形成とIG・ファルベン社 …………177
 1　合成ゴム技術の発展とビッグ・フォー　177
 2　スタンダード＝IG同盟　188

Ⅲ　IG・ファルベン社の国際経営戦略 …………203

第2篇　アメリカ化学産業の国際競争力問題

第4章　第2次大戦後の国際競争力問題 …………213

Ⅰ　1950年代の国際競争力問題 …………213
 はじめに　213
 1　関税委員会報告書　214
 2　通関手続き簡素化法　217
 3　簡素化法への批判　220
 4　国際競争力問題　224

II　1960年代の国際競争力問題 …………………………………235
　　1　ケネディ・ラウンドとASP制度　240
　　2　国際競争力に関する諸問題　246
　　3　「アメリカ合成染料工業のヨーロッパ化」　254

あとがき
索　引

第 **1** 篇

国際カルテルから多国籍企業へ

第1章 国際カルテルとデュポン社

　19世紀後半に合成染料工業を基礎に発展したドイツ化学産業は，19世紀末には世界化学産業を支配するようになっていた。アメリカ化学産業は，「19世紀末の25年間に経済的に重要な意味をもつようになった」[1]が，第1次大戦前のアメリカは合成染料と中間体のほとんどをドイツからの輸入に依存しており，そのような状況では，アメリカ化学産業の自立的発展はありえなかった。

　その意味で，第1次大戦を契機とするアメリカ合成染料工業の成立は，世界化学産業を支配するドイツ化学産業との対抗において自らの発展の道を切り開くというアメリカ化学産業史の画期をなしたのである。

　しかも，第2次大戦後の世界化学産業におけるトップ企業の地位を競ってきたデュポン社（E. I. du Pont de Nemours & Co.）が，火薬産業からの多角化を進め化学企業としての基礎を築く上でも合成染料部門への進出は重要な意味をもっていた[2]。

　本章では，アメリカ合成染料工業の成立をデュポン社の化学企業としての発展との関連で考察し，さらにデュポン社の国際経営戦略の展開——国際カルテルから多国籍企業化——[3]について考察する。

　（1）　L. F. Haber, *The Chemical Industry during the Nineteenth Century*, Oxford, 1958, p.142（以下，Nineteenth Centuryと記す。水野五郎訳『近代化学工業の研究——その技術・経済史的分析』北海道大学図書刊行会，1977年，196頁）.

第1篇　国際カルテルから多国籍企業へ

（2）　山下幸夫「第一次大戦期のE. I. デュポン社と染料工業」(『商学論纂』第10巻第1・2・3号)；Graham D. Taylor and Patricia E. Sudnik, *Du Pont and the International Chemical Industry,* Boston, 1984, pp.43-50; David A. Hounshell and John K. Smith, Jr., *Science and Corporate Strategy : Du Pont R&D, 1902-1980,* Cambridge, 1988, pp.76-97.

（3）　国際カルテルについては，ICI社 (Imperial Chemical Industries, Ltd.)，IG・ファルベン社 (I.G. Farbenindustrie AG) との競争と協調を中心に考察する。

第1章　国際カルテルとデュポン社

I　アメリカ合成染料工業の成立と関税

　第1次大戦前には，ドイツが世界の合成染料の約75%（表1-1）とほとんどすべての中間体を供給していたが，アメリカ合成染料市場もドイツ企業およびスイス企業に支配されていた。合成染料の国内生産は国内消費の20%を超えることはなく，ドイツやスイスからの輸入に依存していたし，国内で生産された合成染料についても，その中間体の約90%が輸入されていた。[1]

　このように第1次大戦前にアメリカで合成染料工業の発展が遅れた原因としては，次のことが考えられる。何よりもまず世界市場においてドイツ合成染料工業の支配力が強固だったこと，国内において最大の消費部門である繊維工業の要求によりアリザリンやインディゴなどの輸入には関税が課せられなかったこと，さらにコールタール需要が少なかったこともあり製鉄業などでタール等の副産物を回収するコークス炉が普及していなかったことである。[2]

　しかし，第1次大戦によりドイツからの合成染料の輸入が途絶えたことから，アメリカ合成染料工業は急速に発展し，大戦末には合成染料や中間

表1-1　世界の合成染料生産(1912年)

国　名	生産額(ドル)	国　名	生産額(ドル)
ドイツ	68,300,000	ロシア	1,000,000
スイス	6,450,000	ベルギー	500,000
イギリス	6,000,000	オランダ	200,000
フランス	5,000,000	その他諸国	200,000
アメリカ	3,000,000		
オーストリア	1,500,000	合計	92,150,000

出所：Thomas H. Norton, *Dyestuffs for American Textile and Other Industries*, GPO, 1915, p.30.

第1篇　国際カルテルから多国籍企業へ

体を製造する企業は136にのぼった。この時期に，とくに1917年頃を画期としてアメリカ合成染料工業が成立したということができる。アメリカ合成染料工業の成立とその後の発展において，関税が重要な役割を果たした。ここでは，第1次大戦前の状況から歴史的に考察しよう。

　第1次大戦前のアメリカ合成染料工業における最大の企業であったショエルコップ社（Schoellkopf Aniline & Chemical Works）は，1880年に合成染料の製造を開始したが，それから3年以内に8社がこの分野に進出した。しかし，1883年の関税法によって，染料への関税が1ポンド（重量）当たり50セントの特別税の廃止により，35％の従価税だけとなり，その1年以内に5社が閉鎖に追い込まれた。また，ショエルコップ社は，時として中間体の生産にも進出したが，ドイツ企業の不当廉売によって製造を断念せざるをえなかった。第1次大戦前は，「中間体を購入（輸入）し，染料を合成するのが，アメリカ工場の流儀」であった。したがって，1909年ペイン関税法の成立過程でも，1913年アンダーウッド関税法の成立過程でも，ショエルコップ社の主張は，合成染料に対する関税の引上げであり，コールタール原料と中間体を免税品目に据え置くことであった。この時期の主要な合成染料であるインディゴとアリザリンについては，インディゴは特許法の問題から，アリザリンは設備投資の問題から，アメリカで製造されていなかった。アメリカ合成染料工業が製造していたのは主に普及品としての標準的な合成染料であり，特許が消滅したものであった。

　下院歳入委員会の1913年関税法に関する公聴会で，ショエルコップ社の社長は，アメリカ合成染料工業（コールタール化学工業）が1883年関税法以来十分な保護を与えられなかったことは，ドイツ企業が，アメリカよりも消費量が少ないロシア，フランス，イギリスでは工場を建設しているのに，アメリカでの工場建設を拒絶していることに明白であるとする立場から，アメリカで合成染料工業が発展しなかった理由として，次の三つを挙げている。第1に，アメリカの特許法は外国の特許所有者に国内での製造を義務づけていないということである。第2に，原料への関税が免除され

ているので，国内の合成染料企業は原料の輸入に依存し，その製造に消極的なことである。第3に，合成染料への関税が低いことである。その関税率の低さでは，外国からの原料の輸入が免税の場合でもアメリカとヨーロッパのコストの差を埋めることができないというのである。

その供給が国内消費の20％を超えることのなかったアメリカ合成染料工業の存在意義は，次のように述べられている。「その工業がこの国に存在するというそのことだけで，輸入業者に対する抑制効果があり，価格を適正な水準に保つのに役立ち，そして外国の製造業者の専制的な収奪や高価格からアメリカの消費者を救うのである」と。すなわち，アメリカ合成染料工業が原料・中間体をドイツに依存している状態では，世界市場を支配するドイツ合成染料工業に積極的に対抗しようとするのではなく，ドイツ企業の専横に対する抑制効果として関税の保護を求めざるをえなかったのである。これは，アメリカ化学産業が，合成染料工業の成立を軸として自立的発展を遂げるには，重大な転換がなされねばならなかったことを示すものであった。

1914年7月に第1次大戦が勃発し，イギリスの海上封鎖もあって，ドイツからの合成染料の輸入が途絶えるようになり，アメリカ合成染料工業の自立的発展の必要性が問題となった。10月のアメリカ化学会（American Chemical Society）ニューヨーク部会の年次総会で，アメリカ合成染料工業の自立的発展の必要性と可能性を検討する化学・染料委員会が設置された。この委員会の報告[6]では，火薬・医薬品・合成染料工業の国内での発展が必要ならば「関税法の変革が不可避である」として，関税の引上げと反ダンピング法の施行を求めていた。報告では，染料への30％の従価税では「この国の染料消費に見合う国内の合成染料工業の成長を促すには十分でない」とする見地から，インディゴやアリザリンをも含む合成染料には30％の従価税と7½セントの特別税，中間体には15％の従価税と3¾セントの特別税が必要であるとしていた。安価な染料には従価税だけでは十分な保護が与えられず特別税が必要であり，高価な染料には特別税だけでは十

分な保護が与えられないとする立場から，従価税と特別税とが必要であるとしていた。

この報告をもとに，12月に共和党のエベニーザー・J・ヒル（Ebenezer J. Hill）議員によりヒル法案が作成された。当時最大の合成染料企業であったショエルコップ社の社長は，強力な反ダンピング法とともに，この法案が施行されるならば，「わが社と他の企業もおそらく徐々に拡張するであろう」としながらも，「急速な発展が望ましいのならば関税率を一層引き上げるべき」だと証言していた。しかし，民主党のウィルソン大統領は「門戸解放」政策を進める立場から保護主義には批判的であり，議会では民主党が多数を占めていたことから，この法案は成立しなかった。

だが，さらに染料不足が深刻化し繊維業界も合成染料工業の育成のための保護関税を求めるようになったことと，ドイツにおける三社同盟と三社連合とが参加するＩＧ成立の動きが伝えられたことから，民主党のクロード・キッチン（Claude Kitchen）議員によるキッチン法案が上程され，1916年9月に成立した。ヒル法案では，染料への関税が30％の従価税と7 $\frac{1}{2}$ セントの特別税，中間体への関税が15％の従価税と3 $\frac{3}{4}$ セントの特別税であったのが，この1916年関税法では特別税が染料に関しては5セント，中間体に関しては2 $\frac{1}{2}$ セントに引き下げられたのである。また，アリザリンとインディゴについては特別税が免除された。外国市場価格が基準価額とされていたことからダンピングを防ぐことができなかった。とくに重要なのは，この関税法による合成染料工業への保護が期限付きのものであったことである。すなわち，関税法を施行し5年を経過した後に特別税（special duty）を毎年20％ずつ削減し10年後には廃止すること，また5年後にアメリカ合成染料工業が国内消費の60％を製造していない品目についてはその時点で特別税を廃止することを条件としていたのである。このような条件がついてはいたが，1916年関税法はアメリカ合成染料工業の自立的発展への道を切り開く重大な転換をなしたのである。

この関税法が「母」となって，1917年頃を画期としてアメリカ合成染料

第1章　国際カルテルとデュポン社

工業が成立したといえる。すなわち，1917年に，大戦前から合成染料を生産していたショエルコップ社やW・ベッカーズ・アニリン社（W. Beckers Aniline & Chemical Works）とそれらに中間体を供給していたベンゾール・プロダクツ社（Benzol Products Co.）などの合併によりナショナル・アニリン・アンド・ケミカル社（National Aniline & Chemical Co.）が設立されたし，デュポン社が合成染料部門への進出を決めディープウォーター（Deepwater）工場の建設に着手したのである。さらに，染料飢饉のなかで中間体製造のために設立されたカルコ・ケミカル社（Calco Chemical Co.）が合成染料部門に進出したのもこの時期であった。主要な指標である企業の動向としては，アメリカ合成染料工業の発展において重要な役割を果たす企業の成立や合成染料部門への進出が相次いだのである。さらに，技術的な面では，1917年にダウ・ケミカル社（Dow Chemical Co.）が，1918年にはナショナル・アニリン・アンド・ケミカル社とデュポン社が，消費量が最大であった合成インディゴの製造に成功したことが第1の指標となる。さらに，1918年にナショナル・アニリン・アンド・ケミカル社がアリザリンの製造をはじめたこと，1919年にデュポン社が建染染料の製造をはじめたことがあげられる。[9]

アメリカで最初に合成インディゴの製造に成功したダウ・ケミカル社の社長ハーバート・H・ダウ（Herbert H. Dow）は，キッチン法案に関して合成インディゴへの特別税が免除されると合成インディゴの製造を中止せざるをえないとして，5セントの特別税の適用を求めていたが，繊維業者の反対もあり適用されなかった。このキッチン法案は，インディゴをそれまでの免税品目から削除し，従価税30％を適用するものであったが，それに加えて特別税の適用がなければインディゴの製造を中止せざるをえないとするダウに対して，歳入委員会委員長のキッチン議員は議会で「彼に中止させよ。われわれは彼にそれ（特別税）を与えることはないであろう」と発言していた。インディゴを使用する繊維業者は，この発言を引き合いに出しながら，インディゴを免税品目に据え置くことを要求したので

第1篇　国際カルテルから多国籍企業へ

ある。
　そのことや，時に「製造業者」としての立場を強調しながらも「輸入業者」としての利害を貫くヘルマン・A・メッツ（Herman A. Metz）が，ヒル法案の公聴会で，染料不足を解消するのは「外交問題」であるとしてドイツへの原料輸出とその見返りとしての合成染料の輸入を提言していたのも，この時期のアメリカが中立政策をとっていたことを背景としている。しかし，1917年4月にアメリカがドイツに対する宣戦布告を行ない，10月には対敵通商法が成立し，ドイツからの合成染料の輸入が禁止されることになった。
　このように，1916年関税法は，アメリカ合成染料工業が成立・発展する重要な契機となったが，戦争の終結とともにドイツをはじめ外国の合成染料工業との厳しい競争に直面せざるをえなかったアメリカ合成染料工業を保護するには不十分なものであった。そこで，合成染料企業を中心に保護関税政策の強化を要求する運動が高揚した。この運動を推進するために，1918年3月にアメリカ染料製造業者協会（Dyestuff Manufacturers' Association of America）が設立され，その会長にデュポン社のモリス・R・パウチャー（Morris R. Poucher）が就いた。さらにこの協会の構成企業のなかから価格情報の交換を目的としたアメリカ染料組合（American Dyes Institute）が設立され，これがその後の関税論争において合成染料企業の立場を代表したのである。デュポン社にとっても，保護関税の成立は合成染料工業への進出の是非を決するものだけに，業界団体を通じた運動にとどまらなかった。例えば，1920年5月，デュポン社は，共和党大統領候補の指名を争っていたレナード・ウッド（Leonard Wood）の選挙対策責任者であったジョージ・H・モージズ（George H. Moses）上院議員に，ロングワース法案への反対をやめなければウッド候補を支援しないとの圧力をかけていたのである。
　1916年関税法によって，アメリカ合成染料工業の発展状況を調査するために関税委員会が設置された。その調査によると，大戦末のアメリカ合成

第 1 章　国際カルテルとデュポン社

　染料工業の状況はアゾ染料，硫化染料，インジュリン染料，トリフェニルメタン染料とインディゴに関しては発展しているが，アントラセンを原料とし，「最も堅牢な染料として知られている」アリザリンと建染染料は発展が遅れているなかでも顕著なものとされた。しかし，これらの発展が遅れている合成染料については，企業が必要な追加投資をなすのに十分な保護が与えられるならば短期間に発展するとされた。そして，合成染料工業の重要性とアメリカにおける発展の可能性を踏まえて，1916年関税法による育成政策にもかかわらず合成染料工業はいまだゆるぎない経済的基盤を築いておらず「関税の視点からは依然として幼稚産業である」とする立場から，アメリカ合成染料工業の保護が必要であるとしていた。このような関税委員会の勧告をもとに，1919年5月に共和党のニコラス・ロングワース（Nicholas Longworth）議員によるロングワース法案が作成された。この法案は，関税の大幅な引上げを内容とするもので，中間体には35％の従価税と6セントの特別税，染料には50％の従価税と10セントの特別税を課すものであった。しかし，合成染料企業からは，関税委員会が政府による補助策の一つとしていた「認可制度による輸入規制」への要求が強く，法案は5年間の輸入規制を含むものに修正された。

　ロングワース法案は，認可業務を関税委員会が行なうものに修正されて9月に下院を通過し上院へ送られた。しかし，戦争という特殊な状況でもないのに「輸入禁止」策をとることは「非アメリカ的」との批判が相次ぎ，上院では採決に至らなかった。

　1921年1月に下院の歳入委員会では，1913年アンダーウッド関税法に代わる新たな関税法案の作成準備のための公聴会が始まった。しかし，1920年の戦後恐慌に続く農産物価格の低落により，西部の農民からの関税引上げ要求が強く，当面の措置として6カ月を期限とする緊急関税法案を上程した。この緊急関税法案には合成染料に関する規定が含まれていなかったが，上院で合成染料も含むように修正され，国内で製造できない合成染料を除いて輸入を禁止する条項を含む緊急関税法が5月に成立した。しかし，

第1篇　国際カルテルから多国籍企業へ

合成染料の輸入認可に関しては期限が3カ月に制限されたのである。上院でのロングワース法案をめぐる論議が結着しないままに，緊急関税法（染料・化学品規制法）が成立し，6月には新関税法案の審議がはじまった。ただし，8月には緊急関税法の合成染料の輸入禁止に関する期限が延長され，11月にはそれを含めて緊急関税法が新関税法の成立まで延長されることになったのである。なお，この緊急関税法には，1916年反ダンピング法の実効性に問題があったことから新たに成立した1921年反ダンピング法も含まれており，アメリカ化学産業の懸案となっていたダンピング問題にも対応していた。[15]

第1次大戦後のヨーロッパ諸国でのインフレーションによる通貨の減価は，それらの国からアメリカへの輸出を促進し，為替不安に加えてヨーロッパ企業による不当廉売の懸念などから，新関税法に関して，アメリカ国内価格を関税評価の基準とする「アメリカ価額」（American Valuation）が保護主義からの強い要求となった。この「アメリカ価額」を含む法案は7月に下院を通過したが，このことに関して1月の歳入委員会の公聴会で，化学製造業者協会（Manufacturing Chemists' Association）執行委員長のヘンリー・ハワード（Henry Howard）が次のように証言していたことは[16]非常に興味深い。彼は継続審議となっていたロングワース法案に含まれている製品については言及しないとしながらも，それへの支持を表明し，基礎化学（Heavy Chemical）工業の観点からは，新しい合成染料工業が酸・アルカリ等の基礎化学品の広大な市場を創出する点できわめて有益なものであると証言し，さらに国内価額（domestic value）について「アメリカ史上今日ほどその意義が明らかな時はない」としていたことである。

アメリカ化学産業も，他の保護主義勢力とともに「アメリカ価額」を推進していたが，合成染料に関しては「輸入禁止」を支持していたのである。下院を通過した関税法案は，この「アメリカ価額」を含め，あまりにも保護主義的性格が強かったことから，上院においては「アメリカ価額」の削除をはじめ大幅な緩和が図られた。しかし，合成染料に関してはロングワ

ース法案が未決のままであったことから，財政委員会の公聴会では，「アメリカ価額」とともに「染料の輸入禁止」も主要な議題になったのである。財政委員会の報告書では[17]，一般的な関税評価に関しては「アメリカ価額」を削除しながらも，「緊急関税法の染料規制条項の1年間（必要ならば2年間）の延長は，国内の合成染料工業・コールタール化学工業の状況を調査し，どの製品がこの関税法案で定められている関税率で保護されうるかを確定し，アメリカ価額で関税を評価されるべき製品を決定し，この工業の全部門が合衆国で確立されるにはどの程度の関税率の引上げが必要かを決定するために十分な時間を大統領に与えるであろう」として，合成染料工業への「アメリカ価額」の適用と一時的な輸入禁止，さらに弾力的関税条項の適用を勧告していたのである。

　1919年5月のロングワース法案の上程から1922年9月のフォードニー・マッカンバー（Fordney-McCumber）関税法の成立に至る過程で，アメリカ合成染料工業の保護をめぐる論争——それはこの時期のアメリカ化学産業の国際競争力をめぐる論争でもあった——の中心にいたのが，アメリカ合成染料工業の利害を代表したアメリカ染料組合のジョーセフ・H・チョート（Joseph H. Choate, Jr.）と，輸入業者でドイツ化学産業の代弁者とみなされていたメッツとである[18]。

　メッツも当初は，国内で生産される合成染料の輸入は禁止されるが，国内で生産されない合成染料の輸入を可能にするとの判断から認可制度に賛成し，認可業務は政府機関のように公平な組織によって行なわれるべきだとしていた[19]。しかし，上院で，一般的な関税評価に関して「アメリカ価額」の削除に積極的であったリード・スムート（Reed Smoot）議員が，合成染料に関しては「輸入禁止」ではなく「アメリカ価額」の適用を進めていたこともあり，「輸入禁止」よりも「アメリカ価額」の方がましであるとの立場に変わったのである。

　メッツは，財政委員会の公聴会で次のように証言している。「アメリカ工業に十分な保護を与えようとする提案に全く賛成する」としながらも，

第1篇　国際カルテルから多国籍企業へ

「アメリカで生産できない製品もある」として輸入禁止に反対するのである。また，ドイツでの原料不足などから，「ドイツ合成染料であふれるおそれはない」とする。そして，今日「アメリカ価額」が適用されるならば，「それはこの国で生産される全製品に関して完全に輸入の禁止となる」としながらも，「いかに高率でも，人々が高い価格を支払ってでも欲しいものを入手する機会を与えるので，輸入禁止よりはましである」とするのである。[20]

　それに対して，アメリカ合成染料工業を代表するチョートは，アメリカ合成染料工業の自立的発展には輸入禁止が必要であることを強調していた。ただし，彼が求めていた輸入禁止は，輸入の認可を「国内で生産されないもの，またはその代替品が質・量とも十分に供給されないものに限定する」という「選択的輸入禁止」で，しかも期限を定めるものであった。同じ財政委員会の公聴会で[21]，彼は，修正されたロングワース法案では輸入禁止が3年間とされていたのを，少なくとも5年に延長することを求め，「私の考えでは，輸入禁止によることなしにその（合成染料）工業を確実に保護することはできない」とする。また，主要合成染料以外の市場が小さい特殊な合成染料に関しては，メッツが国内での生産が困難な事例としていたものであるが，チョートは，確固とした合成染料工業が構築されるならば，小企業が成長し大企業と並存するとともに，小企業がそれらの合成染料に特化することができるとする。彼は，さらに，原料・中間体を対外依存していてはアメリカ合成染料工業は生き残ることはできないので，いかに消費量が小さくともあらゆるものをつくるべきだとする。スムート議員の「アメリカ価額」では保護されないのかという質問に対しても，彼は保護されないと答えている。メッツへの対抗という側面もあったであろうが，チョートは「選択的輸入禁止」によるアメリカ合成染料工業の完全な自立的発展を構想していたといえる。

　しかし，第1次大戦後の保護主義の高潮を背景として成立したフォードニー・マッカンバー関税法は，保護主義のチョートの主張でなく，反保護

第 1 章　国際カルテルとデュポン社

主義のメッツの主張を実現するものであった。そのことから，この関税法が「保護主義の勝利」であると単純に言い切れないのではないかという問題が生じる。ただ，メッツの主張は，保護主義の高潮という事態に直面し，いわば妥協的なものであったと考えられる。フォードニー・マッカンバー関税法に関しても，利害が切実で直接的なゆえに保護主義の主張の強さが反保護主義を上回るという側面が強かったものの，反保護主義の巻き返しという側面も看過することはできないのである。また，ロングワース法案の初期から，関税法を推進しているデュポン社やアライド・ケミカル社 (Allied Chemical & Dye Corp.) の独占の企てが指摘されており，メッツはその批判の急先鋒であった。しかし，第 1 次大戦での染料不足と，ドイツ合成染料企業の世界市場支配の記憶がまだ生々しかったこの時期には，アメリカでの独占の問題よりも世界市場でのドイツの独占への批判が強く，メッツへの反発が強かった。とはいえ，アメリカ合成染料工業が保護関税を求める時には自らの窮状を訴え，資金調達にあたっては合成染料工業が確立していると宣伝しているとのメッツの批判を的外れともいえないであろう。

　フォードニー・マッカンバー関税法は，中間体の輸入には55%の従価税と 7 セントの特別税，染料の輸入には60%の従価税と 7 セントの特別税を課すこと，2 年後には従価税がそれぞれ40%と45%に引き下げられることを規定していた。合成染料の輸入の関税評価の基準価額としてアメリカ販売価格 (American Selling Price, 以下ではASPと記す) が規定されたが，それは実質的な関税の高さを隠蔽するものであった。アメリカ合成染料工業は，この関税法で定められた高率の関税よりもはるかに高い関税障壁に保護されて発展したのである。たしかに，アメリカ合成染料工業が要求した 5 年間の「輸入禁止」は実現しなかったが，2 年後に関税率が引き下げられたものの，その後ASP制度が継続したことを考慮するならば，その要求以上の保護が与えられたということもできるであろう。さらに，1930年 6 月に成立したホーレイ・スムート (Hawley-Smoot) 関税法では，合

15

第1篇　国際カルテルから多国籍企業へ

表1-2　世界染料工業の発展(アニリン染料の生産と消費)

国　名	1913年 生産 千トン	1913年 生産 %	1913年 消費 千トン	1924年 生産 千トン	1924年 生産 %	1924年 年間生産能力 千トン	1924年 稼働率 %	1924年 消費 千トン
ドイツ(国内)	127	82	18	72	46	160	45	14
(在外生産)	10	6	—	—	—	—	—	—
ア　メ　リ　カ	3	2	24	31	20	54	57	25
イ　ギ　リ　ス	5	3	22	19	12	24	79	18
ス　　イ　　ス	10	6	—	10	6	13	77	—
フ　ラ　ン　ス	2	1	9	15	9	19	78	12
イ　タ　リ　ア	—	—	7	5	3	6	80	8
日　　　　　本	—	—	5	6	4	9	67	14
中　　　　　国	—	—	34	—	—	—	—	30
イ　ン　ド	—	—	7	—	—	—	—	8
そ　の　他	—	—	15	—	—	—	—	12
計	157	100	141	158	100	285	56	141

注：数字は，国際連盟の国際経済会議準備委員会にドイツから提出されたもので，概数である。年間生産能力については，イギリスから提出された数字と著しく異なっている。
出所：League of Nations, *The Chemical Industry*, Geneva, 1927, pp.28-29, 52.

成インディゴと硫化ブラックの輸入には20％の従価税と3セントの特別税が課せられることになったが，他の合成染料や中間体についての従価税・特別税は変わらなかったし，国内で生産されている製品についても基準価額はASPとされていた。したがって，1922年のフォードニー・マッカンバー関税法の成立により，大戦後の合成染料工業を保護する関税政策が確立したということができるのである。両大戦間のアメリカ合成染料工業は，このような関税政策に保護されて発展したのであるが，それはドイツに次いで世界第2位の生産力を有するものとなった。1920年代の深刻な過剰生産のもとで，中国に次いで世界第2の染料市場であったアメリカにおいて世界第2位の生産力を有する合成染料工業が確立・発展したこと（表1-2）は，世界市場の再分割過程においてアメリカ合成染料工業の発展がきわめて重要な意義をもっていたことを示すものであった。

第1章　国際カルテルとデュポン社

(1)　U. S. House, Committee on Ways and Means, *Tariff Schedules,* Hearings, vol. I, 62nd 3rd, p.134（以下，1913 Tariff Hearingsと記す）; U. S. Senate, Committee on Patents, *Patents,* Hearings, 77th 2nd, Pt. 5, p.2058（以下，Bone Hearingsと記す）。
(2)　W. Haynes, *American Chemical Industry,* vol.3, New York, 1945, p.226.
(3)　特別税とは，1ポンド（重量）当たりの従量税であり，以下ではとくに必要な場合を除いて，それを記さない。
(4)　U. S. House, Committee on Ways and Means, *To Establish the Manufacture of Dyestuffs,* Hearings, 64th 1st, pp.168-194（以下，To Establish Hearingsと記す）; Thomas H. Norton, *op.cit.*, pp.22-23.
(5)　1913 Tariff Hearings, pp.134-158.
(6)　To Establish Hearings, pp.12-17 ; U. S. House, Committee on Ways and Means, *Dyestuffs,* Hearings, 66th 1st, pp.725-730（以下，Dyestuffs Hearingsと記す）。
(7)　To Establish Hearings, p.169.
(8)　U. S. Tariff Commission, First Annual Reort, GPO, 1917, pp.25-26 (Appendix 3 ; Title V of the Act of 1916, Fixing Duties on Dyestuffs).
　　この問題については，以前の論文の誤りを訂正しておきたい。拙稿「国際染料カルテルとDu Pont」（『経営研究』第28巻第2号）で，「その結果，10年後にはすべてのコール・タール化学品が無税品目となる」（W. Haynes, *op.cit.,* vol. 3, p.250）という記述に拠って，「10年後には輸入が自由化される」とした誤りである。
　　20％ずつの関税の引下げも，自給率60％の条件も，この関税法の特別税に関する第501項で規定されていたのであり，「この項（this section)で課せられた」と明記されている。
(9)　W. Haynes, *ibid.,* pp.242-245.
(10)　To Establish Hearings, pp.101-104 ; U. S. Senate, Committee on Finance, *To Increase the Revenue,* Hearings, 64th 1st, pp.146-147.
(11)　To Establish Hearings, pp.86-97.
(12)　このような関税引上げの動きに対抗して，輸入業者の立場を保護する目的で合衆国染料・化学品輸入業者協会（United States Dyestuff & Chemical Importers' Association）が設立された（W. Haynes, *op.cit.,* vol.3, p.254）。

第1篇　国際カルテルから多国籍企業へ

(13) Gerard C. Zilg, *Du Pont : Behind the Nylon Curtain,* Englewood Cliefs, 1974, pp.183-184 ; U. S. Senate, Committee on Finance, *Tariff Hearings,* 67th 1st, vol.1, p.540（以下，1921 Tariff Hearingsと記す）.
(14) Dyestuffs Hearings, pp.8-16.
(15) 反ダンピング法については，次の文献を参照されたい。高田昇治『アメリカ通商法の展開』東京布井出版，1982年。
(16) U. S. House, Committee on Ways and Means, *General Tariff Revision,* Hearings, 66th 3rd, Pt.1, pp.5-14.
(17) U. S. Senate, Committee on Finance, *Report* ［To accompany H. R. 7456］, 67th 2nd, No.595.
(18) 1921 Tariff Hearings, p.345.
(19) Dyestuffs Hearings, p.23.
(20) 1921 Tariff Hearings, pp.393-400.
(21) 1921 Tariff Hearings, pp.403-435.
(22) Sidney Ratner, *The Tariff in American History,* New York, 1972, p.47.
(23) フォードニー・マッカンバー関税法の妥協的側面については，次の文献を参照されたい。Carl P. Parrini, *Heir to Empire : United States Economic Diplomacy, 1916-1923,* Pittsburgh, 1969, pp.212-247 ; Joan H. Wilson, *American Business & Foreign Policy 1920-1933,* Lexington, 1971, pp.65-88.
(24) 1920年12月に，ナショナル・アニリン・アンド・ケミカル社と，バレット社（Barrett Co.），ゼネラル・ケミカル社（General Chemical Co.），セメット・ソルヴェー社（Semet-Solvay Co.），ソルヴェー・プロセス社の合併により設立された。1941年まで，ナショナル・アニリン・アンド・ケミカル社の持株会社であったが，以下ではアライド・ケミカル社として記す。
(25) U. S. Senate, Committee on Judiciary, Subcommittee on Senate Resolution 77, *Alleged Dye Monopoly,* Hearings, 67th 2nd, p.817（以下，Alleged Dye Monopoly と記す）.
(26) W. Haynes, *op.cit.*, vol.3, pp.265-269 ; Bone Hearings, Pt.5, p.2059.
(27) E. H. Hempel, *The Economics of Chemical Industries,* New York, 1939, p.241.

第1章　国際カルテルとデュポン社

II　アメリカ染料市場の再分割とIG・ファルベン社

1　デュポン社の合成染料工業への進出

　合成染料が最も不足していた1919年にはナショナル・アニリン・アンド・ケミカル社がアメリカ染料市場の55〜60％を供給していたが[1]，1920・30年代にアメリカ合成染料工業においても生産と資本の集積・集中が進み，デュポン社，アライド・ケミカル社，カルコ・ケミカル社およびドイツ資本，スイス資本による独占体制が成立した（表1-3）[2]。大戦における巨大な戦時利潤をもとに合成染料部門に進出したデュポン社は1925年までに約4,300万ドルを投資したが，第1次大戦後は1931年にニューポート社（Newport Co.）の合成染料事業を合併しただけで合成染料部門での合併に

表1-3　アメリカ染料市場の独占体制(1939年)

	国内生産品の販売 (輸出を含み，輸入を除く)				国内販売 (輸出を除き，輸入を含む)			
	数量[1] (千トン)	％	額 (千ドル)	％	数量 (千トン)	％	額 (千ドル)	％
デュポン社	27,869	24.5	20,356	29.6	24,504	23.5	18,350	25.5
アライド・ケミカル社	33,700	29.5	14,500	21.1	25,600	24.5	11,400[2]	15.9
カルコ社	12,125	10.6	6,300	9.2	11,125	10.7	5,700	7.9
ダウ・ケミカル社 (チバ社)[3]	4,200	3.7	1,250	1.8	4,000	3.8	1,140	1.6
ドイツ資本 (IG・ファルベン社)	15,000	13.1	14,200	20.6	16,740	16.1	18,925	26.3
スイス資本	10,000	8.8	6,250	9.0	11,750	11.3	10,475	14.5
その他	11,122	9.8	5,992	8.7	10,581	10.1	6,010	8.3
計	114,016	100	68,848	100	104,300	100	72,000	100

　注：食品用染料を除く。
　　(1)　単位が明記されていないが，他の資料から1,000トン単位と判断した。
　　(2)　6,700となっていたが，合計額，比率から5,700の誤りであろう。
　　(3)　ダウ・ケミカル社は，スイス資本チバ社を通じて販売していた。
出所：Bone Hearings, Pt.5, p.2481より作成。

第1篇　国際カルテルから多国籍企業へ

積極的でなかった。アライド・ケミカル社も生産設備をニューヨーク州のバッファローに集中し合理化を進めたが合成染料部門での合併を行なわなかった。カルコ・ケミカル社は積極的に合併を行なったが，この時期のアメリカ合成染料市場の再分割過程において何よりも重要だったのは，大戦前にアメリカ合成染料市場を支配していたドイツ企業の再進出であった。それは，ドイツにおけるIG・ファルベン社の成立・発展に規定され，高率関税により保護されたアメリカ市場における支配の再構築をせんとするものであり，世界市場の再分割過程の主要な環をなすものであった。ここでは，デュポン社の合成染料工業への進出について考察し，ドイツのIG・ファルベン社の成立・発展とそれに規定されたドイツ企業のアメリカへの再進出過程，それへのデュポン社の対応を中心に考察しよう。

　第1次大戦を契機としたアメリカ合成染料工業の成立に関しては，関税とともに，特許の問題が重要な位置を占めていた。関税の保護だけでなく，デュポン社をはじめアメリカ企業の合成染料工業への進出には最大の難関である技術の問題が解決されなければならなかった[3]。その意味で最も重要なのは，1917年に成立した対敵通商法のもとで敵国資産管財人（Alien Property Custodian）が接収したドイツ化学特許が1919年に化学財団（Chemical Foundation Inc.）に売却され，それに出資していたアメリカ企業がその使用権を得たことである。特許にもとづく技術独占が，ドイツ合成染料工業の世界市場支配の基盤をなしていたのであり，化学財団は当初はそれへの対抗措置としての性格をも有していた。

　敵国資産管財人が接収したバイヤー社（Bayer Co., ドイツのバイエル社[Farbenfabriken vorm. Friedr. Bayer & Co., Leverkusen]の子会社）の資産を，1918年12月にスターリング・プロダクツ社（Sterling Products Co.）が競売で得たが，スターリング・プロダクツ社は医薬品に関する利権を除いてそれをグラッセリ・ケミカル社（Grasselli Chemical Co.）に売却した[4]。単一の企業がバイエル社のコールタール化学に関する特許を取得したことから，敵国資産管財人に対する非難が集中した。そして，ドイツ化学特許

第1章　国際カルテルとデュポン社

をアメリカ企業に分配するために化学財団が設立されたのであるが，その設立にあたりデュポン社が重要な役割を果たした。[5]それは，化学財団がデュポン社の本社があるデラウェア州ウィルミントンに設立されたことにも示される。前述のメッツによるアメリカ合成染料工業における独占の企てとの批判は，この化学財団とそのドイツ特許の処理にも向けられたのである。[6]

　合成染料工業へ進出するに際して，デュポン社のなかで大戦の終結にともなうドイツ合成染料工業との競争を脅威に感じて合成染料工業への進出に消極的な意見もあり，当初は合成染料工業へは進出せず中間体の供給にとどまる方針であった。デュポン社は，合成染料工業への進出によりバイヤー社の資産の購入をも検討していたが，ディープウォータ工場との二重投資になるという問題から，それを断念していた。[7]デュポン社の合成染料工業への進出は，世界市場を支配していたドイツの技術の導入への飽くなき追求の歴史でもあり，その意味でも化学財団を通じて得た合成染料に関する特許の重要性を看過することはできないのである。1917年にはBASF社 (Badische Anilin - & Soda-Fabrik, Ludwigshafen a. Rhein) のアメリカ支店からモリス・R・パウチャーとシーザー・プロットー (Cesare Protto) という販売と技術のスタッフを得ていたのである。デュポン社が化学財団を通じて得たドイツ化学特許の多くが合成染料に関するものであり，それにはBASF社の特許が含まれていたことからも，[8]販売・技術スタッフを得ていたことは，これらの特許の使用に有利であったであろう。

　デュポン社の合成染料部門への進出において重要な役割を果たし，とりわけ合成インディゴの生産を可能としたのは，1916年にイギリスのレヴィンシュタイン社 (Levinstein, Ltd.) との間で成立した協定である。この協定によりデュポン社が取得したものには，レヴィンシュタイン社がイギリス政府によって接収されたドイツのヘキスト社 (Farbwerke vorm. Meister Lucius & Brüning, Höchst a. M.) のイギリス工場を購入したことによって取得した技術・ノウハウが含まれていた。ヘキスト社は，BASF社ととも

21

第1篇　国際カルテルから多国籍企業へ

に合成インディゴの技術開発を主導していたのであり，その技術の取得は重要な意味をもっていた。そして，ここにも間接的ではあるが，デュポン社によるドイツ技術の導入をみることができる。この協定では，デュポン社は，合衆国と中南米で自社とレヴィンシュタイン社の合成染料を製造・販売する独占的権利を得た。レヴィンシュタイン社は，カナダを除く大英帝国とドイツを除くヨーロッパのほとんどを独占的地域としており，後に「地球の二つの半球への分割」ともいわれた。1921年に，レヴィンシュタイン社のアメリカでの代理人であったエドガー・レヴィンシュタイン(Edgar Levinstein)がデュポン社を契約不履行で告訴した事により，この協定が公にされた。それは，合成染料の「輸入禁止」をめぐって議会での論争が展開されていた時期のことであり，またイギリスでレヴィンシュタイン社がブリティッシュ・ダイズ社（British Dyes, Ltd.）と合併してブリティッシュ・ダイスタッフス社（British Dyestuffs Co.）が設立されていたこともあり，アメリカの独占がイギリスの独占とともに「世界の合成染料工業を支配」しようとする企てと批判されることとなった。[9]

　デュポン社は，1919年11月には，合成染料工業における協力関係に発展するとの展望のもと，ドイツのBASF社とアメリカで合成アンモニアの合弁企業を設立する交渉をはじめたが，翌年の夏には交渉は決裂した。また，デュポン社は，ドイツとスイスからの合成染料の経験を有する化学者の採用に動き，ドイツのバイエル社などの化学者と技術者を獲得した。この引き抜き工作は，ドイツだけでなく，アメリカにおいても批判されるものであった。合成染料部門の赤字に悩んでいたデュポン社は，合成染料の研究開発を効率的に進め短期間で工業化するには，不必要な研究開発の繰り返しを避けるためにも，合成染料の技術情報・経験を必要とし，そのためにあらゆる手段を講じたのである。デュポン社の合成染料事業は，1923年に赤字を脱し軌道にのりはじめたのである。[10]

2　IG・ファルベン社の成立と国際経営環境

　1925年のIG・ファルベン社の成立は，1904年の二つの利益共同体の成立から1916年のIG（Interessengemeinschaft der deutschen Teerfarbenfabriken）の成立を経て展開されたドイツ化学産業（合成染料工業）における企業集中の歴史の最終段階をなすものであった。この過程を，国際経営環境の変化——とくに世界市場の分割・再分割の問題を中心に——から明らかにすることは，第1次大戦後のアメリカ合成染料市場へのドイツ企業の再進出について考察するうえでも重要なことである。

　ドイツ合成染料工業は，19世紀末には世界の合成染料の80％ないし90％を生産するようになっていた。しかも，1897年にBASF社が合成インディゴの開発に成功するなど，世界市場におけるドイツ合成染料工業の支配的地位は揺ぎないものとなっていた。しかし，ドイツ合成染料工業においては，1881年に第1次アリザリン協定が成立して以来いくつかのカルテルが成立したが不況や新製品の開発などにより長く存続することはなかったし，度重なる特許紛争や新製品開発競争が企業の経営を圧迫する面もあった。そのような競争を排除し，それにより世界市場の支配を強固なものとすることを目的として，ドイツ合成染料工業における企業合同が企てられた。この企業合同を提唱し，その推進に積極的な役割を果たしたのは，当時バイエル社の重役であったカール・デュースベルク（Carl Duisberg）である。1903年に彼はアメリカを旅行したが，それは，石油産業におけるスタンダード・オイル・トラスト（Standard Oil Trust）の成立（1882年），鉄鋼業におけるU・S・スティール社（U.S. Steel Corp.）の成立（1901年）などに特徴づけられるトラスト運動によりアメリカで独占が成立した時期であった。彼は，アメリカのトラストにカルテルよりも強固な独占体の形態を見出し，それを範として，ドイツ合成染料工業における企業合同を提唱したのである。彼の提唱にもとづいて，1904年1月には，バイエル社，BASF社，ヘヒスト社，アグファ社（Aktien-Gesellschaft für Anilin-Fabrikation, Berlin）の4社の間で企業合同に関する会談が行なわれたが，2月に再び

行なわれた会談でヘヒスト社が企業合同に強く反対したことから，デュースベルクの構想したドイツ合成染料工業における企業合同は実現しなかった。

　ここで，デュースベルクが会談に際して作成した「ドイツ合成染料会社の企業合同に関する覚書」のなかで国際経営環境がドイツ合成染料工業にとって必ずしも楽観できるものでないと説いていることは注目に値するであろう。この時期のドイツ合成染料企業は，合成染料に関して完成品にきわめて高率の関税をかけていたのに対して中間体への関税が低かったロシアや，特許取得後2年以内に国内でそれを実施することと同じ製品の輸入を禁止する特許法が施行されていたフランスなどで工場を建設し在外生産を行なっていた。この在外生産に関して，デュースベルクは，「ほとんどいつも外国市場の消化力を過大評価した結果，相応の販路を見出せず，それゆえ生産縮小を余儀なくされる」ので「販売価格が原価のあたりを上下している」ことを指摘して，外国市場でのドイツ合成染料企業間の競争を排除する必要を強調する。しかも，アメリカやイギリスでの関税政策を強化しようとする動きがあり，他の諸国もこれに続く徴候があったことから，ドイツ合成染料企業がその対応として在外生産を増大させることについて，彼は大きな懸念を示している。すなわち「外国が高い関税率により海外合成染料の輸入を禁止しようとすればするほど，外国に現地工場が建設されればされるほど，ドイツの本社工場の窮状はますますひどくなり，そこでは外国での需要を失った結果もはや満足に稼動できなくなるであろう」と。このような事態を避けるものとして，彼は，ドイツ合成染料工業における企業合同による在外生産の再編・統合を強調し，「そのような企業合同の利点はドイツ合成染料企業が外国で建てた現地工場がただ一つの工場に取って代わられた時に一番よくあらわれるかもしれない」とする。しかも，彼は，在外生産の再編・統合により世界市場におけるドイツ合成染料工業の支配的地位が強固なものになると考えていたのである。さらに，スイスで特許法が存在していなかったことを利用してドイツ合成染料の新製品・

第1章　国際カルテルとデュポン社

高級品を模造することによりその市場を脅かしていたスイス合成染料工業については，ドイツ合成染料工業における企業合同を基礎として中間体の供給を拒否するなどして「スイスの特許略奪工業を麻痺させることができるであろう」と説いている。ここにも，企業合同により世界市場の支配を強固なものにしようとする考えがあらわれている。

　ヘヒスト社が反対したことにより，デュースベルクが構想した企業合同は実現しなかったが，その原因として，ヘヒスト社がBASF社で開発されたインディゴの合成法よりもコストが低い合成法を開発していたこと，それにより経営の改善が見込まれていたことがある。ヘヒスト社は，市場の再分割戦を有利に展開できると考えたので企業合同よりも競争を選んだのであり，しかも，この時期の世界合成染料市場での競争としては，ドイツ企業と外国企業との競争は問題ではなく，ドイツ企業間の競争が主要な内容をなしていたのである。

　デュースベルクの構想した企業合同は実現しなかったものの，これを契機として，1904年8月にヘヒスト社とカッセラ社（Leopold Cassella & Co.）が株式を交換することを決定し，それにより二社連合（Zweibund）が成立したのに対して，10月にはBASF社，バイエル社，アグファ社によって利益共同体契約が締結され，それにより三社同盟（Dreibund）が成立した。しかも，BASF社とヘヒスト社の間には合成インディゴ協定が成立しており，ドイツ合成染料工業における企業集中の一層の発展の基礎が形成されていたのである。かくて，第1次大戦において，戦時経済の必要からも，1916年8月に三社同盟と三社連合の6社に，グリースハイム社（Chemische Fabrik Griesheim Elektron, Frankfurt a. M.）とワイラー＝テル・メール社（Chemische Fabriken vorm. Weiler-ter Meer, Uerdingen）の2社が参加してIGが成立した。このIGの成立に際して，1915年8月にデュースベルクは1904年の「覚書」に手を入れて新たな「覚書」を作成したが，そこで彼は，「戦争はあらゆる諸国にとって合成染料工業がいかに重要なものであるかを示した。敵国はすでに合成染料工場の建設を準備して

いる。中立国もまたこの領域で自立しようとしている」ことを指摘し，「敵国は必要ならば関税障壁を一層高くするであろう」[22]から，戦後に予想される事態に対応するために連合が必要だと説いている。したがって，IGの成立は，戦時経済の必要からのものではあったが，戦後に予想される事態——敵国・中立国における合成染料工業の発展と高い関税障壁——に対応し世界市場の再分割を有利に展開するためのものとしての性格も強かったといえる。第1次大戦においてドイツが敗北した結果，国内で石炭不足や労働運動の高揚などの諸困難に直面したこともあり，1920年に利益共同体契約の期限が大幅に延長され，IGの強化が企てられたのである。

だが，第1次大戦後の国際経営環境の変化は，利益共同体としてのIGでは十分に対応できないものであった。IGにおいてそれが認識されたのは1923年にレンテンマルクの発行により通貨が安定してからであった。この通貨安定は，ドイツ合成染料工業の対外競争力の低下を顕在化した。それまでは，国内での急速なインフレの進行がマルクの大幅な減価をもたらし，それにより，輸出が促進されるとともに，「統計上は戦前よりもはるかに小さな合成染料輸出量でさえも大きな利潤を示しえた」[23]ことから，ドイツ合成染料の輸出を困難にする国際経営環境の変化を十分に認識できなかったのである。この国際経営環境の変化とは，第1次大戦においてドイツからの合成染料の輸入が途絶えたことからアメリカ・イギリスなど主要資本主義諸国で合成染料工業が保護・育成されて発展し，そのために第1次大戦によって失われた市場支配を奪回せんとするIGの再分割戦略の展開が厳しいものとならざるをえなかったことにほかならない。とくに，第1次大戦前にドイツ合成染料の主要な市場であったアメリカとイギリスについてみるならば，アメリカでは1922年にフォードニー・マッカンバー関税法が成立し国内で生産されている合成染料については国内での販売価格（ASP）を基準価額として高率の関税が課せられることになったし，イギリスでは1921年に成立した染料（輸入規制）法により合成染料の輸入は認可制になった。フランスやイタリアなどでも，保護関税政策がとられた

第1章　国際カルテルとデュポン社

表1-4　染料輸入関税率

(従価, %)

		フランス		スペイン		イタリア		ポーランド		ドイツ	アメリカ	日本
		最高税率	最低税率	最高税率	最低税率	最高税率	最低税率	最高税率	最低税率			
インディゴ	1926	161	40	133	53	100	53	333	333	0	99	112
20%	1913	64	36	32	9.6	0	0	57	57	0	0	20
硫化	1926	271	68	492	68	59	59	308	308	0	95	201
ブラック	1913	123	62	154	68	0	0	259	213	0	30	15
アニリン染料平均	1926	165	41.3	266	128.3	74.7	59	249.7	249.7	0	85.7	137
	1913	85	44	90.3	38.2	0	0	153	129.3	0	20	14.4

注：数字は必ずしも厳密なものではない。1926年の数字は8月現在のものである。
出所：League of Nations, *The Chemical Industry*, pp. 54-59.

（表1-4）。このように各国で合成染料工業が保護・育成されて発展した結果，深刻な過剰生産が生じ(24)（前掲表1-3），IGによる世界市場の再分割戦の展開を一層厳しいものとした。このような国際経営環境の変化に対応するには，構成企業に解約予告権が与えられる利益共同体の形態をとるIGでは限界があったことから，より強固な独占体への再編成が企てられた。その際，デュースベルクは，企業合同を最終目標としながらも，それに要する費用，外国市場で定着していた社名・商標を維持することなどを考慮して持株会社の設立を提案した(25)。しかし，IGではBASF社のカール・ボッシュ（Carl Bosch）の提案により企業合同へ進むことが決定され，1925年12月にIG・ファルベン社が成立した。ボッシュは，1923年にアメリカを旅行し，そこでの化学産業の急速な発展を見聞してきたことから，IGにおける生産組織とりわけ合成染料部門の徹底した合理化が必要だと考え，企業合同を提案したのである(26)。1904年の場合と異なり，デュースベルクが持株会社の設立を提案したのに，彼の思惑をこえて企業合同へと進んだのは，IG内部で外国企業との競争が強く認識されるようになったことを背景としていたと考えられる。

IG・ファルベン社の成立は，過剰生産が深刻なものとなっている合成染料部門の生産組織・販売組織の合理化を進めるとともに，第1次大戦を契機として急速に成長した窒素部門の拡充，人造石油など新興部門への進

第1篇　国際カルテルから多国籍企業へ

出により多角化を進め，国際経営環境の変化に対応して国際競争力を強化しようとするものであった。

　その国際経営戦略（再分割戦略）の主力部門の一つである合成染料工業における外国企業の形成・抬頭と過剰生産という国際経営環境の変化に対応して，IG・ファルベン社は，技術力の優位を背景に付加価値の高い新製品・高級品の市場を拡大するとともに，合成インディゴのような各国で生産が増大している製品については国際カルテルの形成を主導して有利な市場分割を実現しようとする国際経営戦略を展開した。合成染料部門においては，ナフトール染料などの開発に重点をおくとともに，1927年にフランス企業とカルテルを成立させ，1929年にはスイス企業も参加した欧州染料カルテル（三者カルテル）を成立させた。この国際カルテル形成の動きは，1929年大恐慌を契機として一層強められ，1932年にICI社が欧州染料カルテルに参加し四者カルテルが成立した。IG・ファルベン社は，これらの国際カルテルにおいて絶えず市場分割の主導権を確保せんとしたのである。

3　アメリカ合成染料市場の再分割

　IG・ファルベン社の成立・発展と密接に連動していたドイツ企業のアメリカ合成染料市場への再進出の考察に進もう。[27]

　グラッセリ・ケミカル社が1918年にバイヤー社の合成染料に関する利権を取得していたことから，1923年にドイツのバイエル社とグラッセリ・ケミカル社との間で合弁企業を設立する交渉がはじめられた。この交渉の結果，1924年5月に合弁企業の販売地域をアメリカとその領土，カナダに限定すること，工業用薬品部門への進出を制限することを内容とする協定が成立し，7月に合弁企業グラッセリ・ダイスタッフ社（Grasselli Dyestuff Corp.）が設立された。そこでの持株比率は，グラッセリ・ケミカル社が合成染料に関する資産・製造権等と交換で受け取ることになっていた325万ドルの債券が換金された時に折半されることになっていた。ところがド

第1章　国際カルテルとデュポン社

イツでのIG・ファルベン社の成立への動きに照応して，1925年3月にヘヒスト社がグラッセリ・ダイスタッフ社に資本参加する協定が成立した。この協定では，グラッセリ・ケミカル社の持株が50％から35％に減らされること，新たな販売会社が設立されることが決められていた。それは7月に実施されることになっていたが，延期され，7月に新たに成立した協定により，10月に実施されることになった。7月の協定とともに成立した利潤配分協定では，ドイツ資本がアメリカとその領土・カナダへの輸出から得た利潤の12.5％をグラッセリ・ダイスタッフ社が得ることになっていたが，BASF社がこの協定に参加した時には10％に引き下げられることになっていた。このようにして，7月にヘルマン・A・メッツがヘヒスト社の代理店業務を継続するためにゼネラル・ダイスタッフ社（General Dyestuff Corp.）を設立し，そこへ，10月にグラッセリ・ダイスタッフ社の販売業務とバイエル社の代理店業務が統合され，1926年1月にはBASF社の代理店業務が統合されたのである。ゼネラル・ダイスタッフ社への販売業務の移転により，グラッセリ・ダイスタッフ社は製造にだけ従事するようになった。ゼネラル・ダイスタッフ社の持株は，グラッセリ・ダイスタッフ社，メッツ，クットロフ・ピックハート社（Kuttroff Pickhardt & Co.［BASF社の代理店］）の間で三等分されたが，ゼネラル・ダイスタッフ社の設立の最大の意義はBASF社が参加したことによりIG・ファルベン社のアメリカでの独占販売代理店となったことである。それとともに，ゼネラル・ダイスタッフ社はアメリカの外でのIG・ファルベン社との競争を禁止された。ここに，アメリカ合成染料市場におけるIG・ファルベン社の支配機構が成立したのであるが，それは，1928年のグラッセリ・ケミカル社による1925年7月の協定の放棄によって完成した。1928年10月にグラッセリ・ケミカル社は，デュポン社に合併される直前にその協定を放棄しグラッセリ・ダイスタッフ社とゼネラル・ダイスタッフ社の株など合成染料に関する利権をメッツに売却した。それにより，グラッセリ・ダイスタッフ社とゼネラル・ダイスタッフ社がIG・ファルベン社の完全子会社と

なったのである。しかも，1929年にはグラッセリ・ダイスタッフ社をゼネラル・アニリン・ワークス社（General Aniline Works, Inc.）と社名変更するとともに，持株会社アメリカン・IG・ケミカル社（American I. G. Chemical Corp.）を設立した。ここに，ドイツ資本のアメリカ合成染料市場への再進出過程がアメリカにおけるIG・ファルベン社の支配機構の確立となって結果したこと，その過程でメッツが中心的役割を果たしたことも明らかである。

　しかもさらに重要なことは，この時期にIG・ファルベン社とデュポン社との間で合弁企業"American Dye"を設立する交渉が進められていたことである。この交渉は，1927年夏のデュポン社の社長ラモット・デュポン（Lammot du Pont）のヨーロッパ旅行を契機としてはじめられた。この交渉が進められているなかで行なわれた1928年のデュポン社によるグラッセリ・ケミカル社の合併は，デュポン社の工業用薬品部門での基盤を確立するものであり総合的化学企業へと発展するうえできわめて重大なものであったが，グラッセリ・ケミカル社の合成染料に関する利権の切り離しは合弁企業設立の交渉が進められていたことからもデュポン社とIG・ファルベン社との間での了解があったことは明らかであろう。デュポン社は，IG・ファルベン社の優れた技術力を利用する最も有利な方法として包括的特許・プロセス協定の成立，第2の方法として合弁企業の設立を考えていた。しかし，大戦前のドイツ資本による世界市場支配を再び確立しようとし，すでにグラッセリ・ダイスタッフ社，ゼネラル・ダイスタッフ社を通じてアメリカへ進出していたIG・ファルベン社との間では，合弁企業設立の交渉が進められたのである。しかも，IG・ファルベン社は，デュポン社のみならずアライド・ケミカル社およびアメリカン・サイアナミド社（American Cyanamid Co.）をも含む合弁企業の設立によりアメリカ合成染料工業を支配しようとしていたのであるが，この提案は反トラスト法に抵触するということでデュポン社により拒否された。外国市場での競争を回避するために，合弁企業の拡張・輸出・価格決定に関する拒否権を

確保しようとして50％所有を主張するIG・ファルベン社と，当初の60％から51％所有に妥協しながらもそれ以上譲らなかったデュポン社との間で，支配権をめぐる対立により交渉は1929年初めに決裂したのである。

合弁企業設立の交渉は決裂したが，デュポン社とIG・ファルベン社の協調関係は，デュポン社とIG・ファルベン社の子会社グラッセリ・ダイスタッフ社——後にゼネラル・アニリン・ワークス社——およびゼネラル・ダイスタッフ社との間の特許・ライセンス協定，価格協定によって継続された。1929年2月のデュポン社とグラッセリ・ダイスタッフ社，ゼネラル・ダイスタッフ社との間の協定では，ナフトール染料の中間体であるジアゾ塩（Diazo Salt）をゼネラル・ダイスタッフ社がデュポン社に他の購買者よりも10％安く供給すること，そのジアゾ塩をグラッセリ・ダイスタッフ社が製造するための原料をデュポン社が安く供給することなどが決められていた。これらの特許・ライセンス協定は，1920年代後半から30年代にかけての合成染料技術の発展を代表するナフトール染料に関するものなどであった。[30]1935年にラモット・デュポン家で行なわれた会談で，IG・ファルベン社は，両社の間で「一方では外国市場についての相互の理解からなり他方ではアメリカにおけるすべての特許訴訟の友好的な和解からなる友好的な協調関係が合成染料の分野で存在していた」ことを指摘し，さらに，統一的な販売政策が存在していたこととゼネラル・アニリン・ワークス社がデュポン社の工業用薬品と中間体を大量に購入してきたことを指摘している。[31]このような特許・ライセンス協定，互恵取引により，デュポン社とIG・ファルベン社を中心とするアメリカ合成染料市場における独占体制が成立したのである。だが，この独占体制の成立も，そこにIG・ファルベン社とスイス資本が重要な地位を占めていたことから，[32]さらにアメリカ合成染料市場での競争が世界市場競争の主要な環をなしていたことからも，国際染料カルテルの形成との関連を看過することはできない。また，デュポン社の国際経営戦略の特徴を明らかにするうえでも国際染料カルテルとの関連が問題となる。

第1篇　国際カルテルから多国籍企業へ

(1)　General Chemical Co., *The General Chemical Co. after 20 years,* 1919, p.51.
(2)　1929年にアメリカン・サイアナミド社の子会社となった。
(3)　Hounshell and Smith, *op.cit.,* pp.76-97.
(4)　U. S. Alien Property Custodian, *Alien Property Custodian Report,* GPO, 1919 (Reprint Edition, Arno Press Inc.,1977), p.48;Bone Hearings, Pt.5, p.2060 ; W. Haynes, *op. cit.,* vol.3, p.259.
(5)　G. C. Zilg, *op.cit.,* pp.178-179.
(6)　Taylor and Sudnik, *op.cit.,* pp.108-109 ; Alleged Dye Monopoly, pp.741-902.
(7)　Hounshell and Smith, *op.cit.,* pp.91-92.
(8)　W. Haynes, *op.cit.,* vol.3, pp.483-505.
(9)　1921 Tariff Hearings, Pt.1, pp.536-540 ; Alleged Dye Monopoly, pp. 17-20 ; A. D. Chandler Jr. and S. Salsbury, *Pierre S. du Pont and the Making of the Modern Corporation,* New York, 1971, p.384 ; W. J. Reader, *Imperial Chemical Industries,* vol.1, London, 1970, pp.276-277.
(10)　W. S. Dutton, *Du Pont,* New York, 1942, p.291 ; M. Dorian, *The Du Ponts,* Boston, 1962, p.214 ; G. C. Zilg, *op.cit.,* pp.179-180 ; Taylor and Sudnik, *op.cit.,* pp.109-110 ; Hounshell and Smith, *op.cit.,* pp.92-96.
　　　なお、デュポン社については、以下の文献も参照されたい。小澤勝之『デュポン経営史』日本評論社、1986年；丸山恵也・井上昭一編著『アメリカ企業の史的展開』（ミネルヴァ書房、1990年）所収のデュポン社に関する諸論文（中村宏治、高浦忠彦、田口定雄執筆）。
(11)　この企業集中の歴史は、合成染料工業におけるものであったが、この過程で合成染料企業が多角化を進めていたことから、IG・ファルベン社が成立した時には化学産業のほとんどを網羅するようになっていた。IG・ファルベン社の成立過程については、以下の研究を参照されたい。上林貞治郎「独逸化学工業集中史」（藤田敬三編『世界産業発達史研究』伊藤書店、1943年）；米川伸一「ドイツ染料工業と『イー・ゲー・染料株式会社』の成立過程」（『一橋論叢』第64巻第 5 号）；林満男「IG-ファルベン成立史（I）(II)」（『甲南経営研究』第16巻第 4 号、第17巻第 1 号）；加来祥男『ドイツ化学工業史序説』ミネルヴァ書房、1986年；工藤章『現代ドイツ化学企業史』ミネルヴァ書房、1999年。
(12)　L. F. Haber, Nineteenth Century, p.128（水野五郎訳、178頁）。
(13)　Ausschuß zur Untersuchung der Erzeugungs- und Absatzbedingung

der deutschen Wirtschaft, I. Unterausschuß, 3.Arbeitsgruppe, T.1, *Wandlungen in der Rechtsformen der Einzelunternehmungen und Konzerne,* Berlin, 1928, S.436.

(14) デュースベルクは医薬品工業をも含む合同も提唱したが，1905年に医薬品工業で独自に利益共同体が形成された（L. F. Haber, Nineteenth Century, pp.179-180. 邦訳，250〜251頁）。

(15) デュースベルクが旅行した時は，1890年に成立したシャーマン反トラスト法に違反しているという判決により，形式的解散を経て持株会社の形態（1899年）をとっていた。

(16) C. Duisberg, *Denkschrift über die Vereinigung der deutsche Farbenfabriken,* Elberfeld, 1904, S.25.

(17) Ebenda, S.28.

(18) Ebenda, S.40.

(19) Ebenda, S.41.

(20) 長沢不二男「IGファルベン」(8)（『化学経済』1967年8月号）101頁。

(21) 1908年にカレ社（Kalle & Co. Aktiengesellschaft, Biebrich, a. Rh.）が参加して三社連合（Dreiverband）となった。

(22) C. Duisberg, Die Vereinigung der deutschen Farbenfabriken, in : *Jahrbuch für Wirtschaftsgeschichte,* III/1966, S.269.

(23) U. S. Senate, Committee on Military Affairs, *Elimination of German Resources for War,* 79th Cong., Pt.10, p.1170（以下，Kilgore Hearingsと略記する）。

(24) 過剰生産の原因として戦勝国の賠償政策を看過することはできない。ヴェルサイユ条約によりドイツ合成染料工業は1925年まで特定の合成染料生産の4分の1を賠償委員会へ引き渡すことになったが，それはドイツ合成染料工業が軍需生産から民需生産へ転換するのを促進し生産を軌道にのせる要因となっただけでなく，それらの諸国の市場でドイツ合成染料の品質を再確認させドイツ合成染料工業の市場回復に貢献するものとなった。賠償政策のこのような展開は，他方で自国の合成染料工業を保護・育成しようとする戦勝国の政策と矛盾するもので，過剰生産を深刻化するとともに，再分割戦を一層激しくするものであった。Cf. L. F. Haber, *The Chemical Industry 1900-1930,* Oxford, 1971, pp.248-250（以下，1900-1930と記す。佐藤正弥・北村美都穂訳『世界巨大化学企業形成史』日本評論社，1984年，382〜385頁）。

(25) デュースベルクの提案とボッシュとの論争については，次のものを参

第1篇　国際カルテルから多国籍企業へ

照されたい。H. J. Flechtner, *Carl Duisberg,* Düsseldorf, 1960, S.332-350.
(26) 　K. Holdermann, *Im Banne der Chemie, Carl Bosch*, Düsseldorf, 1960, S. 195-213（和田野基訳『化学の魅力，カール・ボッシュ』文陽社，1965年，224〜242頁）.
(27) 　以下の記述は，主に次の文献に依拠している。Bone Hearings, Pt. 5, pp.2061-2075, 2140-2266.
(28) 　W. Haynes, *op.cit.,* vol.4, 1948, pp.233-234.
(29) 　*U. S. v. Imperial Chemical Industries, Ltd.,* 100 F. Supp. 504 (S.D.N. Y. 1951), 530.
(30) 　たとえば，1929年にゼネラル・アニリン・ワークス社が生産しゼネラル・ダイスタッフ社がRapidogenシリーズとして販売したナフトール染料を，デュポン社がDiagenとして販売した（W. Haynes, *op.cit.,* vol.5, 1954, p.174）。
(31) 　Bone Hearings, Pt. 5, p.2261.
(32) 　アメリカ染料市場の40％以上を支配していた（表1‐3参照）。ドイツ資本・スイス資本は，国内で生産されている染料（競争品）をとくに保護していた関税政策のもとで，競争品を国内で生産し非競争品を輸入する戦略をとった。非競争品は，ドイツ資本などが独自に開発した染料で，技術独占にもとづく独占利潤をもたらすものであった。

III 国際カルテルとデュポン社

1 国際染料カルテルとデュポン社

　デュポン社とIG・ファルベン社との間で合弁企業設立の交渉が進められていたのと同じ時期に，ICI社とIG・ファルベン社との間でもカルテル協定の交渉が進められていた。⁽¹⁾ICI社とIG・ファルベン社との間での合成染料に関するカルテル形成への経過は，第1次大戦直後のブリティッシュ・ダイスタッフ社とBASF社との間の交渉にさかのぼることができるが，1924年のドイツ資本とスイス資本の価格協定の成立，その直後のスイス＝フランス協定の成立，1927年のIG・ファルベン社とフランスのクールマン社（Etablissments Kuhlmann S.A.）との協定の成立によって，深刻な過剰生産のもとでヨーロッパの合成染料工業における生産と資本の国際的集積が進み，ヨーロッパにおいてICI社をも含む国際染料カルテルの成立が一層現実的なものとなったことから，1920年代後半に交渉が大詰の段階に入ったのである。

　しかも，1926年のICI社の成立それ自体が，1925年に成立したIG・ファルベン社に対抗するものであるとともに，IG・ファルベン社をも含む国際カルテルの形成を展望したものであった。その点について，ICI社の社長ハリー・マックゴワン（Harry McGowan）がICI社の成立直後にデュポン社のW・スウィント（W. Swint）に説明したことが，次のように述べられている。「ICI社の形成は，彼〔マックゴワン〕が世界の化学産業を合理化するために考えている包括的な計画の第1歩にすぎない。その計画の詳細はまだハリー卿自身においてさえ仕上げられていないが，その広大な構想は次の三つのグループ——ドイツのIG・ファルベン社，イギリスのICI社，アメリカのデュポン社とアライド・ケミカル社——の間での協定を含んでいる」⁽²⁾と。さらに，マックゴワンは，ICI社の成立に続く段階が

第1篇　国際カルテルから多国籍企業へ

イギリスとドイツの間での協定であり，世界的なカルテルを実現するうえで最大の困難としてアライド・ケミカル社における経営者の個性の問題があるとしていた。アライド・ケミカル社の経営者の問題については後に述べるが，ICI社にとっても，IG・ファルベン社にとっても，カルテルの成立が重大な意義をもっていた。しかし，ICI社に合成インディゴなどについてイギリス本国市場の約70％の支配を認めるが，IG・ファルベン社が新たに開発した合成染料についてはドイツから輸出しようとするIG・ファルベン社と，イギリス帝国における販売の特権的地位が認められるべきだとするICI社との間で交渉は決裂したのである。

1927年夏のラモット・デュポンのヨーロッパ旅行を契機として，デュポン社とICI社との間で1926年の特許・プロセス協定を火薬以外の製品に拡大する交渉も行なわれていたが，それは，とくに両社がIG・ファルベン社との交渉に失敗したことから急速に進められ1929年7月に両社の化学製品のほとんどすべてを網羅した特許・プロセス協定（以下，デュポン＝ICI協定とする）が成立した。[3]このデュポン社とICI社との国際カルテル（デュポン＝ICI同盟）の歴史は，デュポン社の火薬産業における国際カルテルにさかのぼることができるが，それについては節を改めて明らかにしよう。

その1920年協定ではデュポン社とエクスプロウシブズ・トレーズ社（Explosives Trades Ltd.）が火薬部門から他の部門への多角化を進めていたことをふまえて両社の合意のもとで協定に他の商品を含みうることが規定されていた。それは，1920年協定を若干修正した1926年協定でも同じであった。エクスプロウシブズ・トレーズ社がノーベル・インダストリーズ社（Nobel Industries Ltd.）に社名を変更し，1926年に他の企業との合同でICI社が成立したことから，その規定にもとづき，デュポン社とICI社との間で包括的な協定を成立させるための交渉が進められたのである。

その過程で，ICI社がアライド・ケミカル社の株を売却することが決定された。ICI社によるアライド・ケミカル社の株式所有は，ノーベル・イ

第1章　国際カルテルとデュポン社

ンダストリーズ社とともにICI社の成立において中心的な役割を演じていたブラナー・モンド社（Brunner, Mond & Co., Ltd.）が，ソルヴェー（Solvay）シンジケートとしての関係からソルヴェー・プロセス社（Solvay Process Co.）の設立時に取得し，ソルヴェー・プロセス社がアライド・ケミカル社の設立に参加したことから所有していたものである。それは，ベルギーのソルヴェー社（Solvay et Cie.）の持株と併せれば5,000万ドルにのぼるが，ICI社の持株だけでは1,000万ドルであるとされていた。しかし，アライド・ケミカル社の株の売却が決定されたのは，デュポン社とノーベル・インダストリーズ社の間の金融的結びつき（2,500万ドル）との比較においてというよりも，むしろアライド・ケミカル社が国際カルテルへの参加に消極的であったからであろう。ここに，マックゴワンが「最大の困難」としたアライド・ケミカル社の経営者の個性の問題がある。1926年9月にブラナー・モンド社のアルフレッド・モンド（Alfred Mond）がアメリカに渡りアライド・ケミカル社の社長オーランド・F・ウェーバー（Orlando F. Weber）にIG・ファルベン社を含む三社連合を提案したが，保守的・「秘密主義的」な経営政策をとるウェーバーはこれを拒否した。それにより，モンドの構想が挫折し，マックゴワンの構想によるICI社の成立へと進んだのであるが，このようなアライド・ケミカル社の経営政策によってICI社のデュポン社とアライド・ケミカル社との三社協定の構想も実現の可能性がなくなり，ICI社はアライド・ケミカル社の株式105,600株をソルヴェー社に売却した。この売却によりICI社とアライド・ケミカル社の結びつきが消滅したわけではなく，売却後もICI社はアライド・ケミカル社の株式10,316株を所有していたのである。しかし，デュポン社とICI社の結びつきと比べるならば，その結びつきが弱まったことはたしかである。

　ここに，デュポン社とアライド・ケミカル社の国際経営戦略の特徴が対比的に明らかになったといえるであろう。アライド・ケミカル社は国際カルテルへの参加に全く消極的だったわけでなく，合成染料に関してもアラ

37

第1篇　国際カルテルから多国籍企業へ

イド・ケミカル社の子会社ナショナル・アニリン・アンド・ケミカル社が中国市場やインド市場の分割においてIG・ファルベン社が支配していた欧州染料カルテルやデュポン社と協調するようになった。しかし，1929年のデュポン＝ICI協定の成立により化学産業を舞台としたデュポン＝ICI同盟が確立したことから，デュポン社が国際カルテルの形成におけるアメリカ化学産業の指導的企業としての地位を確保したといえるのに対して，アライド・ケミカル社はその点で立ち遅れていたといえるであろう。

　さて，デュポン＝ICI協定をみると，合成染料に関しては両社がIG・ファルベン社との交渉を進めてきたことをふまえてIG・ファルベン社との協定が成立する可能性が考慮されていた。つまり，合成染料に関して，デュポン社とICI社のどちらかがIG・ファルベン社と個別の協定を結ぶのは自由であり，その協定が成立した時にデュポン＝ICI協定の合成染料に関する部分は効力を失うがそこで与えられていたライセンスはそれが認められていた期間有効であること，しかし独占的ライセンスは自動的に非独占的になることが規定されていた。さらに，IG・ファルベン社と協定を結んだものは，もう一方が協定に参加できるように最大限の努力を払うこととされていた。このように，デュポン＝ICI協定は，窮極的には，IG・ファルベン社との協定による国際染料カルテルの成立をめざすものであった。しかし他方では，このデュポン＝ICI協定は，同じ1929年に成立したIG・ファルベン社を中心とする欧州染料カルテルに対抗しデュポン社とICI社の両社が協力することにより，IG・ファルベン社との市場分割において有利な条件を確保しようとするものであった。

　それを示すのが，インドからのデュポン社の合成染料事業の撤退についての特別の規定である。デュポン＝ICI協定における市場分割は，カナダとニューファンドランド島とイギリス領を除く北米・中米（コロンビア以北）をデュポン社の独占的地域とし，カナダとニューファンドランド島を除き，エジプトを含むイギリス帝国がICI社の独占的地域とするものであった。しかるに，デュポン社がIG・ファルベン社との交渉を，とりわけ

第1章　国際カルテルとデュポン社

市場分割に関する交渉を有利に進めるために，インド市場からのデュポン社の合成染料事業の撤退を延期する特別の規定が与えられていたのである。IG・ファルベン社がイギリス本国での合成染料販売を中止することに同意したことから1931年にICI社が欧州染料カルテルに参加したことにより，その規定は根拠がなくなり，1931年9月の協定にもとづき，アメリカにおけるICI社の合成染料販売会社（Dyestuffs Corp. of America）がデュポン社に譲渡されるとともにデュポン社のインド市場における合成染料事業もICI社に譲渡された。これはすでにデュポン＝ICI協定に規定されていたことであり，デュポン＝ICI協定の継続を意味するものであった。しかも，ICI社はデュポン社に，ICI社の欧州染料カルテルへの参加がデュポン＝ICI同盟を危うくするものでないと通知している。ここに，デュポン＝ICI協定がデュポン社と欧州染料カルテルとを結ぶ性格をもつことになり，ICI社の欧州染料カルテルへの参加により国際染料カルテルが成立したということができるのである。

　それでは，このような国際染料カルテルによる世界市場の分割において，デュポン社をはじめとするアメリカ合成染料企業の外国市場はいかなるものであったかを明らかにしよう。デュポン社はデュポン＝ICI協定で北米・中米を独占的地域として規定されていたものの，IG・ファルベン社との関係ではアメリカ市場ですら共同支配の形態をとらざるをえなかった。しかも，IG・ファルベン社の子会社との特許・ライセンス協定のもとで生産した合成染料の輸出は禁止されていた。デュポン社は主に中国・カナダ・中南米に市場を求めざるをえなかったが，中国市場の分割についてはIG・ファルベン社が主導していた。カナダ市場については，デュポン＝ICI協定によりICI社との合弁企業カナディアン・インダストリーズ社（Canadian Industries Ltd.）を通じて販売すること，その市場についてはデュポン社とICI社との間で折半されることになっていた。ところが協定成立前にはデュポン社の販売高がICI社の販売高を上回っていたにもかかわらず，カナディアン・インダストリーズ社を通じて販売するようになって

第1篇　国際カルテルから多国籍企業へ

表1-5　カナディアン・インダストリーズ社の染料販売(市場分割，販売高)

	デュポン社	ICI社
1930年1月-1931年6月(年率)	55.73%	44.27%
1932*	43.25	56.75
1933	36.09	63.91
1934	29.32	70.68
1935	37.75	62.25
1936	(約)41	(約)59
1937	46.00	54.00

注：＊1932年秋に帝国内特恵関税が導入された。
出所：W. J. Reader, *Imperial Chemical Industries : A History,* vol.2, London, 1975, p.215.

からはICI社の方がデュポン社を上回るようになったのである（表1-5）。とくに1932年のイギリス帝国内特恵関税の成立により，デュポン社は一層不利になりカナダ市場からの撤退をも考えたが，国際染料カルテルのもとでそれはICI社のカナダ市場での販売割当を低くするだけであったので，デュポン＝ICI同盟を維持するためにもデュポン社は撤退することはなかった。南米市場でも，1934年に設立されたICI社との合弁企業デュペリアル・アルゼンチン社（Industrias Quimicas Argentinas "Duperial", S. A.）と1936年に設立されたデュペリアル・ブラジル社（Industrias Quimicas Brasileiras "Duperial", S. A.）を通じて進出したが，ここはIG・ファルベン社にとっても重要な市場であり，デュポン社に有利な市場でなかった。IG・ファルベン社の子会社と特許・ライセンス協定を結んでいたカルコ社もまた，それらの合成染料の輸出を禁止されていたし，スイス資本を通じて販売していたダウ・ケミカル社も輸出を制限されていた。アライド・ケミカル社は，特許・ライセンス協定により輸出を制限されることはなかったものの，ICI社との関係からイギリス市場へは進出していなかった。さらに，IG・ファルベン社とスイス資本の子会社は第2次大戦の勃発までアメリカ・カナダ以外への輸出を禁止されていた。したがって，アメリカ合成染料工業は，特許・ライセンス協定によって輸出を制限されなかっ

た合成インディゴや硫化ブラックのような低価格の合成染料をそれらの市場である中国・インド・中南米へ輸出せざるをえなかったが，そこでの市場分割はIG・ファルベン社が主導していたのである。

　両大戦間のアメリカ合成染料工業は，大戦前のドイツおよびスイスからの輸入に全く依存していた状態から，制限されてはいたものの輸出するまでに発展したが，それが関税政策に保護されてのものだったこと，しかもそのなかでIG・ファルベン社とスイス資本が40％以上の市場を支配していたことを考慮するならば，デュポン社をはじめとするアメリカ合成染料企業がIG・ファルベン社に対抗して世界市場の再分割を強力に促迫するほどの国際競争力を有するまでに至っていなかったことが明らかである。

　第1次大戦後の世界市場の再分割過程におけるデュポン社の経営戦略は，アメリカ合成染料工業のこのような発展段階に規定され，外国市場の拡大よりも国内市場における独占の強化に重点をおいていた。すなわち，デュポン社は，合成染料に関する技術では他のすべての企業に著しく先んじていたIG・ファルベン社との競争を回避し，その優れた技術を導入することによりアライド・ケミカル社など国内の他の企業よりも有利な条件で，関税政策に保護されていたアメリカ合成染料市場における独占を強化しようとする経営戦略を展開したのである。かくてデュポン社は，生産量ではアライド・ケミカル社を下回りながらも販売高では上回るようになった（表1-3）。しかし，そのためにIG・ファルベン社の子会社と結んだ特許・ライセンス協定は，輸出の制限をともなうものであった。要するに，デュポン社は，輸出を制限されながらも，特許やライセンスによる技術独占と市場分割とが結びついた国際カルテルを積極的に利用し，アメリカ市場における技術独占を強化したのである。それは，火薬部門からの多角化の過程で積極的に外国の技術を導入することによりレーヨン部門やセロハン部門への進出を果たしたこの時期のデュポン社の経営戦略の特徴を顕著に示すものであった。しかし，それは世界市場の分割において不利な条件となっていたのであり，世界市場の再分割を有利に展開し「多国籍企業」

化を進めるためには，自ら技術開発を推進することにより技術独占を強化せざるをえなかったのである。

2 デュポン＝ICI同盟の歴史

デュポン社の国際経営戦略の展開において，国際カルテルでの経験が重要な意味をもっていた。ここでは，19世紀末から20世紀中葉に至るデュポン＝ICI同盟の歴史を，世界市場の分割・再分割の視点から考察しよう。合成染料については前節で考察しているので，とくに必要な場合を除いて，ここでは取り扱わないこととする。

1880年代半ばに，ダイナマイトの過剰生産が激化したことを契機として，ヨーロッパで，1886年10月のノーベル・トラスト (Nobel-Dynamite Trust Co., Ltd.) の形成，1889年の一般プール協定 (General Pooling Agreement) の成立，1890年のミューラー協定 (Mueller Agreement) の成立と火薬産業における生産と資本の国際的集積が進展した。その過程で，ノーベル・トラストの代表がアメリカに渡り，デュポン社が支配していたレポーノ・ケミカル社 (Repauno Chemical Co.) 等のアメリカのダイナマイト製造会社との間で1888年に市場分割協定を結んだ。この協定では，アメリカグループの独占的地域が合衆国に限定されていたのに対してヨーロッパ・アフリカ・オーストラリア・アジアの大半がノーベル・トラストの独占的地域とされていた。この協定は1893年を期限としていたが，その後も事実上この市場分割が継続されていた。ところが，1896年にアメリカのエトナ・パウダー社 (Aetna Powder Co.) が南アフリカにダイナマイトを輸出したことから，それに対抗してヨーロッパグループが1897年にニュージャージー州のジェームスバーグで雷管および火薬を製造するための工場建設を企てた。そこで，アメリカグループの代表がヨーロッパに渡り，新たな市場分割のための交渉が行なわれ，1897年10月に協定が成立した。

この協定では，「雷管で起爆されるすべての火薬」と規定された高性能火薬（主にダイナマイト）について最も厳密な市場分割がなされた。現在

第 1 章　国際カルテルとデュポン社

および将来の合衆国の領土・メキシコ・中米・コロンビア・ベネズエラがアメリカグループの独占的領域とされ，その他の南米諸国とスペイン領でないカリブ海諸島はシンジケート地域とされ，カナダとスペイン領カリブ海諸島はこの協定に影響されない自由市場とされ，残りがヨーロッパグループの独占的地域とされた[19]。ここでは，1888年協定と比べて，アメリカグループ，ヨーロッパグループそれぞれの独占的地域が拡大した。ジェームスバーグでの工場建設を中止する見返りとして，アメリカグループがヨーロッパグループから毎年500万個の雷管を協定価格で購入することも決められた。さらに，これに付随した協定では，軍用無煙火薬について，アメリカ企業がヨーロッパの製法を用いていたので，アメリカグループが合衆国政府に売却したものについてヨーロッパグループにロイヤリティーを支払うことになっていた。

アメリカグループはデュポン社をはじめ10社から構成されていたが[20]，デュポン社は，1902年にラフリン・アンド・ランド・パウダー社（Laflin & Rand Powder Co.）を買収するなど資本の集中を進め巨大なトラストを構築し，アメリカグループおよびアメリカ火薬産業全体における支配を確固たるものとした（表1-6）。しかも，デュポン社は1897年協定でアメリカグループの独占的地域とされていたメキシコに進出してきたラテングループを買収しヨーロッパに進出する構想を1904年から進めていた。スイスで持株会社デュポン＝ノーベル社（Du Pont-Nobel Co.）が設立されることまで計画されたが，好況による鉱山・鉄道建設・建築ブームから1906年に国内でダイナマイト不足が深刻になり，ラテングループの買収計画は放棄され，国内での拡張に重点がおかれるようになった[21]（表1-7）。

1897年協定の更新のための交渉で，デュポン社はラテングループの買収計画をヨーロッパグループから譲歩を得る手段にしようと企て，フランス・イタリア・スイスを「中立」地域とするのに成功しつつあった。ところが，アメリカ国内でT・ローズベルト政権が反トラスト政策を強化していたことにより，1897年協定のような市場分割と価格協定を内容とするも

43

第1篇　国際カルテルから多国籍企業へ

表1－6　デュポン社によるアメリカ火薬市場占有率

(単位：％)

	爆破用 黒色火薬	爆破用 硝石火薬	ダイナマ イト	狩猟用 黒色火薬	狩猟用 無煙火薬	軍用無煙 火薬*
1905	64.6	80	72.5	75.4	70.5	100
1906	63.4	69.5	73	72.6	61.8	100
1907	64	72	71.5	73.6	64	100

注：＊合衆国政府自らが製造した分を除く。
出所：W. S. Stevene, op,cit., p.478；U. S. v. E. I. du Pont de Nemours & Co., 188 Fed. 127, 145.

表1－7　デュポン社のダイナマイト生産の増加

年	1904	1905	1906	1907	1908	1909	1910
生産 （百万ポンド）	103.2	114.5	153.2	161.8	131.8	158.8	172.0
販売利潤 （百万ドル）	1.56	1.91	2.52	2.16	2.25	2.71	3.12

出所：A. D. Chandler, Jr. and S. Salsbury, Pierre S. du Pont and the Making of the Modern Corporation, New York, 1971, pp.608-609より作成。

のは反トラスト法に抵触するおそれがあったので，1897年協定は期限をまたずに1906年に破棄された[22]。しかし，その後もデュポン社とヨーロッパグループとの間で反トラスト法に抵触しない形態での協定を成立させる交渉が進められ，1907年5月に特許・プロセス協定の形態で成立した。市場分割については，特許権の独占的実施地域と非独占的実施地域として規定されたが，1906年9月にデュポン社がラテングループの買収を断念したことから，1897年協定と同じ地域分割がなされ[23]，南米に関するシンジケートが廃止された。この協定の特徴は，譲渡されたライセンスに対する支払いについての規定にあった。この協定の交渉において，ヨーロッパグループは，1897年協定のもとで無煙火薬に関するロイヤリティーが年平均10万ドルだったことから，新しい協定のもとでデュポン社が毎年10万ドル支払うことを要求した。それに対して，デュポン社は，その支払いに値するものが協定に明示されなければ反トラスト法に抵触するおそれがあるとして，それ

第1章　国際カルテルとデュポン社

を拒否した。交渉が難航したが，デュポン社との全面的な競争はカナダでのノーベル・トラストの利権にとって脅威であったことから，デュポン社が提案した利潤分配方式による支払い規定が成立した。それは，1906年の利潤をこえる利潤の一定部分を譲渡されたライセンスの使用にもとづくものとみなし，1906年のデュポン社とヨーロッパグループの資産と利潤の比率にもとづいて分配率を決めるものであった。これにより，デュポン社は毎年10万ドル支払う義務を免れたのである。

この協定に影響されないとされていたカナダにおいては，ノーベル・トラストがハミルトン・パウダー社（Hamilton Powder Co.）による合併を進めるとともに，カナダでの市場拡大を企てていたデュポン社との間で合弁会社を設立する交渉を進め，1910年11月にカナディアン・エクスプロウシブズ社（Canadian Explosives Ltd.）を設立した。その持株比率は，デュポン社の45％に対しノーベル・トラストの55％で，ノーベル・トラストの支配権が確保されていた。

1907年協定のもとで，デュポン社は，多くの化学技術をヨーロッパから導入した。それらは，TNTの製造に関する情報，軍用無煙火薬の安定剤に関する情報，炭鉱用安全爆薬に関する情報，等々であった。それに対して，デュポン社は，ヨーロッパグループに役立つ技術を開発しなかった。というのは，この時期のデュポン社の技術開発は機械の改良にむけられていたからである。それは，ヨーロッパでは50～60人でする仕事を1人で出来るようにしたダイナマイトの荷造り機のように，巨大な市場を前提とする大量生産原理にもとづくものであった。かくて，デュポン社は，ヨーロッパから導入した化学技術と自ら開発した大量生産設備とにより，1907年恐慌による利潤の低下からいちはやく回復するとともに，資本蓄積を促進したのである（表1-8）。ところが，それは，デュポン社にとって，1907年恐慌の打撃が最も深刻だったノーベル・エクスプロウシブズ社（Nobel Explosives Ltd.）をかかえるヨーロッパグループに対する「予想外」のロイヤリティーの支払いとなった（表1-9）。そこで，デュポン社は，1911

45

第1篇　国際カルテルから多国籍企業へ

表1-8　デュポン社とヨーロッパグループとの利潤の比較

	デュポン社 〔ドル〕	ノーベル・トラスト 〔ポンド〕	パウダー・ グループ〔ポンド〕	ヨーロッパ・グループ 〔ポンド，（　）内はドル*〕
1906	5,332,800	370,900	253,600	624,500 (3,060,100)
1907	3,929,500	268,400	196,600	465,000 (2,278,500)
1908	4,929,300	213,200	117,900	331,100 (1,622,400)
1909	5,984,200	297,500	250,800	548,300 (2,686,700)
1910	6,270,000	308,300	323,600	632,400 (3,098,800)
1911	6,544,700	351,400	340,900	692,300 (3,392,300)
1912	6,871,700	417,400	416,300	833,700 (4,085,100)

注：＊1ポンド＝4.9ドルで算出し，1,000ドル未満を四捨五入。
出所：*Commercial & Financial Chronicle*, vol.90, No.2330(Feb.19,1910), p.507, vol. 96,No.2491(Mar.22,1913) p.861；W. J. Reader, *Imperial Chemical Industries : A History,* vol.1, London, 1970, p.504.

表1-9　1907年協定にもとづく支払い
（単位：ドル）

1907	0
1908	0
1909	94,089
1910	177,282
1911	212,026
1912	66,383

注：すべて，デュポン社からヨーロッパグループに支払われた。
出所：W. J. Reader, *ibid.*, p.213.

年に反トラスト判決が下された後，1907年協定も反トラスト法に抵触するおそれがあるとしてその破棄をヨーロッパグループに申し入れた。[29]

1913年に1907年協定が破棄され，新しい協定のための交渉が進められた。そこでは，第1次大戦へとヨーロッパにおける国際的緊張が高まるなかでデュポン社が1907年協定に違反して，フランス政府に火薬の売り込みをしていたことに関し，ヨーロッパグループ，とりわけドイツのグループとデュポン社との間で対立があった。[30]しかしそれは国際カルテルの解体をもたらすまでにはいたらず，1914年にロイヤリティーを「一括払い」とする新たな協定が結ばれた。それは第1次大戦の勃発によって実施されなかったが，1916年にノーベル・エクスプロウシブズ社とデュポン社との間で，こ

46

の協定をドイツグループに言及せず両社だけに適用できるように修正した協定が結ばれた。[31]

イギリスとドイツとの戦争により1915年にノーベル・トラストが解体され，第1次大戦前のデュポン社とヨーロッパグループという関係は，デュポン社とノーベル・エクスプロウシブズ社との関係に移行し，デュポン＝ICI同盟の歴史（＝前史）としての実体をなすものとなったのである。

第1次大戦での敗北によりドイツがヴェルサイユ条約で軍用火薬の輸出を禁止されたことからも，デュポン社とエクスプロウシブズ・トレーズ社（ノーベル・エクスプロウシブズ社が1918年11月に社名変更）とは1919年に世界市場の再分割のための協定（General Explosives Agreement, 1920年協定）を成立させ，大戦後の世界火薬産業の再編成を主導しようとした。それは，反トラスト法対策から特許・プロセス協定の形態をとっていたが，合衆国・メキシコ・中米・ベネズエラ・コロンビアをデュポン社の独占的地域とし，ヨーロッパ・アジア・アフリカ・オーストラリアをエクスプロウシブズ・トレーズ社の独占的地域としていた。非独占的地域とされていた南米においてはチリを除く地域について南米プール協定（South American Pooling Arrangement）が成立した。それは，この地域での火薬（軍用火薬を除く）の販売からの利潤を折半し，南米諸国の政府からの軍用火薬に関する照会についての情報を交換することを内容としていた。[32]南米で産業用火薬の重要な市場であったチリにおいては，1921年に合弁企業チリ火薬会社[33]（Compania de Explosivos de Chile）が設立され，デュポン社とエクスプロウシブズ・トレーズ社との共同支配体制が確立された。カナダについては，1920年協定とともに，デュポン社，エクスプロウシブズ・トレーズ社，カナディアン・エクスプロウシブズ社の三者協定が成立した。ここでもカナディアン・エクスプロウシブズ社におけるデュポン社とエクスプロウシブズ・トレーズ社の持株は折半され，デュポン社とエクスプロウシブズ・トレーズ社との共同支配体制が確立された。カナダと南米における共同支配体制の確立は，デュポン社が支配していたGM社（General

Motors Corp.)の株式をエクスプロウシブズ・トレーズ社が保有していたこととともに，この時期にデュポン社とエクスプロウシブズ・トレーズ社との同盟が強化されたことを示すものであった。しかも，この1920年協定は，デュポン社とエクスプロウシブズ・トレーズ社がともに多角化を進めていたことから，それらの製品を協定に含むことができるとして，1929年の特許・プロセス協定への道を開くものであった。

しかし，この同盟にも，デュポン社が軍用火薬をヨーロッパに輸出したことをめぐって角逐が生じた。第1次大戦中に連合国からの発注，合衆国政府の調達により急速に設備を拡充したデュポン社は，平時への移行によりその操業を維持できなくなるほどに調達を減らさざるをえなかった陸軍省・海軍省から，国防上の理由でその操業を維持するための輸出を勧められ，1920年協定でエクスプロウシブズ・トレーズ社の独占的地域とされていたヨーロッパへ輸出した。それに対して，ノーベル・インダストリーズ社（エクスプロウシブズ・トレーズ社が1920年9月に社名変更）が抗議し，交渉が行なわれた。そこで，デュポン社は，問題となっているIMR火薬（ニトロセルロース火薬の一種）はノーベル・インダストリーズ社が製造していない種類のものであり，販売されている地域は第1次大戦前にドイツグループがその種類の火薬を販売していた地域であるとして，販売権を主張した。このことは，南米において産業用火薬の市場を拡大しようとしていたヨーロッパ企業，とりわけディナミット社（Dynamit A. G.）との競争に直面していたこととともに，デュポン社とノーベル・インダストリーズ社に新たな協定の成立へと向かわせた。

ヨーロッパでの軍用火薬の販売については，1925年にデュポン社がニトロセルロース火薬（NC火薬）の優先権をもちICI社がTNTとニトログリセリン火薬（NG火薬）の優先権をもつことを内容とした協定が成立し，1926年にその販売割当が決められた。1928年に成立した協定では弾丸発射火薬用のニトロセルロースの販売割当も決められ，それらの割当をこえた販売分については10％の違約金が支払われることとなった。このような市

第1章　国際カルテルとデュポン社

表1-10　デュポン社とICI社のヨーロッパにおける軍用火薬の販売

(単位：メートルトン)

	1928			1929			1930			1931		
	デュポン社	ICI社	ブーホルス社	デュポン社	ICI社	ブーホルス社	デュポン社	ICI社	ブーホルス社	デュポン社	ICI社	ブーホルス社
TNT		3	25		135	200		62	50		130	
NC火薬	48		150	20.5	7.5	50	10	45	45			
NC[(1)]		300								7.5		65
NG火薬					120						1	

注：(1) 弾丸発射火薬用ニトロセルロース。
　　(2) 比較のため，スウェーデンのブーホルス社 (Bofors Nobelkrut A.B.) の数字を示す。
　　(3) 自国政府への販売を除く。
出所：U. S. Senate, Hearings before the Special Committee Investigating the Munitions Industry, 73d. Cong., Pt.5, pp.1344-1345.

場分割にもとづき，北欧・中欧での販売はデュポン社のパリ事務所が取り扱いバルカン諸国での販売はICI社のウィーン事務所が取り扱うヨーロッパでの軍用火薬の共同販売体制が確立した（表1-10）。

　南米市場については，1925年にデュポン社とノーベル・インダストリーズ社はディナミット社に，チリとボリビアのCSAEとディナミット社の販売量全体の25%を保証するとともに，それ以外の地域については販売会社エクスプロウシブズ・インダストリーズ社（Explosives Industries Ltd.）を設立し25%の持株を与えた[(40)]。さらに1926年に，デュポン社とノーベル・インダストリーズ社は，ディナミット社を含む産業用火薬に関する市場分割協定を成立させた。この協定では，1920年協定でノーベル・インダストリーズ社の独占的地域とされたヨーロッパから，ドイツ・オランダ・ポーランド・オーストリア・デンマーク・ベルギーがディナミット社の独占的地域として削除された[(41)]。これは，軍用火薬を含んではいないが，第1次大戦前の英・独・米による国際カルテルの復活ということもできる。だが，そこでの力関係は大きく変化していたのである。

　このような1920年代における世界火薬産業の再編成を主導したデュポン社とノーベル・インダストリーズ社の同盟は，1926年にノーベル・インダストリーズ社がICI社の設立に参加したことから新たな局面をむかえた。

49

第1篇　国際カルテルから多国籍企業へ

つまり，1925年のドイツにおけるIG・ファルベン社の成立，1926年のICI社の成立，1929年の欧州染料カルテルの形成と化学産業における生産と資本の国際的集積が進展する過程で，1929年7月にデュポン社とICI社との間で両社の化学製品のほとんどすべてを網羅した特許・プロセス協定が成立し[42]，化学産業を舞台としたデュポン＝ICI同盟が確立したのである。それは，合成染料，肥料などの有機化学部門を中心に第1次大戦で失ったドイツ化学産業の海外市場を奪還せんとして成立し，ヨーロッパ大陸における化学産業の再編成を主導していたIG・ファルベン社[43]との世界市場の再分割戦を有利に展開するための同盟であった。しかも，それはIG・ファルベン社との全面的な競争を企てたものではなくIG・ファルベン社も参加した国際カルテルの成立を展望したものであった。したがって，ICI社は，IG・ファルベン社との国際窒素カルテル協定を継続しただけでなく，1931年にはIG・ファルベン社の主導していた欧州染料カルテルに参加したのである。1929年協定では，カナダとイギリス領を除く北米・中米（コロンビア以北）がデュポン社の独占的地域とされ，カナダを除くイギリス帝国がICI社の独占的地域とされた。それは，1934年の1929年協定の一部修正，1939年の更新においても変更されなかった[44]。デュポン＝ICI同盟は，特許・プロセス協定によるこのような独占的地域の設定＝市場分割と，非独占的地域における合弁企業の共同支配体制とを柱としていた。それらの合弁企業の重要なものは，カナダにおけるカナディアン・インダストリーズ社（カナディアン・エクスプロウシブズ社が1927年に社名変更），南米におけるデュペリアル・アルゼンチン社とデュペリアル・ブラジル社とであった。

　デュポン社とICI社は，1929年協定を成立させる交渉においてカナディアン・インダストリーズ社の工業用薬品部門への進出を決め，1928年にデュポン社は二つのカナダ子会社，カナディアン・アンモニア社（Canadian Ammonia Co., Ltd.）とグラッセリ・ケミカル社（Grasselli Chemical Co., Ltd.）をカナディアン・インダストリーズ社に売却し，ICI社も1929年に

第1章 国際カルテルとデュポン社

カナダ・キャッスル・サイアナイド社 (Cassel Cyanide Co. of Canada, Ltd.) をカナディアン・インダストリーズ社に売却した。このようにして、カナダにおけるデュポン=ICI同盟の「適当な媒体」としてのカナディアン・インダストリーズ社の化学企業としての基礎が確立された。しかも、デュポン社とICI社は、カナディアン・インダストリーズ社を通じてカナダへの輸出、現地生産を行なっただけでなく、カナディアン・インダストリーズ社の活動地域をカナダに限定するとともに、カナディアン・インダストリーズ社に他の企業とのカルテル協定を成立させることによりそれらの企業のカナダでの活動を制限することに成功したのである。[46]

1929年大恐慌の結果、世界経済のブロック化が進むなかで、南米市場をめぐってデュポン社、ICI社、IG・ファルベン社の競争が激化していたが、1932年のデュポン社によるアルゼンチンでの企業買収により、そこでのICI社との競争が生ずることになった。それを契機として、南米での市場拡大を企てていたIG・ファルベン社と対抗するために、さらには経済ナショナリズムの高揚に対応するため[47]、デュポン社とICI社との間で合弁企業を設立する交渉が進められ、1934年にアルゼンチン・ウルグアイ・パラグアイを活動地域とするデュペリアル・アルゼンチン社が設立された。デュペリアル・アルゼンチン社は、アルゼンチンにアンモニアを輸出していたヨーロッパのカルテルの販売代理店となることにより、デュポン社とICI社の輸出と他の外国企業の輸出を調整した。1935年にデュペリアル・アルゼンチン社はレーヨン工場を建設するためにドゥシロ社 (Ducilo S. A. Productora de Rayon) を設立したが、独自にレーヨン工場建設を計画しそれに対抗しようとしていたブンゲ・イ・ボルン社 (Bunge y Born Ltda. S. A.) にドゥシロ社への15%の資本参加を認めることによりその工場建設を中止させた。[48] このようにしてアルゼンチンの化学産業を主導したデュペリアル・アルゼンチン社の経営は、ICI社のニューヨーク支社の支配人とデュポン社の対外関係委員会の取締役からなる合同株主委員会 (Joint-Shareholders Committee) を通じてなされていた。1936年にはデュペリア

第1篇　国際カルテルから多国籍企業へ

ル・アルゼンチン社をモデルとして，ブラジルにもデュペリアル・ブラジル社が設立され，南米におけるデュポン＝ICI同盟の基礎が一層強化された。

以上の分析から，両大戦間のデュポン社の国際経営戦略はデュポン＝ICI同盟を基軸として展開してきたこと，それゆえにデュポン社の対外進出は軍用火薬の場合を除き事実上カナダ，中南米の西半球に限定されていたことが明らかになった。

(1) W. J. Reader, *op.cit.*, vol. 2, pp.38-46.
(2) U. S. Senate, Hearings before the Special Committee Investigating the Munitions Industry, 73d Cong., Pt. 12, p.2868（以下，Nye Hearingsと略記する）; Bone Hearings, Pt. 5, p.2246.
(3) W. J. Reader, *op.cit.*, vol. 2, pp. 46-54 ; Bone Hearings, Pt. 5, pp. 2075-2077 ; 100 F. Supp. at 527-540. 協定文は次のものに収録されている。W. J. Reader, *op.cit.*, vol. 2, pp.506-513 ; Bone Hearings, Pt. 5, pp. 2278-2283.
(4) Nye Hearings, Pt. 12, p.2869 ; Bone Hearings, Pt. 5, p.2247.
(5) ICI社の所有していたGM社株等である。W・スウィントの手紙ではICI社のGM社株の所有は150,000株とされている（Nye Hearings, Pt. 12, p.2869）が，ICI社成立時に750,000株所有していた（W. J. Reader, *op.cit.*, vol. 2, p.14）。
(6) Allied Chemical & Dye, *Fortune,* Oct. 1939, p.148. 同様の指摘が，E. L. Van Deusen, You'd Hardly Know Allied Chemical, *Fortune,* Oct. 1954, p.122, でなされている。後者の方が一層批判的である。
(7) W. J. Reader, *op.cit.*, vol. 1, pp.458-464.
(8) 大戦後のデュポン社の国際経営戦略は，国際カルテルによる市場分割を前提としたものだった。すなわち，四つの製品グループそれぞれに，三つの異なる貿易地域を想定していた（100 F. Supp. at 519）。製品グループは次のものであった。①火薬・付属品・原料，②人造皮革，③染料・中間体，④その他の製品。貿易地域は次のものであった。(1)指導的地域（Active Territory）＝「デュポン社あるいは子会社が指導的な供給源となることを期待しているか，そうなるように努力しようとしている地域」，(2)参加地域（Representative Territory）＝「デュポン社

第1章 国際カルテルとデュポン社

あるいは子会社が現在または将来事業を行なうことを期待しているが，指導的販売者となることを期待していない地域」，(3)不参加地域（Inactive Territory）＝「デュポン社あるいは子会社がいかなる事業をも期待せず，いかなる方法でも供給を企てない地域」。

(9) Bone Hearings, Pt. 5, pp.2283-2285.
(10) *Ibid.,* p.2287.
(11) 1930年の市場分割は次のようなものであった。欧州染料カルテル——65.22％，ナショナル・アニリン・アンド・ケミカル社——18.0％，ICI社——3.98％，デュポン社——7.8％，（足立英夫『米国を中心とした染料工業の動向』化成品工業協会，1951年，60頁）。なお，中国・インド・日本・中南米での市場分割については次を参照。Bone Hearings, Pt. 5, pp.2086-2097, 2359-2392.
(12) カナディアン・インダストリーズ社はカナダ染料市場の約11％を供給していた。
(13) W. J. Reader, *op.cit.,* vol. 2, pp.215-216 ; 100 F. Supp. at 561.
(14) Bone Heanings, Pt. 5, pp.2429-2431.
(15) 1934年に国内で生産された染料の平均価格（1ポンド当たり）は54セントであった。それに比べて，輸入された染料は1ドル29セントであり，輸出された染料は31セントであった（U. S. Tariff Commission, *Dyes and Other Synthetic Organic Chemicals in the United States,* 1935, pp. 3-4 ; Cf. G. W. Stocking and M. W. Watkins, *Cartels in Action,* New York, 1946 p.375）。
(16) W. J. Reader, *op.cit.,* vol. 1, pp.125-159 ; Chandler and Salsbury, *op. cit.,* pp.170-171.
(17) M. Dorian, *op.cit.,* p.140.
(18) 市場分割において，ニューファンドランド島はカナダとともに扱われている。
(19) W. J. Reader, *op.cit.,* vol. 1, pp.159-161 ; Chandler and Salsbury, *op. cit.,* pp.171-172 ; 100 F. Supp. 504, 513-514. ヨーロッパグループはノーベル・トラストとパウダー・グループからなり，パウダー・グループを代表していたのはケルン・ロットヴァイラー火薬製造所（Vereinigte Köln-Rottweiler Pulverfabriken）であった。
(20) デュポン社のほか，次の9社であった。Laflin & Rand Powder Co., Eastern Dynamite Co., Miami Powder Co., American Powder Mills, Aetna Powder Co., Austin Powder Co., California Powder Works,

第1篇　国際カルテルから多国籍企業へ

  Giant Powder Co., Judson Dynamite & Powder Co. (W. S. Stevens, The Powder Trust, 1872-1912, *Quarterly Journal of Economics,* May, 1912).
(21)　Chandler and Salsbury, *op.cit.,* pp.173-180, 187-196. ラテングループは持株会社ディナミット中央会社 (Société Centale de Dynamite) によって代表された。
(22)　*Ibid.,* pp.192-193；W. J. Reader, *op.cit.,* vol.1, p.199.
(23)　1908年のヨーロッパグループとラテングループの交渉において，ラテングループのメキシコ撤退が決められた (*ibid.,* p.205)。
(24)　*Ibid.,* pp.201-202；Chandler and Salsbury, *op.cit.,* pp. 197-198.
(25)　デュポン社が1906年の利潤を超えた場合，その超過分の36.5％をヨーロッパグループに支払い，ヨーロッパグループが超過した場合その63.5％をデュポン社に支払うことになっていた (W. J. Reader, *op.cit.,* vol. 1, p.204)。
(26)　*Ibid.,* pp.207-211.
(27)　Nye Hearings, Pt. 5, pp.1100-1101.
(28)　*Ibid.,* p.1102.
(29)　100 F. Supp., at 516；W. J. Reader, *op.cit.,* vol. 1, pp.212-213.
(30)　Nye Hearings, Pt. 12, p.2862；W. J. Reader, *op.cit.,* vol. 1, pp.213-214.
(31)　*Ibid.,* p.215.
(32)　100 F. Supp., at 565.
(33)　アトラス・パウダー社 (Atlas Powder Co.) も資本参加 (15％) した。1923年に南米火薬会社 (Compania Sud-Americana de Explosivos [CSAE]) と社名変更。
(34)　1920年に，エクスプロウシブズ・トレーズ社がGM社の609,425株を取得 (W. J. Reader, *op.cit.,* vol. 1, p.385)。
(35)　デュポン社の多角化については，水野五郎「E. I. デュポン社における生産の多角化」(大塚久雄編『資本主義の形成と発展』東京大学出版会，1968年)；中村宏治「第１次大戦期におけるE. I. デュポン社の企業活動」(『同志社商学』第23巻第５号) 参照。
(36)　第１次世界大戦におけるデュポン社の軍需生産については，中村宏治，同上論文；斎藤隆義「第一次大戦とアメリカ軍需産業」(立正大学『経済学季報』第23巻第１号，第２号，第３・４号) 参照。
(37)　Nye Hearings, Pt. 12, p.2862.

第1章　国際カルテルとデュポン社

(38) 100 F. Supp., at 520-524.
(39) NC火薬についてはデュポン社（70％）——ICI社（30％），NG火薬についてはICI社（100％），TNTについてはICI社（70％）——デュポン社（30％），弾丸発射火薬用ニトロセルロースについてはICI社（100％）とされた（Nye Hearings, Pt. 5, pp.1300-1301 ; Pt.12, pp.2872-2873）。違約金は，1928年協定前は15％であった（Bone Hearings, Pt. 5, p.2288）。
(40) 100 F. Supp., at 565-568.
(41) Nye Hearings, Pt.5, pp.1317-1322. デュポン社とディナミット社（DAG）の協定は調印されなかったが「紳士協定」として実施された（*ibid*., pp.1203, 1367-1372）。
(42) 100 F. Supp., at 539 ; W. J. Reader, *op.cit.,* vol.2, pp.506-513. 協定に含まれなかったのは，レーヨン，セロハン，軍用火薬などであった。
(43) L.F.Haber, 1900-1930, pp.279-291, 319-333（佐藤・北村訳，429～446，493～512頁）。
(44) 100 F. Supp., at 540-542 ; Bone Hearings, Pt. 5, pp.2304-2311.
(45) *Ibid.,* p.2289 ; 100 F. Supp., at 560-561.
(46) Stocking and Watkins, *op.cit.,* pp.458-459 ; 100 F. Supp., at 561-562.
(47) Bone Hearings, Pt. 5, pp.2406-2407.
(48) 100 F. Supp., at 571-573.
(49) なお，デュポン社の輸出の比重は軽く，国内の総売上高の約4～5％であった（Bone Hearings, Pt. 5, p.2399）。
(50) カナダとニュージーランドを除くイギリス帝国でピロキシリンラッカーを製造・販売していた合弁企業ノーベル・ケミカル・フィニッシィーズ社（Nobel Chemical Finishes ［England］ Ltd.）の持株（デュポン社49％）とオーストラリア，ニュージーランドでファブリコイドを製造・販売していたレザークロス・プロプライエタリ社（Leathercloth Proprietary, Ltd. ［Australasia］）の持株（デュポン社49％）は，1935年にICI社に売却されていた（*Moody's Industrial Manual*, 1939）。

第1篇　国際カルテルから多国籍企業へ

Ⅳ　多角化から「多国籍企業」化への技術戦略

　本節では，デュポン社が世界市場の再分割戦を有利に展開するうえでの主体的条件である国際競争力の強化をいかに進めてきたかに留意しながら，デュポン社が多角化を進め国際化学独占体へと発展する過程での，技術戦略の特徴を，国際経営戦略との関連において明らかにしよう。

1　多角化の技術戦略

　デュポン社の研究開発組織の歴史は，1902年にレポーノ・ダイナマイト工場に設立された東部研究所（Eastern Laboratory）にはじまったということができる。それ以前にも工場内の研究室などで実験研究が行なわれ1857年のラモット・デュポンによる"B"黒色火薬の発明などの成果があったが，東部研究所は1903年にブランディワインに設立された中央研究所（Experimental Station）とともに，同年の経営組織の再編成において新設された開発部（Development Dept.）の中心をなしたのである。東部研究所は，ニトログリセリンの製造工程で少量のフッ化ナトリウムとケイ酸ナトリウムを加えることによりニトログリセリンを混酸から分離するのに要する時間を短縮する製法を開発するなど，ダイナマイトに関する研究を行なっていた。中央研究所は，黒色火薬と新しい無煙火薬の開発に取り組んでいた。しかし，これらの研究所では，主として，1907年協定のもとでヨーロッパ企業から得た化学技術情報にもとづいて研究開発が進められたのである。東部研究所が開発した炭鉱用安全爆薬はイギリス企業から得た技術情報にもとづくものであったし，中央研究所が開発した新しいタイプの無煙火薬（IMR火薬）は1909年のドイツでの工場見学をもとに開発したものであった。その他にも，TNT火薬や狩猟用火薬の情報などをヨーロッパ企業から得ており，アメリカ火薬産業を支配する巨大なトラストを構築

第1章　国際カルテルとデュポン社

したデュポン社も化学技術に関してはヨーロッパ企業に大きく立ち遅れていたということができる。

　デュポン社がアメリカの火薬生産とくに軍用火薬生産を独占していたことに対する非難が高まるなかで，1907年に政府がデュポン社を反トラスト法違反で告訴するとともに，軍用火薬発注の大部分を取り消したことにより，デュポン社は火薬産業以外への多角化を進めることになった。開発部が多角化計画の策定を担うことになり，1911年には研究活動を管理するために化学部（Chemical Dept.）が設置された。多角化は，過剰設備の転用という点からも，火薬産業における技術蓄積の利用という点からも，ニトロセルロースを主原料とする人造皮革部門への進出からはじまった。デュポン社は，1909年にパイロット・プラントでの実験を成功させ，1910年にファブリコイド社（Fabrikoid Co.）の買収により人造皮革部門へ進出したのである。さらに，第1次大戦の勃発により，パイロット・プラントでの操業にとどまったが，ニトロセルロースを主原料とするパイロキシリン部門へも進出していた。しかし，デュポン社の多角化は，第1次大戦中の設備拡張とそれにより得た膨大な戦時利潤をもとに，本格的に展開したのである。デュポン社は，第1次大戦中に，既存企業の買収により人造皮革部門とパイロキシリン部門を拡張するとともに塗料部門へ進出した。デュポン社の多角化において重大な意義をもつ合成染料部門への進出では，1916年末にイギリスのレヴィンシュタイン社と結んだ協定のもとで得た技術情報をもとに1918年に合成インディゴの生産を開始した。

　このような多角化の進展にともない，販売組織が製品の多様化に対応しきれず予想したほどの利潤をあげられないという深刻な問題が生じ，1921年に製品系列別事業部を中心とする分権的組織への経営組織の再編成が行なわれた。それにともない，研究開発組織も分権化され，各製造部に研究課がおかれた。これらの研究課の研究員は化学部から移された。研究課は各製造部長に対してのみ責任をもち，研究課長は製造課長，販売課長と同じ地位にあった。これらの研究課が設立された後に残った組織が，中央研

57

第1篇　国際カルテルから多国籍企業へ

究所を中心に，補助部門となった化学部を構成した。[10]この研究開発組織の再編成は，デュポン社が多角化の過程で市場拡大の見地から研究開発組織と販売組織の連絡を密接にしようとしたものであった。

　このような研究開発組織のもとで1920年代末までの時期にデュポン社が開発・導入した主要な製品は，ビスコースレーヨン，デュコ・ラッカー，四エチル鉛，セロハン，合成アンモニア，防湿セロハン，合成メタノール，デュラックス・エナメル，アセテートレーヨンなどであった。この時期のデュポン社の研究開発活動の最大の成果はデュコ・ラッカーであった。デュコは，1920年にデュポン社の研究者が写真用フィルムの研究を進めるなかで偶然に発見した低粘度のニトロセルロース溶液をもとに開発された。[11]デュコの開発は速乾性・耐久性などで塗料工業の発展において画期的なものであっただけでなく，1918・19年に塗料部門の赤字に悩んでいたデュポン社にとっても重大な意義をもっていた。[12]とりわけ，デュコは自動車工業において塗装工程に要する時間を短縮し大量生産体制を確立するのに大きく貢献した。1922年春からデュポン社とGM社の研究者が共同でデュコを自動車の製造工程に適用する研究を進め，翌年秋にGM社のオークランド事業部（Oakland Div.）がデュコを採用したのをはじめ自動車工業において急速に市場を拡大したのである。さらに，デュコは，セロハンの防湿化[13]を可能にしただけでなく[14]，デュポン社にとって最初の技術輸出となった。[15]1925年にイギリスのノーベル・インダストリーズ社とデュポン社が設立した合弁企業ノーベル・ケミカル・フィニッシィーズ社にカナダとニューファンドランド島を除くイギリス帝国におけるデュコの独占的製造・販売権を与えたのをはじめ[16]，フランス・イタリア・ドイツに合弁企業を設立した。[17]1928年にデュポン社は低粘度ラッカーに関する特許（Flaherty特許）を取得し，特許訴訟の後に他のラッカー製造会社から1ガロン当たり6セントのロイヤリティーを得るようになった。[18]

　デュコに次ぐ成果は防湿セロハンであった。デュポン社は1923年にフランスのラ・セロファン社（La Cellophane, Société Anonyme）との間で成立

した協定にもとづいて翌年に合弁企業デュポン・セロハン社[19]（Du Pont Cellophane Co.）を設立しセロハン部門に進出したが，セロハンの市場を拡大するうえでは防湿化が不可欠であった。デュポン社は，1927年にセロハンを防湿化するために塗布するろう状のデュコ・ラッカーを開発し，1929年に防湿セロハンに関する基本特許を取得した。防湿セロハンの生産は，1930年までに普通のセロハンの生産を上回るようになった[20]。デュポン社は，防湿セロハンの特許権を，ラ・セロファン社，ドイツのカレ社，イギリスのブリティッシュ・セロハン社（British Cellophane Ltd.）に譲渡した。カレ社は，ラ・セロファン社からセロハンの独占的製造・販売権を与えられ1929年にはデュポン社ともライセンス協定を結んでいた企業で，ブリティッシュ・セロハン社もラ・セロファン社がイギリスのコートールズ社（Courtaulds Ltd.）との間で設立した合弁企業であった[21]。要するに，デュポン社の外国企業への防湿セロハンの特許権譲渡は，ラ・セロファン社を中心とするセロハンに関する世界市場分割に照応したものであった[22]。

　四エチル鉛とデュラックス・エナメルは，国内の他の企業が開発したものであった。四エチル鉛は，1921年にGM社のトーマス・ミジリー（Thomas Midgley）がアンチノック剤として開発したが，1923年にスタンダード・ニュージャージー社（Standard Oil Co. of New Jersey）でミジリーが開発した臭化エチル法よりもコストが低い塩化エチル法が開発された。1924年にGM社とスタンダード・ニュージャージー社の間で四エチル鉛の合弁販売会社エチル・ガソリン社（Ethyl Gasoline Co.）が設立されたが，デュポン社がGM社を支配していたことから，および，デュポン社の装置技術がスタンダード・ニュージャージー社よりもすぐれていたことから[23]，デュポン社が四エチル鉛を独占的に製造するようになった。デュラックスの主原料であるアルキド樹脂はGE社（General Electric Co.）で開発されたものであり，デュポン社とGE社が共同でデュラックスを冷蔵庫の外装塗料に実用化したのである[24]。

　ビスコースレーヨン，セロハン，合成アンモニア，アセテートレーヨン

第1篇　国際カルテルから多国籍企業へ

は，外国から技術導入したものであった。

　レーヨン部門への進出は，人造皮革部門へ進出した時期にニトロセルロース法の導入が検討されたが特許料が高くて実現しなかったし，第1次大戦中にはアメリカで唯一のビスコースレーヨン製造会社であったアメリカン・ビスコース社（American Viscose Corp.）の買収にも失敗していた。ところが，1920年にフランスのテクスティル・ザルティフィシェル社（Comptoir des Textiles Artificiels）との間で成立した協定にもとづき合弁企業デュポン・ファイバーシルク社（Du Pont Fibersilk Co.）を設立しビスコースレーヨン部門への進出を果たしたのである。デュポン社のビスコースレーヨン部門への進出は，アセテートレーヨン，強力レーヨンから合成繊維へと進出する基盤をなしただけでなく，セロハン部門へ進出する契機となった。セロハンの特許権を所有していたラ・セロファン社がテクスティル・ザルティフィシェル社の子会社であり，セロハンもビスコースを原料としていたことが，デュポン社のセロハン部門への進出を可能としたのである。

　ニトロセルロースなどの原料である硝酸は，デュポン社にとって主要な原料であり，チリ硝石を硫酸で分解して生産されていた。ところが，1913年にハーバー・ボッシュ（Haber-Bosch）法により石炭を原料とし窒素と水素からアンモニアを直接合成できるようになってから，アンモニアを酸化することにより硝酸が生産されるようになった。デュポン社は，第1次大戦中にノルウェーから空中窒素固定に関するビルケラン・エイデ（Birkeland-Eyde）法を導入しようとしたが多大な電力を必要とすることから実現しなかった。デュポン社は，1924年にフランスのレール・リキド社（Société Anonyme l'Aire Liqide）からクロード（Claude）法を導入するために合弁企業ラゾート社（Lazote,Inc.）を設立し合成アンモニア部門へ進出したが，1926年に合成アンモニアの生産を開始するとともにチリ硝石に関する利権を売却したのである。さらにデュポン社は，翌年にクロード法よりもすぐれたカザレー（Casale）法を導入し，ICI社から得た技術情報

をもとに，クロード・カザレー法を開発した[30]。合成アンモニア部門への進出により得た高圧合成技術を基礎に，デュポン社は1926年に合成メタノール部門へ進出したのである。

1929年にデュポン社がアセテートレーヨンの生産を開始するまで，アメリカではセラニーズ社（Celaneses Corp. of America）が唯一のアセテートレーヨン製造会社であり，アセテートレーヨンはビスコースレーヨンの2倍近い価格で販売されていた。デュポン社は，アセテートレーヨンの市場の成長を見込んで，1927年にフランスのローヌ社（Société Chimique des Usines du Rhône）からアセテートフレークのアメリカにおける製造・販売権を取得するとともに，その翌年にはローヌ社とテクスティル・ザルティフィシェル社との合弁企業ローデアセタ社（Société Rhodiaceta）から紡糸工程に関する権利を取得し，アセテートレーヨン部門へ進出したのである[31]。アセテートレーヨン部門への進出は，その製造工程[32]がビスコースレーヨンよりも化学産業としての特質を有するものであることから，合成繊維部門へ進出する基盤をなすものであった。

以上の考察から，デュポン社が多角化を進め化学独占体としての基盤を確立したこの時期の技術戦略において，ビスコースレーヨン，セロハンなど外国とくにフランスからの技術導入[33]が最も重要な役割を果たしたということができる。たしかに，デュコの開発およびそれを基礎とした防湿セロハンの開発はデュポン社の研究開発活動の重大な成果であった。だが，デュポン社の合成染料部門の発展において，対敵通商法のもとで接収されたドイツ化学特許を化学財団を通じて取得したことが重要な意味をもっていたこともあわせて考えるならば[34]，外国からの技術導入がこの時期の技術戦略を特徴づけるものであったということができる。しかも，外国からの技術導入は，デュポン社の販売地域をアメリカ国内あるいは北米・中米などに限定するものであり，デュポン社の対外進出を大きく制約するものであった。

第1篇　国際カルテルから多国籍企業へ

2　研究開発体制の確立と特許・プロセス協定

　1921年の研究開発組織の再編成は市場拡大の見地から応用研究の強化を企てたものであったが，その後も多角化を進め化学独占体としての基盤を築きつつあったことにより，デュポン社が化学独占体として一層発展するうえで自ら新部門の創出を主導しうる研究開発組織の強化が必要となった。

　1927年に化学部のなかに基礎研究を進める組織が設置された。基礎研究は「商業的利用と直接関係なく新しい科学的事実の確証・発見を課題とする[35]」ものとされているが，デュポン社が大学での研究に不満をもち自ら基礎研究に取り組んだのは，長期的な展望のもとで，とくに化学産業の競争において重大な意義をもつ新製品開発へと発展する方向での基礎研究の推進が必要となったからである。基礎研究組織が化学部のなかに設置されたことにより，化学部は，各製造部の研究開発活動を調整するとともに，長期的展望のもとで研究開発を推進する主体となり，デュポン社の研究開発組織の中枢としての機能を強化した。さらに，デュポン社は，化学産業装置の設計・製作・運転について研究する化学工学の発展を背景として，1929年に基礎研究組織のなかに化学工学を研究する組織を設置した[36]。化学産業が装置工業としての特質を有することから，化学産業においては合成技術とともに装置技術も重要な意義をもつ[37]。その意味で，基礎研究組織の設置およびそこでの化学工学研究組織の設置によりデュポン社の研究開発体制が確立したということができる。

　新製品開発はその企業化において新しい機械の開発を必要とし，さらに機械の改良はコスト低下をもたらすことからも，研究開発体制の確立から新製品開発を積極的に推進するようになった1935年頃にデュポン社は工務部（Engineering Dept.）の生産工学課（Industrial Engineering Div.）のなかに機械設計組織を設置した。それは後に機械開発研究所（Mechanical Development Laboratory）の設立によって拡充された。1935年には，デュポン社製品の毒性について研究するハスケル工業毒性研究所（Haskell Laboratory of Industrial Toxicology）が設立された。それは，デュポン社

第1章　国際カルテルとデュポン社

が新製品開発を積極的に推進していたことを背景としていたが，前年に議会で第1次大戦中のデュポン社の軍需生産に関する調査が行なわれ「死の商人」という非難が高まったことへの対応としての側面もあったであろう。

この時期の技術戦略は，何よりもまず，このような研究開発体制の確立・拡充によって特徴づけられるが，それとともにICI社との特許・プロセス協定が重大な意義をもっていた。この協定に関して，技術戦略の視点から重要なことは，デュポン社でこの協定の利点を研究開発費の節約，研究開発の効率化，ICI社から導入した技術の価値などに見い出していたことである。研究開発はリスクが多く，540の新製品開発のアイデアのうち企業化されるのは一つだけだといわれ，研究開発への投資のうち成果があがるのは20％ぐらいだといわれている。したがって，デュポン社はICI社で成功しなかった研究開発についての情報を得たことにより同じ失敗を繰り返さずにすんだのである。

次に，ICI社から技術導入した製品も含めて，1930年代から50年代前半までにデュポン社が開発・導入した製品について考察しよう。それらの製品の主要なものは，フレオン，ネオプレン，コーデュラ，ルーサイト，ナイロン，酢酸ビニル，テフロン，ポリエチレン，オーロン，デークロンなどであった。

この時期のデュポン社の研究開発活動の最大の成果はナイロンであった。1928年にハーバード大学の講師からデュポン社の基礎研究組織の有機化学部門の責任者となったウォーレス・H・カロザース（Wallace H. Carothers）は，線状高分子をつくる縮合重合の研究を開始した。彼は，ポリエステルの研究を進めるなかで，それを冷却・延伸して得られたフィラメントが強度・弾性においてレーヨンよりもすぐれていることを発見したが，企業化するには融点が低すぎたのでポリエステルの研究を中断した。しかし，彼は合成繊維の開発へと結びつく高分子の研究を進め，1935年2月28日にアジピン酸とヘキサメチレンジアミンとから高分子を合成することに成功した。それを冷却・延伸して得られた繊維が強度・弾性においてすぐ

63

第1篇　国際カルテルから多国籍企業へ

れているうえに融点が摂氏263度でアイロンの使用に耐えうることから，その企業化が進められた。デュポン社では，230人の研究者・技師がその企業化に取り組んだ。フェノールからアジピン酸を製造する工程の開発は，触媒技術を必要としたことからアンモニア部（Ammonia Dept.）のロジャー・ウィリアムズ（Roger Williams）のもとで進められた。ヘキサメチレンジアミンの研究は，実験室段階が化学部で，セミワークス段階がアンモニア部のベル（Belle）工場で進められた。化学部はまた，ナイロン66の重合法と紡糸法を開発した。とくに紡糸法については，ビスコースレーヨンの湿式紡糸やアセテートレーヨンの乾式紡糸と異なる溶融紡糸が開発された。糸の冷延伸・のり付け・撚糸・梱包の工程と装置の開発は，レーヨン研究課（Rayon Research Div.）のジョージ・P・ホフ（George P. Hoff）のもとで進められ，パイロット・プラントと工場の建設は工務部が責任をもった。1938年にシーフォード（Seaford）で工場が建設され，1940年にナイロンの生産が開始された。ナイロンは「天然繊維と競合できる最初の合成繊維」[45]であり，その商業生産は合成繊維工業の確立を意味していた。しかも，デュポン社にとっては，ビスコースレーヨン部門でアメリカン・ビスコース社に遅れを取り，アセテートレーヨン部門でセラニーズ社，テネシー・イーストマン社（Tennesse Eastman Corp.）に遅れを取っていたことから，ナイロンの開発により技術独占を確立したことの意義は大きかった。デュポン社は，国際カルテルによる市場分割を前提とした国際経営戦略にもとづいて，ナイロンの特許権をICI社，IG・ファルベン社，フランスとイタリアのローデアセタ社に譲渡した[46]。ICI社への譲渡は，1939年の特許・プロセス協定の更新に際して，それとは別に成立したナイロン協定にもとづいてなされた。デュポン社は，合成染料などの分野でIG・ファルベン社と協調関係にあり，それにもとづいてナイロンの特許権を譲渡した。しかし，IG・ファルベン社では，カプロラクタムから開環重合によりナイロン6を製造することに成功しており，それをペルロンとして企業化した。ローデアセタ社への譲渡は，デュポン社がアセテート

第1章　国際カルテルとデュポン社

レーヨンの技術を導入したことにもとづいていた。

　ナイロンの開発により合成繊維部門へ進出したデュポン社は，さらに，オーロン（アクリル繊維）の開発，デークロン（ポリエステル繊維）の企業化に取り組んだ。デュポン社のレーヨン部（Rayon Dept.）は，1941年にレーヨンが濡れた時の強度を増すためにアクリルニトリルの研究を進めるなかで，アクリルニトリルを重合し合成繊維をつくった方がよいとの結論をだした。化学部がアクリルニトリルの重合についての研究を進めるとともに，レーヨン部が3年がかりで乾式紡糸装置を開発するなどして，1947年にセミワークス段階での生産を開始した。デークロンについては後に述べるが，繊維におけるデュポン社の研究開発活動の成果としては，1933年のコーデュラ（強力レーヨン）の開発も重要である。強力レーヨンは，ビスコースレーヨンを引き伸ばし，より合わせたもので，耐熱性・耐疲労性にすぐれ，タイヤコード市場で綿コードに取ってかわった。

　この時期のデュポン社の研究開発活動の他の主要な成果としてはネオプレンとテフロンがある。1925年に合成ゴムの研究を開始したデュポン社は，ノートルダム大学のユリウス・A・ニューランド（Julius A. Nieuwland）がアセチレンからジビニルアセチレンの重合に成功したのに注目し，カロザースなどにニューランドとの共同研究を進めさせ1930年にモノビニルアセチレンからクロロプレンを合成するのに成功した。デュポン社は，クロロプレンを乳化重合して得られた合成ゴムをデュプレンと名づけ，1931年に工場を建設し翌年に商業生産を開始した。デュプレンは，1935年にネオプレンと名称変更されたが，耐油性・耐薬品性にすぐれていることからホース，接着剤などに用いられた。1935年から1941年までICI社がデュポン社の代理店としてイギリス帝国でネオプレンを販売していたが，イギリスへのネオプレンの輸出が増大したことから，1939年に更新された特許・プロセス協定に付加されるものとしてネオプレン・ライセンス協定が1941年に成立した。ところが，ICI社はネオプレンを製造しなかったし，デュポン社が第2次大戦中に合衆国政府が建設したネオプレン工場の払下げをう

65

けるために，この協定は1946年に破棄された[51]。また，ブタジエンを原料とするブナ-N，ブナ-Sの開発を進めていたIG・ファルベン社は，デュプレンの開発に注目し，1935年にデュポン社にスタンダード・ニュージャージー社を含む合弁企業の設立を提案したが，デュポン社はそれを拒否した。しかし，その後もデュポン社とIG・ファルベン社との間で特許・プロセスの交換に関する交渉が進められ，1938年にアセチレンとモノビニルアセチレンの製法に関するクロス・ライセンス協定が成立した[52]。

　テフロンは「偶然の発見」[53]だといわれているが，その発見・開発は，1928年にGM社のミジリーが冷媒として開発したフレオンをデュポン社がGM社との合弁企業キネチック・ケミカルズ社（Kinetic Chemicals Inc.）を設立し，1931年に生産を開始したことを基礎としていた[54]。1941年にロイ・J・プランケット（Roy J. Plunkett）がフレオンと密接に関連しているテトラフルオルエチレンを冷媒として利用する研究を進めるなかでテトラフルオルエチレンの重合物を発見した。それが摂氏325度の高温でも安定しているテフロン（フッ素樹脂）であった。

　ICI社から技術導入した主要なものは，ルーサイト（メタクリル樹脂），酢酸ビニル，ポリエチレン，およびデークロンの関連特許であった。メタクリル樹脂は代表的な有機ガラスで，ICI社と同じ時期にローム・アンド・ハース社（Rohm & Haas Co.）もアメリカでの特許を申請し，ICI社を代理するデュポン社とローム・アンド・ハース社との間で特許訴訟の後1936年にクロス・ライセンス協定が成立した[55]。酢酸ビニルは安全ガラスの製造に用いられるが，デュポン社はICI社からその基本特許を取得し，1941年に生産を開始した。ポリエチレンは，1933年にICI社で発見され，1937年[56]にICI社が特許を取得した。ポリエチレンがレーダーの絶縁体としてすぐれていることから，デュポン社は1941年にICI社から技術導入し1943年に生産を開始した。ところが，ICI社の開発とは独自にポリエチレンを開発していたUCC社（Union Carbide & Carbon Corp.）がデュポン社より先に生産を開始していたことから，レーダーについての需要はUCC

第1章　国際カルテルとデュポン社

社が満たし，デュポン社は電話線などの二次的需要を満たすこととなった。しかし，第2次大戦の終結により1946年にICI社との間でポリテン協定を結びアメリカでの特許権を取得したデュポン社は，UCC社から50万ドルと販売価格の5％のロイヤリティーを得るようになった(57)。

　デークロンは，カロザースが融点が低いので放棄したポリエステル繊維の研究を進めていたイギリスのキャリコ・プリンターズ社 (Calico Printers' Association Ltd.) のJ・R・ウィンフィールド (J. R. Whinfield) とJ・T・ディクソン (J. T. Dickson) が1941年にテレフタル酸とエチレングリコールとの重縮合により得たポリエステル繊維をもとに開発されたものである。ICI社は，軍需省の要請により1943年にその企業化の研究に参加した。1944年にICI社からポリエステル繊維についての情報を得ていたデュポン社は，第2次大戦の終結にともない1946年にキャリコ・プリンターズ社からアメリカでの独占的製造権を取得するとともに，ICI社から関連特許を取得し1953年に商業生産を開始した(58)。しかも，デュポン社は，ナイロンの開発において確立した合成繊維技術と，アメリカにおける石油化学工業の発展を背景に，ICI社よりも2年早く商業生産を開始したのである。

　以上の考察から，デュポン社のこの時期の技術戦略はナイロン・ネオプレンなどの開発を成果とする研究開発体制の確立によって特徴づけられることが明らかとなった。とりわけナイロンの開発は，1930年代から急速に発展した合成高分子化学の分野において，とくに合成繊維の分野において，デュポン社が技術発展を主導しうる技術力を有するようになったことを示すものである。しかしまた，ICI社との特許・プロセス協定のもとでの技術導入を過小評価してはならないであろう。しかも，それは，ルーサイト・ポリエチレンなどデュポンが技術的に立ち遅れていたプラスチック部門におけるものであった。ただし，1910・20年代の技術導入が主としてデュポン社が外国企業から導入するだけの一方的なものだったのに対して，1930年代からのICI社からの技術導入は特許・プロセス協定のもとでデュ

67

第1篇　国際カルテルから多国籍企業へ

ポン社が開発した技術と交換されたものであり，そこにデュポン社の技術力の強化をみることができる。

　1930年代からのデュポン社は，国際カルテルによる世界市場分割を前提に国内市場での独占の強化を重視する経営戦略をとりながらも，世界市場の再分割戦を有利に展開するための技術力の強化を進めていたということができる。

　デュポン社の技術戦略が繊維工業を最大の市場としその結びつきを深める方向で展開されたことは，デュポン社製品市場の産業別構成の変化（図1-1）からも明らかである。それは，1910・20年代の合成染料部門・レーヨン部門への進出を基礎とし，1930年代からのナイロンの開発を契機とした合成繊維部門への進出により一層強固なものとなった。ここに技術戦略の最も主要な特徴を見い出すことができる。

　デュポン社のGM社支配との関連も看過することのできない特徴である。それは，自動車工業がデュコなどデュポン社製品の主要な市場であった（図1-1）ということからだけでなく，デュポン社がGM社を支配していたことによりGM社で開発された四エチル鉛とフレオンを導入することができたことからも明らかである。

　国際経営戦略との関連においては，この時期の技術戦略の特徴として，外国企業からの技術導入が重要な役割を果たしたこととその性格が変化したことがあげられる。1910・20年代の技術導入は，合成染料・レーヨン・セロハン・合成アンモニアのように，デュポン社が多角化を進め化学独占体としての基盤を築くためのものであり，外国企業からの一方的な導入を特徴としていたといえる。したがって，それはデュポン社の対外進出を大きく制約するものであった。それに対して，1930年代からの技術導入は，ポリエチレンなど主にICI社との特許・プロセス協定にもとづくものであり，デュポン社が開発した技術との交換で導入されたものを特徴としていた。それは，すでにデュポン社の技術力が強化されていたことを背景とす

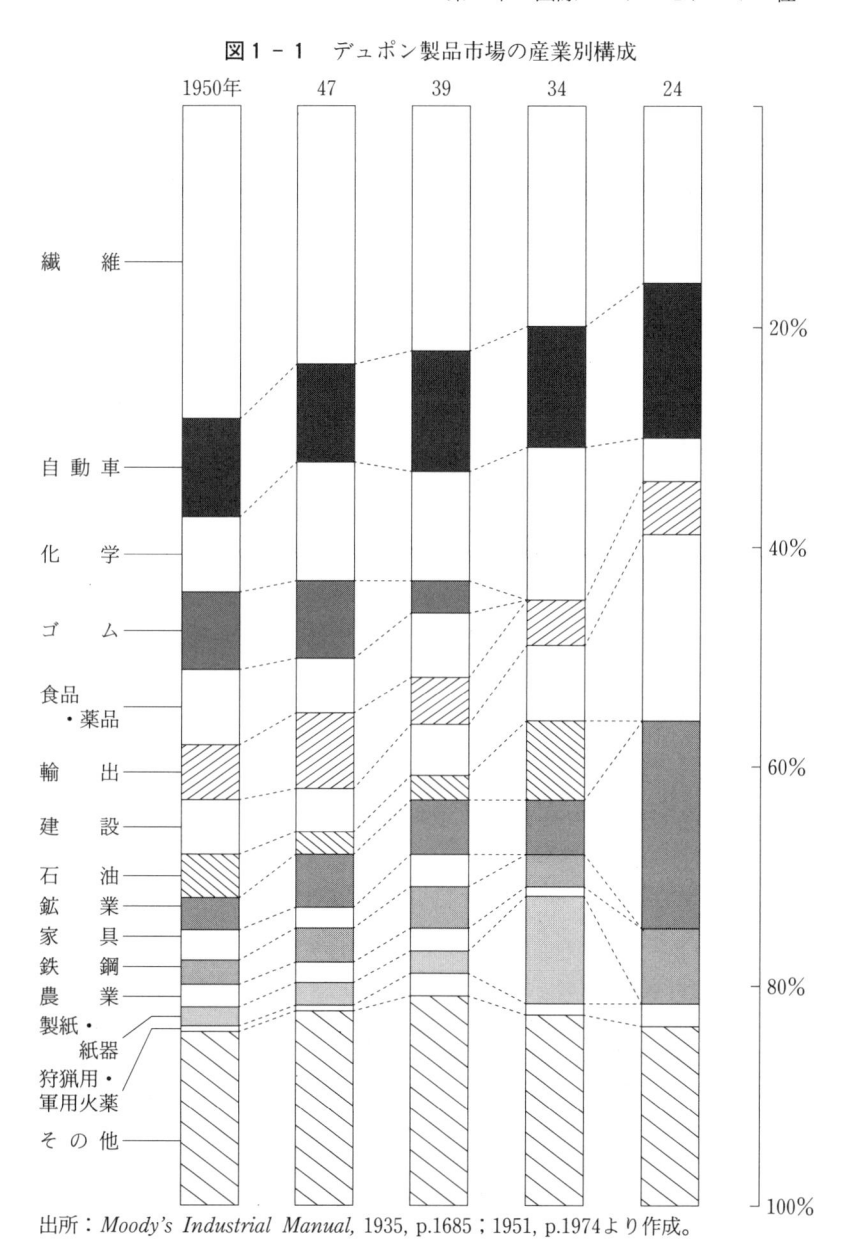

第1章　国際カルテルとデュポン社

図1-1　デュポン製品市場の産業別構成

繊　　維
自　動　車
化　　学
ゴ　　ム
食品・薬品
輸　　出
建　　設
石　　油
鉱　　業
家　　具
鉄　　鋼
農　　業
製紙・紙器
狩猟用・軍用火薬
そ　の　他

出所：*Moody's Industrial Manual*, 1935, p.1685；1951, p.1974より作成。

第1篇　国際カルテルから多国籍企業へ

るものであったが，デュポン社がアメリカにおいて化学独占体としての地位を確立したことを前提とした世界市場分割協定にもとづくものであったことに，この時期の国際経営戦略が依然として対外進出よりも国内市場での独占の強化に重点をおいていたことが示されている。だが他方で，デュポン社は，世界市場の再分割戦を有利に展開するために，ナイロンの開発を最大の成果とする研究開発体制を確立し技術力・技術独占を一層強化していたのであり，ここに，多角化から「多国籍企業」化への技術戦略の特徴を見い出すことができる。

(1)　次の文献を参照されたい。水野五郎，前掲論文；内田星美『合成繊維工業』東洋経済新報社，1973年；Hounshell and Smith, *op.cit.*
(2)　研究開発組織の歴史については，主に E. K. Bolton, Du Pont Research, *Industrial and Engineering Chemistry,* vol.37, No. 2, pp.107-115, に依拠している。
(3)　W. S. Dutton, *op.cit.,* p.82.
(4)　U. S. Senate, Hearings before the Special Committee Investigating the Munitions Industry, 73d Cong., Pt. 5, pp.1100-1101（以下，Nye Hearingsと略記する）.
(5)　W. S. Stevens, *op.cit.,* p.466.
(6)　A. D. Chandler, Jr., *Strategy and Structure,* Cambridge, 1962, p.79（三菱経済研究所訳『経営戦略と組織』実業之日本社，1969年，90～91頁）.
(7)　W. S. Dutton, *op.cit.,* p.201.
(8)　デュポン社の合成染料部門への進出については，本章II節の1を参照されたい。
(9)　経営組織の再編成については，A. D. Chandler, *op.cit.,* pp.78-113（邦訳，85～121頁）が詳しい。
(10)　E. K. Bolton, *op.cit.,* pp.108-109.
(11)　W. F. Mueller, The Origins of the Basic Inventions Underlying Du Pont's Major Product and Process Innovations, 1920 to 1950, in National Bureau of Economic Research, *The Rate and Direction of Inventive Activity : Economic and Social Factors,* New York, 1962, pp.326-327.

第 1 章　国際カルテルとデュポン社

(12) A. D. Chandler, *op.cit.,* p.92（邦訳，101〜102頁）.
(13) *U. S. v. E. I. du Pont de Nemours & Co.,* 126 F. Supp. 235 (N. D. Ill.1954), 288-292.
(14) W. Haynes, *American Chemical Industry,* vol. 4, New York. 1948, p.352.
(15) Nye Hearings, Pt. 5, p.1103.
(16) 100 F. Supp. at 576-578.
(17) Stocking and Watkins, *op.cit.,* pp.511-512.
(18) W. Haynes, *op.cit.,* vol. 4, p.359 ; vol. 5, 1954, pp.347-348.
(19) 社名の場合，Cellophaneをセロフェインと呼ぶべきであろうが，ここではセロハンとした。ブリティッシュ・セロハン社についても同様である。
(20) *U.S. v. E. I. du Pont de Nemours & Co.,* 118 F. Supp. 44 (D. Del. 1953), 56.
(21) G. W. Stocking and W. F. Mueller, The Cellophane Case and the New Competition, *The American Economic Review,* vol.45, No.1, pp.35-37.
(22) 1930年に成立した協定で，デュポン社は南米・日本でラ・セロファン社と対等の権利を得た。
(23) デュポン社が塩化エチル法のために密閉した装置を開発したのに対して，スタンダード・ニュージャージー社は鉛を直接労働者に取り扱わせて鉛中毒事件をおこした。それにより操業停止処分を受け，スタンダード・ニュージャージー社は四エチル鉛の製造を断念した（126 F. Supp. at 307-308）。
(24) 126 F. Supp. at 293.
(25) A. D. Chandler, *op.cit.,* pp.80-81（邦訳，91〜92頁）.
(26) 1925年にデュポン・レーヨン社（Du Pont Rayon Co.）に社名変更した。この頃に，レーヨンという用語が一般化した。
(27) セロハン工場の建設において，事業が失敗した場合にレーヨン生産へ転換することが考慮されていた（118 F. Supp. at 59）。
(28) Chandler and Salsbury, *op.cit.,* p.378. アンモニア合成の技術については加藤邦興『化学の技術史』オーム社，1980年，135〜145頁も参照されたい。
(29) 1929年にデュポン・アンモニア社（Du Pont Ammonia Corp.）に社名変更した。

第1篇　国際カルテルから多国籍企業へ

(30)　W. Haynes, *op.cit.,* vol. 4, p.37 ; W. F. Mueller, *op.cit.,* p.329.
(31)　W. Haynes, *op.cit.,* vol. 4, pp.382-383；内田星美，前掲書，85～87頁。
(32)　レーヨン工業における技術発展については，J. W. Markham, *Competition in the Rayon Industry,* Cambridge, 1952, pp.7-14（帝国人造絹糸株式会社調査課訳『レーヨン工業論』東京大学出版会，1955年，8～17頁）を参照されたい。
(33)　技術導入のために設立した合弁企業デュポン・レーヨン社，デュポン・セロハン社，デュポン・アンモニア社が1929年にデュポン社の完全子会社となった。このことは，デュポン社の研究開発体制の自立的発展の指標の一つとなる。
(34)　デュポン社の合成染料工業への進出は，外国からの技術導入の歴史でもあった。
(35)　E. K. Bolton, *op.cit.,* p.110.
(36)　1930年代半ばに，建設資材の研究もあわせて進めるために工務部のなかに開発工学課（Development Engineering Div.）が設置された。
(37)　化学工学は，装置技術における装置――装置体系という発展を背景に成立し，自動的装置体系への発展を基礎づけるものであった。
(38)　*Industrial and Engineering Chemistry,* News Edition, Feb. 10, 1935, p.45.
(39)　M. Dorian, *op.cit.,* pp.206-207 ; W. A. Carr, *The du Ponts of Delaware,* New York, 1964, pp.319-324（森川淑子訳『デュポン』河出書房新社，1969年，243～247頁）。
(40)　Bone Hearings, Pt. 5, p.2400.
(41)　C. Berenson, Marketing in the Chemical Industry, in C. Berenson (ed.), *Administration of the Chemical Enterprise,* New York, 1963, p. 25.
(42)　L. P. Lessing, The World of du Pont, *Fortune,* Oct. 1950, p.118 ; A. Bain, F. R. Bradbury and C. W. Suckling, *Research in the Chemical Industry,* London, 1969, p.50.
(43)　Nye Hearings, Pt. 5, pp.1103-1104. デュポン社はICI社から得た特許の7.7%を利用しただけで，ICI社はデュポン社から得た特許の15%を利用しただけである（100 F. Supp., at. 548）。
(44)　ナイロンの開発については，主に E. K. Bolton, Development of Nylon, *Industrial and Engineering Chemistry,* vol. 34, No. 1, pp.53-58, に依拠している。

第1章　国際カルテルとデュポン社

(45) W. H. G. Armytage, *A Social History of Engineering,* London, 1961（鎌谷親善・小林茂樹訳『技術の社会史』みすず書房，1970年，208頁）．
(46) 100 F. Supp. at 554.
(47) L. P. Lessing, *op.cit.,* p.112.
(48) W. Haynes, *op.cit.,* vol. 5, pp.371, 377.
(49) デュポン社は1931年にニューランドの基本特許を取得した。
(50) E. R. Bridgwater, Neoprene, the Chloroprene Rubber, *Industrial and Engineering Chemistry,* vol.32, No. 9, p.1155.
(51) 100 F. Supp., at 550-551.
(52) Stocking and Watkins, *op.cit.,* pp.107-112.
(53) L. P. Lessing, *op.cit.,* p.130.
(54) デュポン社は，設立時に51％の株式を所有していたが1950年にGM社より株式を購入し完全所有子会社とした（126 F. Supp. at 313-316)。
(55) Stocking and Watkins, *op.cit.,* pp.402-403 ; W. F. Mueller, *op.cit.,* p.334.
(56) アメリカでの特許は，1939年にICI社が取得した。
(57) *U. S. v. Imperial Chemical Industries, Ltd.,* 105 F. Supp. 215 (S. D. N. Y. 1952), 232-234 ; The Polyethylene Gamble, *Fortune,* Feb. 1954, pp.135-137. ポリテン（Polythene）は，ICI社でのポリエチレンの商標名である。以下ではポリエチレン協定と記す。デュポン社は，1948年末には，UCC社から5％のロイヤリティーを受け取りながら，ICI社へは2.5％のロイヤリティーしか支払わなかった。
(58) W. F. Mueller, *op.cit.,* pp.341-342 ; J. A. Allen, *Studies in Innovation in the Steel and Chemical Industries,* Oxford, 1967, pp.53-95.

第1篇　国際カルテルから多国籍企業へ

V　ICI判決と「多国籍企業」化

1　ICI判決の歴史的背景

　第2次大戦後の世界市場競争（＝再分割）において，多国籍企業が再分割の主体としての国際独占体の支配的な形態となった。それは，国際カルテルの消滅を意味するものでないが，企業（とくにアメリカ企業）の国際経営戦略の展開において国際カルテルによる市場分割に消極的にならざるをえない事情が生じたからである。アメリカが大戦後の資本主義世界秩序の形成を主導し，その反トラスト法が国際カルテルを違法としたからである。デュポン＝ICI同盟を解体させたICI判決は，それを象徴するものであった。

　第2次大戦後のデュポン＝ICI同盟の歴史は，大戦末期の1944年にデュポン＝ICI同盟が反トラスト法に違反しているとして告訴されたことから，訴訟・裁判への対応と，反トラスト判決によるデュポン＝ICI同盟の解体の歴史であった。

　1944年1月アメリカ司法省は，デュポン社とICI社の特許・プロセス協定が世界市場の分割を内容としており反トラスト法に違反しているとして訴訟をおこした。しかし第2次大戦中のことであり，軍需生産を中断させないために戦争が終わるまで裁判を延期することが陸軍省と司法省との間で取り決められた。訴訟処理は徐々に進められていたが，裁判での勝利を確信していなかったデュポン社は，訴訟対策として訴訟の対象となっている特許・プロセス協定と切り離してナイロン協定（1946年12月）を結ぶとともに，同意判決を得るために司法省との交渉を進めた。しかし，この時期は司法省が国際カルテルへの攻撃を最も強めていた時期であり，司法省は同意判決を拒否した。それによってデュポン社とICI社との間で特許・プロセス協定を破棄する交渉が行なわれ，1948年6月30日に特許・プロセ

ス協定が破棄された。しかし，特許・プロセス協定から切り離されていたナイロン協定，ポリエチレン協定（1946年1月）は継続されていたし，カナダ，南米での合弁企業は存続したままであった。したがって，司法省は訴訟を継続し，シルベスター・T・ライアン（Sylvester T. Ryan）判事が1951年9月にデュポン社，ICI社等が反トラスト法に違反しているという判決（法廷意見）を示し，1952年5月にナイロン協定，ポリエチレン協定の破棄とカナダ，南米における共同支配の解体とを命じた最終判決を下したのである(1)。

このICI判決については，その訴訟から判決に至る時期が，反トラスト法の歴史において国際カルテルへの攻撃が最も強められた時期に一致していたということができる。第2次大戦を契機としたこのような反トラスト政策の転換を如実に示しているのが，ウェッブ＝ポメリーン法（Webb-Pomerene Act. 以下ウェッブ法と記す）の歴史においてであった。したがって，ここではウェッブ法の歴史について若干の考察を加えよう。

反トラスト法の適用除外法として1918年に成立したウェッブ＝ポメリーン法は，商品輸出を奨励するためにアメリカ企業が輸出カルテルを組織することが反トラスト法による告訴を免除されることを規定していた。それは，第1次大戦中に拡大したアメリカ商品の輸出市場を維持するために，ヨーロッパ諸国で形成されていたカルテルに対抗してアメリカ商品の輸出競争力を強めることを目的としていた。ところが，ウェッブ法の執行を委ねられていた連邦取引委員会（Federal Trade Commission. 以下，FTCと記す）が，1924年にいわゆる「シルバー・レター(2)」（"Silver Letter"）の中でウェッブ組合が海外市場での活動のためだけに外国企業と協定を結ぶことを認めたのである。「この法〔ウェッブ法〕はそのもとで形成された組合が外国市場での活動を唯一の目的として外国企業と協調関係に入ることを妨げるものではない。そのような協定の合法性についての唯一の試金石は合衆国の国内状態への影響にあるであろう(3)」と。

これが，ウェッブ組合を管轄するFTCの政策決定の基礎となっていた

第1篇　国際カルテルから多国籍企業へ

表 1-11　外国のカルテルおよび競争者との協定によるウェッブ組合に対する訴訟

(1)　司法省による訴訟

件　　名	訴訟日	結　果
"U. S. v. U. S. Alkali Export Assn.", Civ.24-464(S.D.N.Y.)	1944年3月16日	有罪．86F.Supp.59(1949年)
"U. S. v. Electrical Apparatus Export Assn.", Civ.33-275(S.D.N.Y.)	1945年10月5日	同意判決(1947年3月12日)

(2)　FTCによる勧告（上記のものを除く）

組　合　名	勧告日	FTCレポート
Export Screw Assn.of U.S.	1947年2月19日	43FTC980(1947年)
Phosphate Export Assn.	1946年3月6日	42FTC555(1946年)
Sulphur Export Assn.	1947年2月7日	43FTC820(1947年)

出所：U. S. Senate, Committee on the Judiciary, *International Aspects of Antitrust Laws,* Hearing before Subcommittee on Antitrust and Monopoly, 93th Cong., 1973-1974, pp.182-183, より作成。

ので，多くのウェッブ組合が国際カルテルに参加した。その中でも代表的なのが電気器具輸出組合（Electrical Apparatus Export Assn.）であった。1930年にGE社の子会社インターナショナル・GE社（International General Electric Co.）は電気器具の価格を安定させるために国際カルテルの形成を企てていたが，反トラスト法対策として，直接国際カルテルに参加せずウェッブ組合を通じて参加することを決定した。[4] インターナショナル・GE社とウェスティングハウス社（Westinghouse Electric Co.）の子会社ウェスティングハウス・インターナショナル社（Westinghouse Electric International Co.）との間で1931年に電気器具輸出組合が組織された。しかも，GE社はそれを通じて国際カルテルを主導したのである。

　このようにウェッブ法のもとでアメリカ企業の国際カルテルへの参加が「合法的」なものとされていたが，第2次大戦中に，司法省がウェッブ組合のそのような行為が反トラスト法に違反しているとして告訴したのである（表1-11）。それに対してアルカリ輸出組合（U.S. Alkali Export Association）がウェッブ組合の管轄権はFTCにあるとして訴訟をおこしたが，司法省に訴訟権を認める判決が下され，[5] 司法省による訴訟が継続された。

第1章　国際カルテルとデュポン社

さらに1949年には，アルカリ輸出組合が国際カルテルに参加していることは反トラスト法に違反しているとする判決が下されたが，それは「シルバー・レター」に示されたFTCの見解を否定するものであった。1955年にFTCは「シルバー・レター」での見解を撤回したのである。

このような反トラスト法の歴史における国際カルテルに対する政策の転換は，次のことから説明されうるであろう。まず第1に，ニューディール体制下で反トラスト政策が強化されたこと，それに加えて第2次大戦中にドイツ企業とのカルテル協定が「利敵行為」であるとして非難されたことである。しかし，何よりも重要なことは，両大戦間の分割構造に規定された国際カルテルが，第2次大戦後のアメリカの世界戦略の柱をなした貿易と資本の自由化構想にとって障害となったことである。

第2次大戦において連合国の兵器廠として急速な資本蓄積を展開したアメリカは，戦争の終結とともに国内に膨大な商品，資本の過剰をかかえることは必至で，その市場を確保することを急務の課題としていた。かくて，1944年のブレトン・ウッズ会議にはじまった戦後世界経済の再編過程において，ハバナ憲章の起草，GATTの成立（1948年1月）に示されたように，戦後の「力に応じた」市場再分割を求める「門戸開放」要求としての貿易と資本の自由化構想が基軸として展開されたのである。

それは，ウェッブ法の改正か廃止かをめぐる論争をひきおこしたように，反トラスト政策にも反映していた。とりわけ，National Lead判決，ICI判決など国際カルテルによる世界市場分割が反トラスト法に違反しているとする判決が下されたことは，アメリカ企業の国際経営戦略の展開に重大な影響を与えた。その意味で，「この時期の反トラスト訴訟が実際に企業の対外投資の増大を奨励したと思われる」とされるICI判決のもつ意義は大きかったといえる。

さらに，貿易と資本の自由化構想においてスターリング・ブロックの解体が重要な位置を占めていたことからも，イギリス帝国をICI社の独占的地域としていた特許・プロセス協定を違法としたICI判決の意義は明らか

77

第1篇　国際カルテルから多国籍企業へ

であろう。しかも,「ICI社-デュポン社の関係のこの緊張は大戦末期の英米関係の緊張一般——アメリカの国力・富・技術力,戦争それ自体の結果により大いに高められたすべてのものの不承不承の承認——によって激化された」[15]といわれるように,この訴訟対策をめぐってICI社とデュポン社の関係が悪化したことと,この時期の英米間の角逐を切り離して考えることはできないであろう。

2　デュポン＝ICI同盟の解体

ここで,デュポン＝ICI同盟の解体に至る過程で顕在化してきたデュポン社とICI社との間の軋轢を明らかにしておこう。第2次大戦において,その初期にICI社が中立地域における従来のドイツ商品の市場に供給できるようになるまでデュポン社に一時的に供給してほしいというICI社の要請をデュポン社が拒否したことから,またICI社のなかで特許・プロセス協定のもとでの情報交換についてデュポン社がICI社の提供した情報を過小評価しているという不満が生じていたことから(表1-12),1944年の反トラスト訴訟を契機として両社において特許・プロセス協定を継続することについての疑問が増大していた。しかも同意判決を得ることにも失敗したことから,1948年に特許・プロセス協定が破棄されたのである。けれども,ナイロン協定,ポリエチレン協定が継続され,カナダ・南米での合弁

表1-12　特許・プロセス協定のもとでの支払い

評価時期	対象期間	対象件数	実際に評価された件数	支払い額(ドル)	支払い側→受取り側
①1930年	—	—	—	125,000 (97,731*)	ICI社→デュポン社
②1936年	1929-1934	720	420	111,925	ICI社→デュポン社
③1945年	1934-1939 1939-1944	868 28	28 28	32,235 223,040	ICI社→デュポン社 デュポン社→ICI社
④1946年	1939-1944	590	50	6,182	ICI社→デュポン社

注：＊平価切り下げによる支払い額。
出所：*U. S. v. Imperial Chemical Industries, Ltd.*, 100 F. Supp. 504,546-548.

第1章　国際カルテルとデュポン社

企業が存続しており，デュポン＝ICI同盟はその基礎が弱められはしたものの依然として維持されていた。それに対して，司法省はデュポン＝ICI同盟の徹底した解体を意図していた。しかも，南米のデュペリアル社の経営方針をめぐり，現地資本の導入，現地人経営者の登用についてデュポン社とICI社との間で対立が生じていたし，デュペリアル社ほどではないがカナディアン・インダストリーズ社についてもどの程度の経営の自主性を認めるかで意見の違いがあり，[16]デュポン＝ICI同盟における軋轢は解消していなかった。結局1951年の反トラスト判決によりデュポン＝ICI同盟の解体が決定づけられたのである。とりわけ1952年の最終判決にもとづくカナディアン・インダストリーズ社，デュペリアル社における共同支配の解体は，デュポン社の国際経営戦略の大きな転換をもたらすものであった。1953年9月に，デュペリアル・アルゼンチン社，デュペリアル・ブラジル社の共同支配が解体された。[17]デュポン社は，デュペリアル・アルゼンチン社の持株との交換でデュペリアル・アルゼンチン社が所有していたドゥシロ社の株（72.25％）を得た。また，デュペリアル・ブラジル社は分割され，デュポン社はその資産の65％を得て，ブラジル・デュポン社（Du Pont do Brasil S.A.-Industrias Quimicas）を設立した。カナディアン・インダストリーズ社の分割は1954年7月に行なわれた[18]（図1-2）が，ICI社が工場や製品に関してデュポン社より多くのものを得たにもかかわらず，この分割はデュポン社に不利なものではなかった。というのは，ICI社が工場に関してデュポン社より多くのものを得た代価として，デュポン社は現金と証券で1,680万ドルを得たし，ICI社にカナディアン・インダストリーズ社の商標を譲渡した代価としてかなりの現金を得たからでもあるが，何よりも将来の成長が見込まれるセロハン工場とナイロン工場を得たからである。[19]ICI社の重役が「われわれ〔ICI社〕は資産の大部分を得たが，彼ら〔デュポン社〕は将来性の大部分を得た」と述べたように，[20]デュポン社はカナダでの市場拡大をはじめたのである（表1-13）。このようにして，デュポン社は，デュポン＝ICI同盟の解体に際して西半球における基盤を確

79

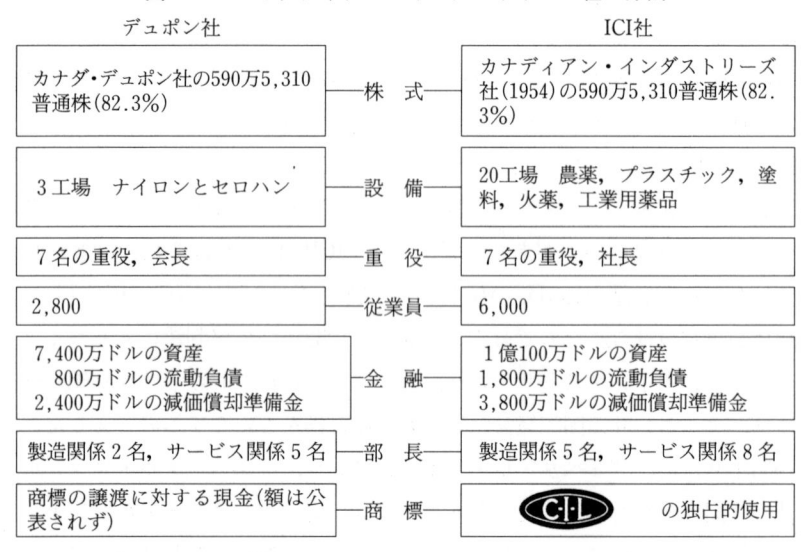

第1篇　国際カルテルから多国籍企業へ

図1-2　カナディアン・インダストリーズ社の分割

デュポン社		ICI社
カナダ・デュポン社の590万5,310普通株 (82.3%)	株　式	カナディアン・インダストリーズ社(1954)の590万5,310普通株(82.3%)
3工場　ナイロンとセロハン	設　備	20工場　農薬，プラスチック，塗料，火薬，工業用薬品
7名の重役，会長	重　役	7名の重役，社長
2,800	従業員	6,000
7,400万ドルの資産 　800万ドルの流動負債 2,400万ドルの減価償却準備金	金　融	1億100万ドルの資産 1,800万ドルの流動負債 3,800万ドルの減価償却準備金
製造関係2名，サービス関係5名	部　長	製造関係5名，サービス関係8名
商標の譲渡に対する現金（額は公表されず）	商　標	C·I·L の独占的使用

出所：*Business Week*, Jan.21,1956, p.98, その他。

保し，それを「多国籍企業」化を進める基礎としたのである。

　第2次大戦後の化学産業の発展において，デュポン＝ICI同盟の解体は，IG・ファルベン社の解体とともに，世界市場の再分割の重大な契機となった。とりわけデュポン社の国際経営戦略は，デュポン＝ICI同盟の解体により大きな転換を余儀なくされた。それは，「多国籍企業」化の指標を国際事業部の設立と西ヨーロッパへの進出におくならば[21]，まさに1950年代末におけるデュポン社の「多国籍企業」化となってあらわれた。デュポン社は，1956年に除草剤の製造のためイギリスにイギリス・デュポン社 (Du Pont Co. [U.K.] Ltd.) を設立し，イギリスでの他の製品の製造の可能性を調査するとともに，西ヨーロッパ諸国へ進出する拠点とした。1958年には，デュポン社は国際事業部を設立するとともに西ヨーロッパ諸国に進出（表1-14）したのである。それはまた，西ヨーロッパ諸国での通貨の交換性回復とEECの成立による西ヨーロッパにおける市場拡大を見込ん

80

第1章　国際カルテルとデュポン社

表1-13　カナダ・デュポン社の市場拡大

	正味売上高(千カナダドル)
1955	65,461
1956	66,606
1957	72,635
1958	81,680
1959	90,921

出所：*Moody's Industrial Manual*, 1960.

表1-14　1950年代末におけるデュポン社の西ヨーロッパ進出

年	子会社名	進出先	目的
1958	Du Pont de Nemours (Belgium)S.A.	ベルギー	塗料の生産
	Du Pont de Nemours International S.A.	スイス	デュポン社の製品のヨーロッパでの販売
	Du Pont de Nemours (Nederland) N.Y.	オランダ	オーロン，ナイロンの販売
1959	Du Pont de Nemours (France)S.A.	フランス	除草剤の製造・販売

注：さらにデュポン社は，1959年にドイツの "Sachtleben" AG für Bergbau und Chemische Industrieとの間で合弁企業Pigment-Chemie GmbHを設立し，デュポン社が26%の資本参加をする協定を成立させた。
出所：Du Pont, *Annual Report*, 1958, pp.9-10；1959, pp.15-16, 49-50.

でのものでもあった。

デュポン社の「多国籍企業」化は，ナイロンを最大の成果とする研究開発体制の確立により世界市場の再分割を有利に展開しうる技術力を有するようになったことから，自ら開発した技術を基礎に進められたのである。すなわち，1950年代末からイギリスにネオプレン工場を建設したのをはじめ，オランダのオーロン工場，ベルギーの塗料工場などを建設し，西半球以外への対外直接投資を急増させ「多国籍企業」化を進めたのである。

デュポン社の「多国籍企業」化をICI判決の結果としてのみ把握することはできないが，それは，ICI判決をはじめこの時期の国際カルテルを違法とした反トラスト判決がアメリカ多国籍企業の展開に与えた影響の意義

第1篇　国際カルテルから多国籍企業へ

を減ずるものではない。その重要性は，何よりもまず多国籍企業を第2次大戦後の国際独占体の支配的な形態としたことにある。つまり，「『ゆるい結合』に対して相対的に厳しく，『かたい結合』に対して寛大」な性格をもつ反トラスト法が国際カルテルを違法としたことにより，デュポン社をはじめアメリカ大企業は国際トラストとしての発展をその国際経営戦略の基軸とすることを余儀なくされたのである。かくて，第2次大戦後のアメリカ金融資本を中心とする重層的な世界市場の分割構造において，国際トラストがその分割の主体としての国際独占体の支配的な形態となったのである。

ICI判決によるデュポン＝ICI同盟の解体が，デュポン社のみならずアメリカ企業の「多国籍企業」化の重要な契機をなしたことは明らかである。さらに第2次大戦後の化学産業の世界市場競争において，大戦後の競争関係の変化の要因として，とりわけ第2次大戦における石油化学工業の発展による石油企業の化学部門への進出とIG・ファルベン社の解体とを看過することはできない。次章での考察は，これらの問題にも関連するものである。

（1）　W. J. Reader, *Imperial Chemical Industries : A History,* vol. 2, London, 1975, pp.419-444 ; *U. S. v. Imperial Chemical Industries, Ltd.,* 100 F. Supp.504, 105 F. Supp.215.
（2）　銀生産者からの質問に答えたもの。FTC, *Economic Report on Webb-Pomerene Associations*, Washington, D. C., 1967, pp.102-106.
（3）　*Ibid.,* p.104.
（4）　M. Wilkins, *The Maturing of Multinational Enterprise,* Cambridge, 1974, p.68（江夏健一・米倉昭夫訳『多国籍企業の成熟』［上］，ミネルヴァ書房，1976年，77頁）.
（5）　*U. S. Alkali Export Association v. U. S.,* 325 U. S. 196(1945).
（6）　*U. S. v. U. S. Alkali Export Association,* 86 F. Supp.59 (S. D. N. Y. 1949).
（7）　Reappraisal of the Silver Letter, FTC, *op.cit.,* pp.106-107.

第1章　国際カルテルとデュポン社

(8)　S. N. Whitney, *op.cit.,* pp.8-9 ; A. D. Neale, *The Antitrust Laws of the U. S. A.,* Cambridge, 1970, p.17.

(9)　M. Wilkins, *op.cit.,* pp.259-260（邦訳［下］，1978年，20〜21頁); K. Brewster, Jr., *Antitrust and American Business Abroad,* New York, 1958. p.27.

(10)　佐々木建『現代ヨーロッパ資本主義論』有斐閣，1975年，15〜16頁； M. Wilkins. *op.cit.,* pp.281-288（邦訳［下］，46〜53頁）．

(11)　FTC, *op.cit.,* p.12 ; The American Economic Association, Consensus Report on the Webb-Pomerene Law, *American Economic Review,* vol. 37, No. 5, p.856. なおウェッブ法の改正か廃止かで意見が対立した原因は，ITO憲章に関してであった。

(12)　*U. S. v. National Lead Co.,* 63F. Supp. 513 (S. D. N. Y. 1945). 他に重要なものとして，*U. S. v. General Electric Co.,* 82F. Supp. 753 (D. N. J. 1949), 115F. Supp. 835 (D. N. J. 1953) ; *U. S. v. Timken Roller Bearing Co.,* 83F. Supp. 284 (N. D. Ohio 1949) がある。

(13)　M. Wilkins, *op.cit.,* p.294（邦訳［下］，60頁）．ウィルキンズは，これを例外的事例としている。

(14)　油井大三郎「1945年英米金融・通商協定と現代帝国主義の矛盾」（古川哲・南克巳編『帝国主義の研究』日本評論社，1975年）が詳しい。

(15)　W. J. Reader, *op.cit.,* vol.2, pp.432-433.

(16)　*Ibid.,* pp.438-439.

(17)　Du Pont, *Annual Report,* 1953, pp.15-16.

(18)　Du Pont, *Annual Report,* 1954, p.18.

(19)　*Business Week,* Jan. 21, 1956, pp.99-100.

(20)　M. J. Gart, The British Company That Found A Way Out, *Fortune,* Aug. 1966, p.179.

(21)　周知のように，「多国籍企業」という用語が成立した背景には1950年代末からのアメリカ企業の西ヨーロッパ進出の急増があったし，その定義づけにおいて経営組織に注目する見解も少なくない。竹田志郎『多国籍企業の支配行動』中央経済社，1976年，20〜27頁；南昭二『世界企業論』日本評論社，1976年，62〜68頁，参照。

(22)　Du Pont, *Annual Report,* 1959, p.14.

(23)　ナイロンは，国際カルテルにより在外生産を制限されていた。内田星美，前掲書，114〜115, 133〜135頁。

(24)　M. Wilkins, *op.cit.,* p.300（邦訳［下］，68頁）．拙稿「アメリカ多国籍

第1篇　国際カルテルから多国籍企業へ

　　企業・経営史の方法」(『経営研究』第27巻第1号) 125頁。
(25)　儀我壮一郎「アメリカにおける企業集中の問題」(池内信行編『現代経営経済学の展望』ミネルヴァ書房, 1962年) 109頁。

第2章　ウェッブ＝ポメリーン法とアルカリ輸出組合

　国際カルテルに関する代表的な研究者であるコーウィン・D・エドワーズ（Corwin D. Edwards）は，アメリカにおける国際カルテルの展開の三つの型として，組合・団体（association），特許・ライセンス協定（patent licensing agreement），企業結合（combine）を指摘していた。[1]

　前章で考察した国際カルテルのデュポン＝ICI同盟は，反トラスト法対策として特許・プロセス協定の形態をとっていたが，カナディアン・インダストリーズ社，デュペリアル・ブラジル社とデュペリアル・アルゼンチン社の合弁企業も，その共同支配を補完するものであった。エドワーズは，特許・ライセンス協定については，デュポン＝ICI同盟とともに，次章で考察するスタンダード＝IG同盟に言及していた。また，企業結合の事例としてはデュポン＝ICI同盟における合弁企業に言及していた。

　本章では，エドワーズが，組合・団体については，アメリカ企業がウェッブ法による輸出組合を通じて国際カルテルに参加したことに言及していたことから，化学産業におけるウェッブ組合の代表的事例としてのアルカリ輸出組合について考察する。それにより，前章でのデュポン＝ICI同盟の考察と併せて，化学産業における国際カルテルの三つの型を考察する課題を果たすことになる。

　しかし，先ずは，アメリカにおける国際カルテルの展開において重大な役割を果たしたウェッブ法の成立と，アメリカ企業がウェッブ組合を通じて国際カルテルに参加する道を開いた「シルバー・レター」について考察しておかなければならないであろう。

第 1 篇　国際カルテルから多国籍企業へ

　ウェッブ法の本来の立法趣旨は，個々には外国の企業連合に対抗できない中小企業に対し，輸出のための企業連合を反トラスト法の適用除外とすることによって，「中小企業の輸出促進」を図ることにあったとされる。ウェッブ法の成立過程についての考察においては，この「中小企業の輸出促進」という論点がどのような位置を占めていたのかを明らかにしたい。さらに，「シルバー・レター」については，ウェッブ法を管轄するFTCが，1920年代の共和党政権下で変質したという問題とのかかわりにおいて，その意義を明らかにしたい。

　ウェッブ組合の国際カルテルへの参加という問題の歴史的背景を明らかにしたうえで，化学産業におけるウェッブ組合の事例として，アルカリ輸出組合を取り上げ国際アルカリカルテルの問題を考察する。

（ 1 ）　Corwin D. Edwards, *Economic and Political Aspects of International Cartels*, U.S. Congress, Senate, Subcommittee on War Mobilization of the Committee on Military Affairs, 78th Cong., 2d sess., Senate Committee Print, Monograph No.1；伊藤裕人「国際カルテルの展開」（経営史学会編『外国経営史の基礎知識』有斐閣，2005年）。

第2章　ウェッブ＝ポメリーン法とアルカリ輸出組合

I　ウェッブ＝ポメリーン法の成立

1　歴史的背景——「革新主義」

　ウェッブ法の成立について考察するに際して，まず，その歴史的背景として，「革新主義」の問題について簡単にみておこう。

　アメリカ史において，19世紀末から第1次大戦への参戦までの時期は，「革新主義の時代」といわれている。革新主義は，19世紀末の地方政治のレベルでの市政改革や州政改革の実現から，20世紀に入り連邦レベルでの革新主義政治を実現することになった。それは，第26代セオドア・ローズベルト大統領，第27代タフト大統領，第28代ウィルソン大統領の時代である。しかし，1912年の大統領選挙で，ローズベルト，タフト，ウィルソンが争ったことに象徴されるように，「革新主義」を定義することは難しい。(1)ただ，連邦レベルでの革新主義政治の課題として，二つの柱が指摘されている。(2)

　その二つの柱とは，一つは，アメリカ経済の発展には外国市場が必要であるという立場からその拡大を追求する膨張主義であり，もう一つは，19世紀からの反独占運動の展開を歴史的背景としながらも，その直接的な継承ではなく，巨大企業の成立を肯定的に前提とした新たな企業規制の確立である。

　1898年の米西戦争，1899年の中国に関する「門戸開放通牒」は，1893年恐慌とそれに続く深刻な不況，さらにそれによって激化した社会不安の解決策として，外国市場の拡大を求める膨張主義政策を象徴するものであった。それに続く「革新主義政治」も，ローズベルトの「棍棒外交」，タフトの「ドル外交」，ウィルソンの「宣教師外交」といわれるように，その方策・形態においては違いがあるものの，中南米におけるアメリカの影響力の強化と極東での権益の拡大という点では一貫しており，膨張主義＝

第1篇　国際カルテルから多国籍企業へ

「門戸開放主義」を継承していたのである。(3)さらに，ウィルソン大統領は，1913年アンダーウッド関税法の成立により関税の大幅な引下げを実現するとともに，同年末の連邦準備法の成立により国法銀行の対外進出への道を開き，輸出と対外投資を促進する政策を追求していた。

　1890年に成立したシャーマン反トラスト法は，その規定の曖昧さの故に，その判断を司法府に依存せざるをえないものであったが，企業規制（独占規制）についての解釈が揺れ動くことへの批判から，また労働組合と農業団体をも共同行為としてシャーマン法の対象とする判決が下されたことから，社会の各層からシャーマン法の改正を求める動きが大きくなった。ローズベルト政権では，1903年に企業活動の調査を行なう会社局（Bureau of Corporations）が設置され，1908年にはシャーマン法の改正としてヘップバーン法案（Hepburn bill）が提出されたのである。ヘップバーン法案は翌年廃案になったが，その後もシャーマン法改正の動きは続いており，ウィルソン政権での，FTC法とクレイトン反トラスト法の成立に至るのである。(4)

　アメリカの輸出を促進するための企業連合を反トラスト法の適用除外とするウェッブ法は，革新主義政治の二つの柱——輸出促進と反トラスト法——が結節する重要な問題として位置づけることができるであろう。

2　立法化への動き

　このウェッブ法の成立へと結果する，輸出のための企業連合に対する反トラスト法の適用除外を求める動きは，タフト政権下で銅会社の幹部が司法長官に陳情していたことがあったが，クレイトン反トラスト法の成立過程で，一層本格化した。それは，1913年恐慌による深刻な不況のなかでのことでもあった。1914年2月9日のクレイトン法案に関する公聴会でのアマルガメイテッド銅会社（Amalgamated Copper Co.）の社長ジョン・D・ライアン（John D. Ryan）の証言によれば，(6)ヨーロッパ，とくにドイツでは，銅を購買する企業の連合が強力で，景気が悪く供給過剰の時には

第2章　ウェッブ＝ポメリーン法とアルカリ輸出組合

これらの企業の言い値で輸出せざるをえず，アメリカ企業に対してよりも安い価格で売ることになる，というのである。ライアンは，ヨーロッパでの購買企業連合に対抗するために，輸出だけを目的とするアメリカ銅企業の連合を反トラスト法の適用除外とすることを求めた。

同じ月に，全米商業会議所（United States Chamber of Commerce）は，商務長官ウィリアム・C・レッドフィールド（William C. Redfield）を招いて，政府の反トラスト政策について討論する会議を開催した。そこで，トラスト法案に関する特別委員会が設置された。この特別委員会の最初の報告書（3月31日）では，議会が「連邦取引委員会」に対して，アメリカの対外貿易を推進・保護するための企業連合を合法とするようにシャーマン反トラスト法を改正することに関する調査と報告を指示することを求めていた。

同年5月には，全国対外貿易会議（National Foreign Trade Convention）の第1回大会でも，同様の決議がなされた。この決議では，世界市場では，アメリカ企業の競争相手である外国企業の連合がその政府に奨励されているが，アメリカ反トラスト法はアメリカ輸出業者が対外貿易の発展において協調することを禁じているとして，アメリカ輸出業者が外国の企業連合に対抗するために協調できるようにすることを求めていた。とくに，そこでは，議会に，反トラスト法が（アメリカ輸出業者に）課しているであろう不利な条件を取り除くことによって，アメリカ輸出貿易を促進する行動を取ることを強く求めていた。

また，この全国対外貿易会議において，全国対外貿易協議会（National Foreign Trade Council）の設置を決めた。それは，商業会議所とともに，輸出のための企業連合に対する反トラスト法の適用除外を求める動きにおいて中心的な役割を果たすが，U・S・スティール社社長のジェームズ・A・ファレル（James A. Farrell）が会長に就いたのをはじめとして，巨大企業の幹部が名を連ねていた。

このようなことを背景として，FTC法案に，委員会に「随時，製造業

89

者，商人，あるいは貿易業者の組合，結合または慣行，あるいは他の事情がアメリカの対外貿易に影響する場合には，外国における，あるいは外国との貿易事情を調査し，適切と考える勧告を付してこれを議会に報告する」権限を与える条項〔第6条（h）〕が加えられた。この条項は，ウェッブ法成立の布石となるものであった。FTCが，この条項に基づいて，「アメリカ輸出貿易における協調」に関する調査を行ない，議会に報告し，それによって，ウェッブ法案が提出されることになる。

1914年7月に第1次大戦が勃発したが，アメリカ国内では反トラスト法案をめぐる激しい論争が展開され，9月26日のFTC法の成立，10月15日のクレイトン反トラスト法の成立に至るのである。輸出のための企業連合に対する反トラスト法の適用除外を求める動きは，FTC法とクレイトン法にそれを盛り込むことができなかったことから，単独の法として成立させること——「輸出カルテル」立法化——を課題とするようになり，新たな段階に入った。

全米商業会議所のトラスト法案特別委員会の報告(1914年12月1日）は，それを示すとともに，ウェッブ法案の骨子といえるものと，「中小企業の輸出促進」という論点とを主な内容としており，ウェッブ法の礎石となるものであった。

この報告で「法案に具体化されるべき項目」とされたのは，概ね以下のようなものである。

① 輸出を促進することを目的として善意で結成され，アメリカ国内の取引を制限しない企業連合は，合法である。

② 「輸出貿易」とは，アメリカから外国への貿易に限定され，この外国にはアメリカに属する島嶼は含まれない。

③ FTCが，この企業連合に対してアメリカ国内の取引を制限していると信じた場合には，FTC法のもとで不公正取引に関して有しているのと同じ権限が与えられる。

④ FTCは，この法案において，FTC法で与えられたいかなる権限を

第2章　ウェッブ=ポメリーン法とアルカリ輸出組合

も弱められることはない。

これは，ウェッブ法案の骨子といえるものであった。

しかし，この報告で注目すべきことは，「すでに対外貿易の基盤を固めている大企業とともに，中小企業が，この戦争がもたらした対外貿易の機会を利用するためには，同じ部門の企業と協調することが許可されなければならない」として，「中小企業の輸出促進」と，そのための企業連合に言及していることである。このような中小企業への言及には，立法化における反対意見への対策という側面もあったと考えられる。それは，特別委員会が，「反トラスト法を改正する計画に対して生ずるであろう反対意見」の論点を考慮して，「これらの法の目的は根本的に大企業連合や独占による圧制の可能性からのアメリカの消費者と独立製造業者の保護にある」ことに重きを置くように切望していたことに示されている。

ここで確認しておかなければならないのは，FTCによる「アメリカ輸出貿易における協調」に関する調査・報告に先だって，ウェッブ法の骨子と論点が用意されていたことである。

さらに，重要なことは，FTCの委員に，全米商業会議所トラスト法案特別委員会のルブリーと，全米対外貿易協議会のエドワード・N・ハーリー（Edward N. Hurley）が任命されたことである。「輸出カルテル」立法化において中心的な役割を果たしている団体から委員が任命されたことは，立法化への強力な布陣であった。法律家のルブリーは，革新主義者であったが，FTC法の作成にも関わっていた。イリノイ製造業者協会（Illinois Manufacturers Association）の会長であったハーリーは，対外貿易協議会の設立において重要な役割を果たしていた。[15]

3　FTC 報告

FTCは，1916年5月2日にまずその報告要旨を議会に報告し，6月30日に「アメリカ輸出貿易における協調」に関する膨大な報告を議会に提出した。[16]それは，各国に駐在する領事からの報告などを基にした外国のカル

テル，シンジケートについての調査を主な内容としていた。それとともに，国内でのアンケート調査によって，輸出のための企業連合についてと，輸出に関わっての外国カルテルについての意見が集められた。この報告で，FTCは，外国カルテルとの競争によってアメリカ企業の輸出が困難をともなっていることを強調して，アメリカ企業が対等な条件で輸出できるようにするために，企業連合を認めることが必要であるとする。そして，輸出のための企業連合が一部にみられるものの，一般には，反トラスト法違反になることへの不安が輸出のための共同行為を妨げているとして，その不安を取り除くための立法化を促している。

しかし，この報告では，共同の輸出組織の展開から生ずる問題点も指摘されていた。それは，国内市場において消費者に損害を与えるおそれと，組織に参加していない企業の輸出貿易を不当に妨害するおそれである。FTCは，このような問題点を認識しながらも，組織の目的を輸出だけに限定することと，FTC法の不公正な競争方法に対する規定を輸出活動にも拡大することが，それらへのセーフガードになるとして，立法化を促したのである。[17]

この報告では，アメリカの主な輸出先であるヨーロッパに関しては，「石油・鉄鋼・農業機械のような若干の産業では，強力な単一企業が，外国の企業連合と事実上対等な条件で競争できる力を備えている」が，多くの中小企業は，個々に外国の企業連合と競争し，またそれに販売しているとし，南米のような第三国市場でも，個々に行動するアメリカ企業は，ヨーロッパの企業連合との競争において不利な立場にあることを指摘し，アメリカ輸出貿易における協調が必要であるとする。「輸出のためだけの協調は，アメリカ企業の競争力強化に大いに役立つであろうし，中小企業にとってはとりわけ有利なものとなるであろう」と。[18]

次に，この問題について，公聴会での証言をみておこう。ただし，この報告での公聴会の記録は，抜粋であり，テーマ別に分類されているので，証言の全体を知ることはできない。それにもかかわらず，重要な論点が示

第2章　ウェッブ=ポメリーン法とアルカリ輸出組合

されている。

この抄録によれば，輸出のための企業連合に利点がないという証言も少なくなかったが，利点があるとする証言の方が多かったようである。そのなかで，「中小企業の輸出促進」に言及しているのは，全米商業会議所トラスト法案特別委員会の委員であり全米対外貿易協議会の設立メンバーでもあったソーンダースをはじめ，ナショナル・シティ・バンクの対外貿易部部長のW・S・キース（W. S.Kies）や，アマルガメイテッド銅会社社長のライアンなど，大企業からの証言者が目立っている。[19]

バブソン統計事務所（Babson Statistical Agency）のロジャー・W・バブソン（Roger W. Babson）のように「私には大企業が何故その目的で連合する必要があるのか分からない。…中小企業がそれを必要としている」[20]として，輸出のための企業連合を必要としているのは，大企業ではなく中小企業であるとする証言もあった。だが，この問題に関する大企業の立場は，それが中小企業のために必要であるとしながらも，そこから大企業が排除されることを避けようとするものであった。ソーンダースは，大企業の連合が中小企業を排除するなどの不当な行為があった場合は，FTCが是正を勧告することになるとの見解を示していたし，さらに，ライアンは，中小企業と大企業とを区別することへの警戒心から「全体のものであるべき」ことを強調していた。[21]

4　議会での論議

FTCが，アメリカ輸出貿易における協調の問題に関する報告要旨を議会に報告したのを受けて，下院司法委員会委員長エドウィン・Y・ウェッブ（Edwin Y. Webb）は，6月28日に「輸出を促進するため及び他の目的のため」の法案（HR16707）を提出した。司法委員会は，7月18日と20日にこの法案についての公聴会を開いたが，そこでの修正提案を踏まえて，8月8日にウェッブ委員長が新たな法案（HR17350）を提出し，司法委員会は8月15日にこのウェッブ法案を成立させるように本会議に報告した。

第1篇　国際カルテルから多国籍企業へ

ウェッブ法案自体には中小企業への言及はないが，この報告で，中小企業の輸出促進は，輸出のための企業結合を許可することによって可能となることが強調されていた。下院では，ウェッブ法案が修正されて，9月2日に賛成199・反対25という圧倒的な賛成で法案が通過した。大統領選挙のために，上院では審議が進んでいなかったが，12月5日の年次教書でウィルソン大統領が法案の成立を求めたことから，州際商業委員会が翌年1月5日と6日に公聴会を開き，2月15日に修正すべき事項とともに，法案を成立させるように本会議に報告した。しかし，会期末ということもあり，上院では採択がなされなかった。

1917年4月6日のアメリカの参戦へと導く対独宣戦決議を可決した第65会議では，再び同じ内容のウェッブ法案（HR2316）が，若干の修正を加えて下院に提出されたが，上院でも州際商業委員会のアトリー・ポメリーン（Atlee Pomerene）議員がそれと同じポメリーン法案（S634）を提出していた。州際商業委員会が4月16日にポメリーン法案を成立させるように上院に報告し，司法委員会は5月11日にウェッブ法案を成立させるように下院に報告した。下院では，6月13日に賛成242・反対29の圧倒的多数で再びウェッブ法案が成立したが，上院では，その成立を受けてポメリーン法案をウェッブ法案に差し替えて論議されたが，採択には至らなかった。しかし，12月4日の第2会期の召集会議において，再びウィルソン大統領がウェッブ法案の成立を強く求めたことから，上院での論議が進み，12月12日に賛成51・反対11でウェッブ法案が成立した。上院での修正を下院が拒否したことから，両院協議会が設置され，翌1918年4月2日に報告が提出された。4月6日に両院が承認し，10日に大統領が署名したことにより，ウェッブ法（1918年輸出貿易法）が成立した。

ウェッブ法の成立過程において，議会での——司法委員会と州際商業委員会の公聴会と両院本会議での論議における——最大の争点は，「中小企業の輸出促進」に関わってであった。

本会議の論議で，反対派は，以下のように，ウェッブ法案を，反トラス

ト法を「改悪」するものと批判した。

「この法案の目的は独占をつくることにある」(1916年9月2日，下院，エドワード・キーティング議員〔Edward Keating〕，民主党)

「これは危険な法案である」(1916年9月2日，下院，ディック・T・モルガン議員〔Dick T. Morgan〕，共和党)

「これはシャーマン反トラスト法に対する覆い隠された攻撃に他ならない」(1917年6月13日，下院，アンドリュー・J・ボルステッド議員〔Andrew J. Volstead〕，共和党)

「この法案は，対外貿易に関しては，反トラスト法の効力を失わせるものである」(1917年12月7日，上院，アルバート・B・カミンズ議員〔Albert B. Cummins〕共和党)

「結局はシャーマン法を消滅させる」(1917年12月7日，上院，ウィリアム・E・ボラー議員〔William E. Borah〕共和党)

「これは，トラストがアメリカ国民の外国市場を獲得し支配できるようにする法案である」(1917年12月11日，上院，ジェームズ・A・リード〔James A. Reed〕民主党)

反対派の論点は，たとえ輸出のためだけにしても独占を認め，それを反トラスト法の適用除外とすることは，国内市場での独占の形成に道を開き，反トラスト法をなし崩しにすることになるというものであった。

それに対して，賛成派の論点はいかなるものであったのか。大企業が輸出のための企業連合を結成し中小企業を排除するのではないかという疑問に対して，ウェッブ議員が次のように答えている。

「スタンダード石油会社はこの法案を必要としていない。ハーベスターの人々（インターナショナル・ハーベスター社）もこの法案を必要としていない。スティール社（U・S・スティール社）もそれを必要としていないし，他の大企業もそれを必要としていない。この法案は全くもってアメリカ大企業のためのものでない。…それは中小企業のためのものである」[25]と。

第1篇　国際カルテルから多国籍企業へ

　このような主張が，議会での論議のなかで賛成派の議員によって繰り返されたのである。
　それに対する反対派の論点は，法案の対象を中小企業に限定することであった。
　司法委員会の公聴会で，FTC委員長のハーリーが「私が代弁し，念頭にあるのは中小企業である。大企業はこのような企業連合を求めていない」と述べていたが，チャールズ・C・カーリン議員（Charles C. Carlin, 民主党）が法案の対象を中小企業に限定し大企業を対象としない方が良いのではないかとの質問したことに関わって，「我々は大企業に反対するものではない」として，大企業を排除することを拒否している。[26]
　さらに，下院では，モルガン議員が資本金100万ドル以上の企業にはウェッブ法を適用しないとの条項を加える修正案を提出したが，否決された。モルガン議員は，「事実は，あなた方がそれ〔ウェッブ法〕に何らかの制限をしようとしなかったことである。大企業が意のままに結合することを許す提案をしている。商務長官は，その報告で中小企業に連合を許すことについて述べている。それは，公聴会でのFTCの主要な論点であり，ここで法案に賛成する議員が提起している主要な論点である。だが，私が，法案の対象を制限するように提案したならば，私の予想通りにあなた方はそれに反対した」として，[27]ウェッブ法案を「中小企業の輸出促進」のためであるとする賛成派を批判したのである。
　革新主義的（急進的）な議員を中心とした反トラスト法の「改悪」に対する抵抗は，[28]下院と上院の採決に示されるように，超党派的な賛成票の前には，ウェッブ法案の成立を阻止することはできなかった。その超党派的な賛成票は，第1次大戦においてアメリカが輸出を増大させたことを背景として，大戦前から立法化への動きがあったにもかかわらず，「戦時法案」ということが強調されるようになったことに関わっている。
　アメリカの輸出は「門戸開放主義」のもとで，1902年恐慌と1907年恐慌による一時的な後退はあったが，着実に伸びていた。しかし，1913年恐慌

第2章　ウェッブ＝ポメリーン法とアルカリ輸出組合

と第1次大戦による経済混乱から輸出が落ち込み，不況が続いていた。1915年に入ると輸出の増大を契機にアメリカ経済が回復しはじめたが，1916年からはそれまでに比べても輸出が飛躍的に増大したのである。ヨーロッパでの戦乱は，世界の輸出に大きなシェアを占めていたイギリス，ドイツなどヨーロッパ諸国の利権に対抗して，アメリカが中南米などでの利権を拡大する機会を与えた。アメリカの輸出の飛躍的な増大は，主に，ヨーロッパ，とくに連合国への輸出の増大とともに，ヨーロッパ諸国が戦争により輸出が困難となっている市場，とくに中南米への輸出の増大によるものであった（表2-1）。

この輸出の飛躍的な増大に関わって重要なことは，すでに1916年7月に全米対外貿易協議会の「対外貿易における協調」に関する委員会の報告で，「ここ2年間の著しい発展は，中小企業の輸出貿易への参入である」こと[29]が指摘されていたことである。第1次大戦において輸出が回復し飛躍的に増大するなかで，工業だけでなく，農業などアメリカ経済全体が輸出に対する利害を大きくしていったが，中小企業もそれに深く組み入れられていくのである。この報告は，そのような状況を，法案成立に有利なものと位置づけていたことを示している。

9月2日の下院で，フレデリック・C・ヒックス議員（Frederick C. Hicks, 共和党）は，「今や我々が南米のあらゆる港に進出する機会であり，まさにその時である。ヨーロッパ諸国がそれをめぐって争っている貿易を戦争によって失っている間に，このおよそ30年間で最大の商業機会を我がものとし，南米大陸にアメリカ貿易の確固たる基礎を築」くことを主張した[30]。アメリカが中立の時期にも，戦争による輸出機会を獲得しようとする主張は，連合国（協商国）のパリ経済会議における関税特恵を含む戦後構想がアメリカの輸出の妨げとなるという不安から，強くなっていた[31]。それが，アメリカの参戦後には，「戦時法案」という論点も加わって，一層強く繰り返されたのである。1917年6月13日の下院での，エドワード・C・リトル議員（Edward C. Little, 共和党）の「今やこの法案を通過させ

第1篇　国際カルテルから多国籍企業へ

表2-1　アメリカの輸出

(単位：百万ドル)

年	商品輸出 総計	北米・中南米 計	カナダ	ヨーロッパ 計	イギリス	ドイツ	アジア	アメリカの輸出の国民総生産に対する比率（％）
1920	8,228	2,553	972	4,466	1,825	311	872	9.3
1919	7,920	1,738	734	5,188	2,279	93	772	10.0
1918	6,149	1,628	887	3,859	2,061	…	498	9.3
1917	6,234	1,573	829	4,062	2,009	(a)	469	10.5
1916	5,483	1,145	605	3,813	1,887	2	388	11.5
1915	2,769	576	301	1,971	912	29	139	6.6
1914	2,365	654	345	1,486	594	345	141	6.1
1913	2,466	763	415	1,479	597	332	140	6.2
1912	2,204	648	329	1,342	564	307	141	5.7
1911	2,049	566	270	1,308	577	287	105	5.6
1910	1,745	479	216	1,136	506	250	78	4.8
1909	1,663	387	163	1,147	515	235	83	4.9
1908	1,861	409	167	1,284	581	277	113	…
1907	1,881	432	183	1,298	608	257	101	…
1906	1,744	383	157	1,200	583	235	111	…
1905	1,519	318	141	1,021	523	194	135	…
1904	1,461	286	131	1,058	537	215	65	…
1903	1,420	256	123	1,029	524	194	62	…
1902	1,382	242	110	1,008	549	173	69	…
1901	1,488	241	106	1,137	631	192	53	…
1900	1,394	227	95	1,040	534	187	68	…

注：(a) 50万ドル以下
出所：合衆国商務省編，斎藤真・鳥居泰蔵監訳『アメリカ歴史統計』第2巻，原書房，1986年

る更なる理由がある。世界の貿易は，それをめぐる争いの渦中にある。我が国民に世界の貿易を獲得するあらゆる機会を与えよ」という主張や，ジェームズ・L・スレイデン議員（James L. Slayden, 民主党）の，「今や，外国との貿易を拡大する最高の機会であると信じる」という主張である。[32]
さらに，サディアス・H・キャラウェー議員（Thaddeus H. Caraway, 民主党）は，「戦時法案」であることの説明として，戦争が終わった時にアメリカ企業が外国企業と対抗できる条件を，今つくっておかなければなら

ないとして,「われわれの将来の成功は,我々が今用意することに懸っている(33)」と主張したのである。

それは,戦争に直接関わるものとしてではなく,大戦後に輸出をめぐる競争が一層厳しくなるとの予測のもとで,その商業戦争において外国の企業連合に対抗するための法的措置を用意するというものであった。反対派は,「戦時法案」ではないと主張し,それを繰り返すことを批判した。しかし,戦時下のナショナリズムの高揚を背景に,賛成派は,ウェッブ法案が「戦時法案」であることを強調し,その成立を促したのである。

ウェッブ法の成立は,19世紀末からの膨張主義＝「門戸開放主義」の展開を基底にしながらも,第1次大戦によってアメリカ企業に与えられた輸出機会を確実なものにせんとする「戦時下のナショナリズム」に促されたものといえる。

アメリカ資本主義が外国市場を強く求めるようになっていた時期に,戦争によって与えられた輸出機会への熱狂は想像に難くない。したがって,そこでは,輸出促進が優先され,反トラスト法の問題は等閑視されてきた。「中小企業の輸出促進」を強調したのは,反トラスト法に関する論争を極力避けるためであったと考えられる。議会では,「中小企業の輸出促進」が問題となりながら,中小企業の利害が多様であることには十分な論議がなされていなかったといえる。

第1次大戦下でのアメリカ中小企業にとっての輸出機会は,大企業が輸出できない部分を補うという性格が強かったであろうし,「常態」への復帰とともに外国の大企業に奪還されうる脆弱なものであったろう。それ故,ウェッブ法への期待も大きかったかもしれない。しかし,中小企業が輸出のためだけに連合したとしても,それが国内での生産の効率化（合理化）と結びつかなければ,輸出競争力の強化となるかは疑わしい。

しかも,大企業が,法案を強く推進してきたこと,さらには法案の対象から排除されることに強く抵抗したことを考えると,ウェッブ法が,中小

第1篇　国際カルテルから多国籍企業へ

企業のためのものであったとは考え難い。立法化に積極的であった産業として，銅産業とともに，西部の木材産業が挙げられており，それは主に中小企業によるものであったろう。しかし，銅産業で立法化に積極的であったのは，アマルガメイテッド銅会社（アナコンダ銅会社）という巨大企業であった。ウェッブ法を必要としたのは中小企業だけではない，それ以上に大企業の方がそれを必要としたのである。

　第2次大戦直後に，アメリカ上院のアメリカ中小企業問題特別委員会の対外貿易小委員会は，中小企業の対外貿易の機会に関する調査の一環として，ウェッブ法の運用についての調査を実施した。小委員会の結論は，中小企業がウェッブ法から著しい利益を得ることはほとんど望めないというものであり，「議会と委員会（FTC）の期待と願望が実現されなかった」[34][35]とした。ただし，小委員会は，戦後の状況の変化──例えば，アメリカ輸出業者が外国政府による貿易組織と取引きするような──が，中小企業によるウェッブ組合の結成へと進むかもしれないとする留保も，加えていた。だが，そのおよそ20年後のFTCのウェッブ組合に関する報告は，「そのような予想は実現しなかった」[36]として，ウェッブ法が「中小企業の輸出促進」には貢献しなかったことを明らかにした。

　ウェッブ法の運用が，その立法趣旨である「中小企業の輸出促進」から大きく逸脱するようになるのは，1924年に「シルバー・レター」が発行されたことによる。次に，「シルバー・レター」が発行された歴史的背景とその意義について考察しよう。

　その前に，ウェッブ法を必要とする根拠とされた「ヨーロッパのカルテル体質」について付言するならば，第1次大戦から戦後のアメリカ保護主義も，それを保護政策の要求の根拠としていたのである[37]。アメリカ企業は，「ヨーロッパのカルテル体質」を根拠に，一方では輸出促進のためのカルテルを反トラスト法の違反とならないように求め，他方では第1次大戦前の関税引下げの動きを逆転させ，再び強固な保護主義を実現したのである。第1次大戦後のアメリカ資本主義は，輸出促進と保護主義という，時とし

第 2 章　ウェッブ＝ポメリーン法とアルカリ輸出組合

ては対立する政策を同時に追求していくことになる。

（1）「革新主義」に関する研究文献は多い。とりあえず，以下の文献を参照されたい。関西アメリカ史研究会編著『アメリカ革新主義史論』小川出版，1973年；長沼秀世・新川健三郎著『アメリカ現代史』岩波書店，1991年。
（2）以下の文献を参照されたい。高橋章『アメリカ帝国主義成立史の研究』名古屋大学出版会，1999年；Martin J. Sklar, *The United States as a Developing Country*, Cambridge University Press, 1992.
（3）以下の文献を参照されたい。William A.Williams, *The Tragedy of American Diplomacy*, New York, 1972（高橋章・松田武・有賀貞訳『アメリカ外交の悲劇』御茶の水書房，1986年）；Carl P. Parrini, *Heir to Empire*, University of Pittsburgh Press, 1969.
（4）この過程については，次の文献が詳しい。Martin J. Sklar, *The Corporate Reconstruction of American Capitalism, 1890‐1916*, Cambridge, 1988. なお，このスクラーの研究の紹介も兼ねている次の文献も参照されたい。楠井敏朗「アメリカ独占禁止政策の成立とその意義」（『法人資本主義の成立』日本経済評論社，1994年）。また，次の文献も参照されたい。水野里香「アメリカにおける連邦取引委員会の設立（1914年）」（『アメリカ経済史研究』第6号，2007年）。
（5）U.S. Congress, Temporary National Economic Committee, *Investigation of Concentration of Economic Power, Hearings*, Pt. 25, *Cartels*, p.13113.
（6）U.S. Congress, House, Committee on the Judiciary, *Trust Legislation, Hearings*, 63d Cong., 2d sess., pp.433-449. アマルガメイテッド銅会社は，1899年に持株会社として設立されたが，1915年に解散され，その子会社であったアナコンダ銅会社（Anaconda Copper & Mining Co.）に統合された。

　　アメリカ銅産業に関しては，以下の文献を参照されたい。土井修「米国銅産業とチリ進出」（『米国資本のラテンアメリカ進出』御茶の水書房，1999年）；同「1920年代の米国銅産業と輸出カルテル」（千葉敬愛経済大学『研究論集』第15号，1978年12月）。
（7）レッドフィールドは，アメリカ製造業者輸出協会（American Manu-

facturers Export Association）の会長であった。この協会は，1914年に全米対外貿易協議会の設立に結集したのである。
(8) U.S. Congress, House, Committee on the Judiciary, *To Promote Export Trade, and for Other Purposes, Hearings*, 64th Cong., 1st sess., pp.62-63, 68（以下では，To Promote Export Tradeと記す）．
なお，この特別委員会の委員として，ウェスティングハウス社会長のガイ・E・トリップ（Guy E. Tripp），インガソル＝ランド社（Ingersoll-Rand Co.）会長のW・L・ソーンダース（W.L.Saunders），革新主義者であった法律家のジョージ・ルブリー（George Rublee）が名を連ねていた。
ソーンダーズは，全米対外貿易協議会の設立メンバーでもあった。ルブリーは，FTC法案の作成，とくに「不公正競争」の条項に関して，重要な役割を果たし。Cf. Sklar, *The United States as a Developing Country*, pp.113, 116, 127; Marc E. McClure, *Earnest Endeavors: The Life and Public Works of George Rublee*, Westport, 2003, pp.88-100; George Rublee, *Reminiscences of George Rublee*, 1972, pp.107-121, in the Oral History Collection of Columbia University; George Rublee, The Original Plan and Early History of the Federal Trade Commission, *Proceedings of the Academy of Political Science*, Vol.11, No.4 (Jan., 1926), pp.114-120.
(9) To Promote Export Trade, pp.71-72.
(10) 議会での証言などで，United States Steel と記されている場合も，本稿ではU・S・スティール社と記している。
(11) 主なメンバーは，以下の通りである。サミュエル・P・コルト（Samuel P. Colt）U・S・ラバー社社長；サイラス・H・マコーミック（Cyrus H. McCormick）インターナショナル・ハーベスター社（International Harvester Corp.）社長；F・A・ヴァンダーリップ（F.A. Vanderlip）ナショナル・シティ・バンク（National City Bank）頭取；ウィラード・ストレイト（Willard Straight）アメリカン・インターナショナル社（American International Corp.）副社長。他にアナコンダ銅会社社長のライアンやGE社，ウェスティングハウス社の輸出部門の責任者が名を連ねていた。Cf. U.S. Congress, Senate, Committee on Interstate Commerce, *Promotion of Export Trade, Hearings*, 64th Cong., 2d sess., pp.35-36（以下では，Promotion of Export Trade と記す）；Parrini, *op.cit.*, pp.1-14.

(12) *Ibid*, p.11.
(13) ガブリエル・コルコによれば，FTC法が成立する最終段階で，企業局長のジョゼフ・E・デービス（Joseph E. Davies）と商務長官のレッドフィールドとが，FTCに輸出組合を監督する権限を与えるように法案の修正に動き，ウィルソン大統領は，それに共感していたが，後で改正する方が良いと判断した，というのである。Gabriel Kolko, *The Triumph of Conservatism*, New York, 1963, p.275.
(14) To Promote Export Trade, pp.63-65.
(15) ルブリーは，共和党保守派のジェーコブ・ガリンガー（Jacob Gallinger）上院議員によって，1914年の上院選挙で自らに敵対したことによる「個人的嫌悪」を理由に，「上院の礼譲」によってその承認を阻止されたのである。ウィルソン大統領の休会中の任命手続き（recess appointment）により委員となったが，1916年9月8日に辞任した。ハーリーは，最初は副委員長で，後に委員長となった。
(16) U.S. Federal Trade Commission, *Report on Cooperation in American Export Trade*, Pt. I & II, 1916. ただし，その公刊は，下院での採決の後の12月であった。
(17) 以上については，Pt. I , pp.3-10,370-381.
(18) Pt. I , pp.372-373.
(19) Pt. II, pp.270-300.
(20) Pt. II, p.276.
(21) Pt. II, pp.277-278, 282-283. ライアンは，商業会議所の勧告と法案の骨子を「非常に優れたもの」と証言していた。
(22) 　上院に設置されたCommittee on Interstate Commerceを州際商業委員会と記す。1887年の州際通商法（Interstate Commerce Act）によって設立された州際通商委員会Interstate Commerce Commissionと区別するためである。
(23) リチャード・W・オースチン議員（Richard W. Austin, 共和党）によると，上院で採択に至らなかったのは，ロバート・M・ラフォレット議員（Robert M. La Follette, 共和党）の抵抗があったからであるとされる。*Congressional Record*, vol.55, p.3575.
(24) ウェッブ法案の成立過程については，以下を参照されたい。Promotion of Export Trade, p.146; Eliot Jones, *The Trust Problem in the United States*, New York, 1922, pp.380-381.
(25) *Congressional Record*, vol.53, p.13540.

(26) To Promote Export Trade, pp.3-15. 彼は，法律に関しては，ルブリーが答えるとしている。

　　ハーリーは，上院の州際商業委員会では，中小企業の企業連合が外国市場への進出に成功した場合に，大企業がその連合に参加できるように門戸を開けておくべきとも述べていた。(Promotion of Export Trade, pp.62-63)

　　ルブリーは，ウェッブ法について，自ら「私が作成した形は確かに改善されてはいるが，その核心部分は事実上私の法案である」と述べていた (George Rublee, *Reminiscences*, p.134)。彼は，中南米市場・アジア市場でのヨーロッパ，とくにドイツのカルテルとの競争において，アメリカ企業は連合する必要があるとするナショナリズムの立場から，ウェッブ法案を作成したと言われるが (McClure, *Earnest Endeavors*, p.121)，ルブリーの次のような主張は，彼の革新主義者としてのものと，あるいはウェッブ法案の本質を覆い隠すレトリックと考えるべきであろうか。

　　彼は，大企業が自らの存在を正当化する論点の一つとして，その規模が海外事業を行うのに必要な規模であるという主張に言及している。係争中の反トラスト裁判でも，インターナショナル・ハーベスター社が同じような主張し，分割されるならば海外事業を失うであろうとの問題を提起していることについて，それに対する答えとして次のように述べている。ウェッブ法が成立するならば，インターナショナル・ハーベスター社が分割されても，後継企業の間で輸出のための企業連合を設立することにより，外国貿易を失わずにすむであろう，と。To Promote Export Trade, pp.34-35.

(27) *Congressional Record*, vol.53, pp.13728-13729.

(28) ガリンガー議員が「上院の礼譲」によって，ルブリーの人事の承認を阻止しようとしたことを強く批判したラフォレット議員をはじめ，ジョージ・ノリス (George Norris) 議員やボラー議員等のその承認に賛成した革新主義の有力議員が (*New York Times*, May 16, 1916)，ルブリーが法案作成において中心的な役割を果たしたウェッブ法には反対した。ウェッブ法については，革新主義者の中で意見が分かれていた。

　　それは，革新主義政治の二つの柱について，そのどちらに重きを置くかの違いといえる。

(29) To Promote Export Trade, p.73.

(30) *Congressional Record*, vol.53, p.13712. この委員会の委員長は，ア

第 2 章　ウェッブ＝ポメリーン法とアルカリ輸出組合

ナコンダ銅会社のライアンで，U・S・スティール社のファレルも委員であった。
- (31) パリ経済会議については，以下を参照。Parrini, *op.cit.*, pp.15-39.
- (32) *Congressional Record*, vol.55, pp.3570, 3574.
- (33) *Congressional Record*, vol.55, p.3574.
- (34) U.S. Congress, Senate, Foreign Trade Subcommittee of the Special Committee to Study Problems of American Small Business, *Small Business and the Webb-Pomerene Act*, Senate Subcommittee Print No.11, 79th Cong., 2d sess. (Aug.21, 1946), p.8.
- (35) *Small Business and the Webb-Pomerene Act*, pp.55-56
- (36) FTC, *Economic Report on Webb-Pomerene Associations*, p.34.
- (37) 本書第 1 章 I，第 4 章 I 。

第1篇　国際カルテルから多国籍企業へ

II　FTCの変質と「シルバー・レター」

1　FTCの変質

　1920年代におけるFTCの変質とは，一般に，1925年2月に共和党保守派のウィリアム・E・ハンフリー（William E. Humphrey）が委員に就任し，彼をはじめとする共和党政権下で任命された共和党委員が多数派を形成し，審判・調査とその公表の手続きを大幅に変更し，不公正競争の対策については，企業と産業の自主規制によるという考えで，企業と協議する新たな部局を設置して，「企業の自助努力を支援する」とする政策へ転換したことをいう。[1]

　それは，保守派・産業界からは，「企業を支援するのではなく，それを抑圧し侵害し名誉を傷つける機関」から「保護する機関」への転換とされるが，革新主義者からは，「労働者，農民，協同組織，中小企業家の友」から「独占，不公正競争，不正商行為の隠れ家」への転換と位置づけられるものであった。しかも，革新主義者のなかでは，FTCの廃止を求める声さえあった。[2]

　しかし，FTCの変質において，ハンフリーが重大な役割を果たし，それを一層強力に推し進めたのは間違いないが，彼がFTC委員に就任したことだけでその変質を論じるには無理があると考える。それに先行する過程を看過してはならないであろう。[3]

　FTCは，その発足から，共和党，とくにその保守派との対立という問題を抱えていた。FTC法第1条で，委員は5名で，同じ政党からは3名を超えないことが規定されていた。ウィルソン大統領は，3名の民主党委員とともに，革新党のルブリー，共和党のウィル・H・パリー（Will H. Parry）を指名した。しかし，パリーについては，革新党シンパで本来の共和党員でないとの疑念があり，共和党からの強い反発があった。[4]さらに，

第2章　ウェッブ=ポメリーン法とアルカリ輸出組合

ルブリーも,上院共和党の指導者ガリンガー議員によって,その承認を阻止されたのである。

　第1次大戦下での食肉工業に関するFTCの調査によって,5大企業が戦時下での品不足を利用して不当な利益を得ていた(profiteering)ことが明らかにされたことに対して,共和党が上院で多数党に復帰した第66議会(1919年10月)で共和党の有力議員ジェームズ・ワトソン(James Watson)がこの調査にかかわった職員を扇動と犯罪的無政府主義で告発した。FTCは,ワトソン議員の上院での影響力を考慮し,調査の中心的役割を果たしたスチュアート・チェース(Stuart Chase)等を「資金不足」を理由に解雇した。また,この調査を担当していたウィリアム・B・コルバー(William B. Colver)委員も,再任が上院で承認されないであろうとの情報から,ウィルソン大統領に指名の辞退を申し出たのである。[5]

　共和党は1920年選挙の政策綱領において「FTCは,民主党政権下で,それが設立された目的を果たしていなかった。この委員会が適切に組織され,効率的に運営されるならば,それは公共の利益と適法な企業利益を保護するものとなるであろう。正直な企業が迫害されることがあってはならない」として,FTCの見直しを謳っていた。クーリッジ大統領も,1923年12月の一般教書で「FTCの手続きの改正がこの組織に一層建設的な目的を与えるであろう」と述べ,25年12月の一般教書では「それ以来,委員会は自らの行為によって規則を改正した。……これらの変化は改善であり,必要ならば,それを永続する規定がなされるべきである」とした。

　このように,1920年代の共和党政権下で,FTCは政策転換の圧力にさらされていたのであるが,FTC内部でも,クーリッジ大統領が一般教書で手続きの改正を求める前に,手続きを改正する動きがあった。1923年7月に,共和党委員のネルソン・B・ガスキル(Nelson B. Gaskill)の提案で,審判手続きの改正が全会一致で決められた。それは,被審人が不公正競争の行為についてその事実とその行為を止めることを文書で提出した場合に正式の申し立てに入らないことを含むものであったが,10月にはヒュ

107

ーストン・トンプソン（Huston Thompson）委員の発議によって撤回されていた。手続きの改正が実現するのは，先に述べたように，ハンフリーが委員に就任してからであった。それは，多数派の共和党委員の支配下でより強力に進められたのであるが，FTCの目的である不公正競争の防止のためには，違反行為を公表すべきであるとする少数派の民主党委員との激しい対立をもたらし，その対立の構図はしばらく続いたのである。

2 「シルバー・レター」

「シルバー・レター」は，一般にFTCの変質の画期とされる1925年の前年に発行されたのであるが，多数派の共和党委員と少数派の民主党委員との対立の構図は，ここでもすでに現れていたのである。

1921年にハーディングが大統領に就任し共和党政権が樹立した後も，FTCはウィルソン大統領が任命した委員が任期を残していたことから，民主党委員と革新党委員の連合が多数派を占めていた。1923年10月に7月に改正した手続きを撤回したのも，この多数派によるものであった。1924年1月に革新党のビクター・マードック（Victor Murdock）が辞任し，6月に共和党のチャールズ・W・ハント（Charles W. Hunt）が就任したことにより，FTC史上初めて共和党の多数派が実現した。この多数派の共和党委員が，委員長のトンプソンを含む民主党委員が欠席している状況で，彼らの賛同は得られないであろうということを前提にしながら，ウェッブ法の運用を大きく転換する決定をしたのである。その「シルバー・レター」は，1923年11月にアメリカ銀生産者組合がウェッブ組合の結成を検討するなかでの質問を商務長官ハーバート・C・フーバー（Herbert C. Hoover）に送ったものが，ウェッブ法を管轄するFTCに質問状が回され，翌年の8月に銀生産者組合の全国大会が開催されるのにあわせて，FTCが，その回答を新聞に発表したものである。その意義は，ウェッブ組合を通じて国際カルテルに参加する道を開くとともに，すでに外国に販売網を築いている大企業がウェッブ組合に参加する道を開いたことにある。

第2章　ウェッブ＝ポメリーン法とアルカリ輸出組合

　ウェッブ組合がアメリカから直接輸出している同じ外国市場に同じ製品を輸出している外国企業との間で販売協定を結ぶ可能性に関する質問に対して，FTCは，ウェッブ法の目的は外国市場でのアメリカ生産者間の競争を排除する方法を提供することにあり，それがアメリカ市場に関するものでなくアメリカの国内状況に不法な影響を与えないことを条件に，その販売協定を結んではならないとする理由はないと思われると回答した。

　ウェッブ組合が，輸出業務のすべてに従事しなければならないのか，たんに加盟企業間の輸出を割り当てたり，個々の企業が輸出する際の価格を決定するのは，法を遵守することになるのかという質問に対しては，FTCは，「輸出貿易の過程」という用語も使われていることを根拠に，ウェッブ法はウェッブ組合に輸出に関するすべての業務に従事することを求めてはいないとし，ウェッブ組合が加盟企業間の輸出割当と個々の企業の輸出価格の決定に従事することが必ずしもウェッブ法に反することにはならないと思われると回答した。

　ウェッブ組合は，ウェッブ法の第2条では「輸出貿易に従事することを唯一の目的として設立され，かつ，現にかかる輸出貿易のみに従事する組合」と定義されており，初期のウェッブ組合は輸出代理業務を行うために設立された。しかし，「シルバー・レター」以前にも，議会では，ウェッブ法について，ウェッブ組合に輸出代理業務を超えた業務を認める改正案が提出されていたのであり，その法改正は実現しなかったものの，FTCが「シルバー・レター」によって，ウェッブ法の拡大解釈を示し，それを実現したといえる。その意味で，「シルバー・レター」は，1920年代共和党政権下における，FTCの変質のなかに位置づけることができるであろう。

　「シルバー・レター」の影響は，1920年代後半にウェッブ組合による輸出が急増し，20年代末から30年代初めにアメリカの輸出全体の10％以上を占めるようになったことに表れている。この時期のウェッブ組合の輸出の中心は，銅・鉄鋼・電気器具を含む「金属・金属製品」と石油を含む「鉱山・鉱井産物」であった（表2-2）。

第1篇 国際カルテルから多国籍企業へ

表2-2 ウェッブ組合による輸出とそのアメリカ全体の輸出に占める比率

年	金属・金属製品	鉱山・鉱井産物	材木・木製品	食料	その他工業製品	全体	ウェッブ組合の輸出のアメリカ全体の輸出に占める比率
							%
1920	152,000	8,000	17,000	8,000	36,000	221,000	2.7
1921	67,557	5,556	9,894	5,839	2,334	91,180	2.1
1922							
1923	68,227	10,500	26,000	32,400	16,373	153,500	3.8
1924	43,992	9,885	32,700	35,300	18,123	140,000	3.1
1925	43,287	14,279	38,000	42,000	27,934	165,500	3.4
1926	56,500	14,300	35,700	35,000	59,000	200,500	4.2
1927	180,000	15,200	35,400	53,000	87,900	371,500	7.8
1928	267,600	17,500	28,200	80,400	82,500	476,200	9.5
1929	271,000	270,000	26,000	67,100	90,000	724,100	14.0
1930	208,000	315,000	22,500	40,500	75,000	661,000	17.5
1931	100,000	73,000	35,400	32,500	70,100	311,000	13.1
1932	21,000	56,000	8,000	24,000	35,000	144,000	9.1
1933	29,000	44,000	8,000	28,000	34,000	143,000	8.7
1934	27,000	53,000	8,500	21,300	36,000	145,800	6.9

出所：*Small Business and the Webb-Pomerene Act*, p.60; TNEC Monograph No.6, p.257.

ウェッブ法の成立を強く求めていた銅産業においては，1919年にウェッブ組合の銅輸出組合（Copper Export Association）が設立されたが，1923年のケネコット銅会社（Kennecott Copper Corp.）の脱退等，多くの加盟企業の脱退が相次ぎ，アナコンダ銅会社がそれらの企業が所有していた株式を買い取ったことから，銅輸出組合はアナコンダ銅会社の子会社になったのである。1926年に，再び銅産業の主要企業が参加してウェッブ組合，銅輸出協会（Copper Exporters, Inc.）が設立された。銅輸出組合が輸出代理業務に従事していたのに対して，銅輸出協会は外国企業との提携と輸出価格の決定に従事した。銅輸出組合が高い輸出価格を維持できなかったのは，外国での銅生産の増加に原因があったことから，銅輸出協会は，外国企業（foreign associates）をオブザーバーとして参加させた。そのことにより，銅輸出協会それ自体が国際カルテルとみなされたのである。[8]

第2章 ウェッブ＝ポメリーン法とアルカリ輸出組合

　鉄鋼業では，1919年にベスレヘム・スティール社（Bethlehem Steel Co.）を中心に，ウェッブ組合のコンソリデイテッド・スティール社（Consolidated Steel Corp.）が設立されたが，それにはアメリカ鉄鋼業の最大企業であるU・S・スティール社が参加していなかった。1928年に，U・S・スティール社とベスレヘム・スティール社を中心に，ウェッブ組合の鉄鋼輸出組合（Steel Export Association of America）が設立された。それは，1926年に国際粗鋼カルテルが成立するなど，ヨーロッパにおける国際カルテルの展開に対抗し，それとの提携を展望するものであり，設立直後から鉄鋼業における製品別国際カルテルに参加したのである。[9]

　電器工業では，1930年にGE社とウェスティングハウス社が，ヨーロッパ企業と発電機などの重電機市場に関する国際カルテルを成立させたが，顧問弁護士の助言により反トラスト法対策として，翌年ウェッブ組合の電気器具輸出組合を設立したのである。[10]石油産業でも，1928年9月に国際カルテル（アクナキャリー協定）が成立した直後の11月にスタンダード・ニュージャージー社グループの輸出会社としてスタンダード石油輸出会社（Standard Oil Export Corp.）がウェッブ組合として設立された。翌年1月には，アメリカ石油産業の大企業と中堅企業に，ロイヤル・ダッチ・シェル社の子会社も参加してウェッブ組合の輸出石油組合（Export Petroleum Association, Inc.）が設立された。[11]

　ウェッブ法の成立過程で，ウェッブ法を必要としないとされた，U・S・スティール社やスタンダード・ニュージャージー社がウェッブ組合を設立したのは，「シルバー・レター」が，ウェッブ法の立法趣旨を逸脱し，大企業がウェッブ組合に参加することに道を開き，国際カルテルへの参加に道を開いたからである。大企業は，それによって反トラスト法に煩わされることなく，国際カルテルを展開することができたのである。

　それは，第1次大戦後，ヨーロッパを中心に国際カルテルが成立し，それが世界市場競争（世界市場の分割＝再分割）の主要な形態となっているなかでの，アメリカ政府による，アメリカ企業による輸出市場の拡大（再

111

第1篇　国際カルテルから多国籍企業へ

分割）を優先する政策であったといえる。[12]

「シルバー・レター」が外国企業との協定に関して条件としていた，国内市場と輸出における競争への影響という問題については，国際カルテルにおいて，アメリカ市場に影響することなく世界市場を分割することは不可能であることを，次の国際アルカリカルテルの事例で明らかにしよう。

(1) John L. Mechem, A Change in Policy in the Federal Trade Commission, *American Bar Association Journal*, 1925, pp.637-641; G. Cullom Davis, The Transformation of the Federal Trade Commission, in Robert F. Himmelberg, ed., *Antitrust and Regulation during World War I and the Republic Era 1917‐1932*, New York, 1994; FTC, Annual Report, 1925, pp.111-127; 1927, pp.1-4, 111-113, 126-130.
(2) G. C. Davis, *ibid*.
(3) Robert F. Himmelberg, *The Origins of the National Recovery Administration*, New York, 1976, pp.48-52.
(4) *New York Times*, Feb. 23, 1915. ウィルソン大統領が，大統領選を念頭に，革新党の持続を図ったとの批判もあった。
(5) George T. Odell, The Federal Trade Commission Yield to Pressure, *The Nation*, Jan.12, 1921, pp.36-37; Thomas C. Blaisdell, Jr., *The Federal Trade Commission:An Experiment in the Control of Business*, New York, 1967, pp.78-79.
(6) J. L. Mechem, *op.cit*., pp.638-639.
(7) 1922年に共和党政権下で最初に指名された共和党委員のV・W・バン=フリート（V. W. Van Fleet）はインディアナ州の共和党員で，同州選出でFTCを攻撃しているワトソン上院議員の友人であった。彼が，委員長代行として，「シルバー・レター」を発行した。
(8) U.S. Federal Trade Commission, *Report on the Copper Industry*, 1947, pp.12-15, 206-231.
(9) U.S. Federal Trade Commission, *Report on International Steel Cartels*, 1948, pp.1-17, 19-21.
(10) U.S. Federal Trade Commission, *Report on International Electrical Equipment Cartels*, 1948, pp.1-7, 13-14.

第2章　ウェッブ＝ポメリーン法とアルカリ輸出組合

(11) U.S. Federal Trade Commission, *The International Petroleum Cartel*, 1952, (U.S. Senate, Select Committee on Small Business, Subcommittee on Monopoly, 82d Congress 2d session, Committee Print No.6), pp.218-228 (諏訪良二訳注『国際石油カルテル』石油評論社，1959年，255-265頁)．輸出石油組合は1930年11月で活動を停止し，36年に解散した。
(12) 1920年代のウェッブ法に関する動きとして，それと相反するかのような法改正の動きがあった。

　　商務長官のフーバーの意向を受けて，1924年から議会で，アメリカが輸入に大きく依存している資源・原料について，それを支配している外国のカルテルに対抗するために，輸入カルテルを合法化しようとする動きがあった。それは，とくに天然ゴムについてのスチーブンソン・プランを標的としていた。1928年には，ウェッブ法を輸入カルテルにも適用するように改正する法案が，議会に上程された。しかし，下院での論議が始まる前に，スチーブンソン・プランの廃止が予告され，法案は成立しなかった。スチーブンソン・プランについては，次章で考察する。

　　これも，1920年代のアメリカ対外政策の「二面性」——保護主義と膨張主義——を象徴するものであろう。

第1篇　国際カルテルから多国籍企業へ

III　アルカリ輸出組合

1　アメリカアルカリ工業の成立とアルカリ輸出組合

　18世紀に，漂白業，ガラス工業，石鹸工業などの発展による需要の増大に対して，木灰やケルプのアルカリ源の不足が深刻化し，食塩（海の塩）からアルカリを製造する試みが続いていた。そのなかで，工業的に成功するソーダ製造法が，1789年にフランスのニコラ・ルブラン（Nicolas Leblanc）によって発見された。19世紀に，イギリスでこのルブラン法によるアルカリ工業が発展したことにより，イギリス化学産業の基礎が築かれた。

　19世紀に入り，食塩水にアンモニアと炭酸ガスを反応させるアンモニア・ソーダ法の研究が進められていたが，1861年にベルギーのエルネスト・ソルヴェー（Ernest Solvay）が工業化に成功し，弟のアルフレッド（Alfred Solvay）と1863年にソルヴェー社を設立した。このソルヴェー法の発展により，アルカリ工業におけるルブラン法からアンモニア・ソーダ法への転換が進んだ。その過程で，ソルヴェー社は，特許権を売却するのではなく実施権を供与し，その際に被供与企業に資本参加するとともに，技術改良・ノウハウ等の技術情報の交換を条件として「ソルヴェー・シンジケート」といわれる国際カルテルを築き，世界のアルカリ工業における支配的地位を確立したのである。[1]

　19世紀のアメリカは，このような世界のアルカリ工業の状況において，アルカリをイギリスからの輸入に大きく依存していた。ソルヴェー・シンジケートにおいて，アメリカは，イギリスのブラナー・モンド社の独占的地域とされていた。しかも，このブラナー・モンド社だけでなく，アンモニア・ソーダ法との競争において，副産物である塩素および苛性ソーダの生産による生き残りを賭けていたイギリスのルブラン法企業にとっても，アメリカは重要な市場であった。

第2章　ウェッブ＝ポメリーン法とアルカリ輸出組合

　イギリスからの輸入に大きく依存する状況のもとではあったが，アメリカでのアルカリの生産の試みが始まっていた。1850年に設立されたペンシルバニア・ソルト・マニュファクチュアリング社（Pennsylvania Salt Manufacturing Co.）が，主に家庭用に石鹸を作るための苛性ソーダの製造を始めていた。また，おそらく1870年代にはネバダ州で，1880年代にはカリフォルニア州で天然アルカリの生産が始まっていた。1881年には，ウィリアム・B・コグズウェル（William B. Cogswell）とローランド・ハザード（Rowland Hazard）によってソルヴェー・プロセス社が設立された。コグズウェルはハザードが所有する鉱山の技師であったが，アンモニア・ソーダ法に関心を持ち，その実施権を得るためにヨーロッパに渡った。コグズウェルは，まずは他のアンモニア・ソーダ法の導入を試みたが，それが実現せず，ソルヴェー法の実施権を得る交渉を始めた。当初は消極的であったソルヴェー社からアメリカでの実施権を得たことから，ハザードを社長として，ソルヴェー・プロセス社が設立された。アメリカアルカリ工業の自立的発展は，ソルヴェー・プロセス社が設立され，アメリカにおけるアンモニア・ソーダ法の発展が始まったことにより，さらに1890年代には電解法によるアルカリ生産も始まったことにより，その道が開かれたといえる。[2]

　ソルヴェー・プロセス社は，シラキュース工場を拡張し，1898年にはデトロイト工場を建設するなど，生産の拡張を進めた。それとともに，1892年のミシガン・アルカリ社（Michigan Alkali Co.），1899年のコロンビア・ケミカル社（Columbia Chemical Co.）などのアンモニア・ソーダ法での新規参入が続いた。電解法では，1892年にメイン州ラムフォード・フォールズで，エルネスト・A・ルシュウール（Ernest A. LeSueur）が開発した製法の工場が建設され，晒粉と苛性ソーダを製造したのが，アメリカにおける電解法アルカリ製造の始まりであった。1895年にナイアガラ・フォールズで安価で大量の電力が供給されるようになり，そこがアメリカ電気化学工業の一大中心地として発展するようになった。そのなかで，1897

第1篇　国際カルテルから多国籍企業へ

年にマシースン・アルカリ・ワークス社（Mathieson Alkali Works）によって設立されたカストナー・エレクトロリティク・アルカリ社（Castner Electrolytic Alkali Co.）が生産を開始し，1905年にフッカー・エレクトロケミカル社（Hooker Electrochemical Co.）の前身企業が工場の建設に着手するなど，新規参入が続いた。電解法は主に塩素の製造を目的としていたが，副産物として苛性ソーダを産出するものであった。

　このようなアメリカアルカリ工業の発展において，とくに1890年代から第1次大戦までにアルカリ生産が急増した。それに，1897年関税法がアルカリ関税を引き上げたことも重なって，アルカリの輸入が大幅に減少した。しかし，それはまた，第1次大戦直前の深刻な過剰生産という事態をもたらしたのである。

　その過程で，最大のアルカリ企業ソルヴェー・プロセス社とソルヴェー・シンジケートとの結びつきにも変化が生じたのである。

　ソルヴェー・プロセス社の設立以前は，ソルヴェー・シンジケートにおいて，アメリカはブラナー・モンド社の独占的地域であり，ソルヴェー・プロセス社が操業を開始した直後の1886年においても，ブラナー・モンド社がアメリカ市場で最大のシェアを占めていた。しかし，ソルヴェー・プロセス社の生産拡張が進むに連れて，ブラナー・モンド社はアメリカへの輸出を減少させていった。それは，両社間の軋轢をともなうものであったが，ブラナー・モンド社は，ソルヴェー・プロセス社株の所有を通して，アメリカ市場での利益分配に加わることとなった。ブラナー・モンド社は，アメリカへの輸出を減少させる見返りに，ソルヴェー・プロセス社の株式所有を増大したのであるが，それは，創業者であるハザード一族への委任という形でブラナー・モンド社の議決権行使を制約するものでもあった。ブラナー・モンド社のアメリカ市場からの撤退によって，ソルヴェー・シンジケートにおいて，アメリカ市場はソルヴェー・プロセス社の独占的地域となったのであるが，それはソルヴェー・プロセス社の輸出を制限するものであった。

第2章　ウェッブ＝ポメリーン法とアルカリ輸出組合

　このようにソルヴェー・シンジケートに組み入れられていたソルヴェー・プロセス社であったが，第1次大戦後に一層明確になる独自路線を，この時期に歩み始めていたのである。

　ソルヴェー・プロセス社は，ヨーロッパにおいて支配的地位を確立していたソルヴェー社やブラナー・モンド社とは異なり，アメリカにおけるアンモニア・ソーダ法と電解法における相次ぐ新規参入という厳しい競争に直面し，その市場シェアを低下させていたのである。1863年に設立されたソルヴェー社は，フランスで工場を建設・拡張し，ルブラン法企業を圧倒したのをはじめ，ドイツなどヨーロッパ各国で工場を建設し，ヨーロッパアルカリ工業における支配的地位を確立していた。それに加えて，ソルヴェー社はカストナー＝ケルナー法のヨーロッパにおける実施権を得ることにより，電解法アルカリ工業の発展にも大きく関与していたのである。1873年に設立されたブラナー・モンド社は，イギリスにおいてアンモニア・ソーダ法の競争企業を相次いで買収し，イギリスのアンモニア・ソーダ工業を事実上支配していたのである。これらの企業より遅く設立されたソルヴェー・プロセス社は，ソルヴェー・シンジケートの技術戦略による競争上の優位を確固たるものにする間もなく，1890年代の電解法アルカリ工業の発展に直面した。しかも，アンモニア・ソーダ法においても，ミシガン・アルカリ社に対する特許訴訟も功を奏することなく，その後の新規参入が続いたことは，ソルヴェー・シンジケートの技術戦略の限界を示すものであった。

　1900年にはアメリカアルカリ市場の70％を占めていたソルヴェー・プロセス社も，生産を拡張したにもかかわらず，1905年にはそのシェアを55％に低下させていた。ソルヴェー・プロセス社は，アメリカ最大のアルカリ企業であり続けたが，その後もシェアの低下は止むことはなかった。その主要製品であるソーダ灰市場においては，1900年に90％であったシェアが，1914年には46％にまで低下したのである。このような事態に，1914年初夏にソルヴェー社とブラナー・モンド社は，技術的改良と経営者の交代を求

めて経営に介入したが，それは，ソルヴェー・プロセス社の経営陣の中にヨーロッパ資本の支配への反感を増大させることにもなった。第1次大戦が勃発しベルギーがドイツに占領され，ソルヴェー社の影響力が低下した状況において，1916年にソルヴェー・プロセス社は，ソルヴェー社とブラナー・モンド社に割り当てることなく新株発行による増資を実施した。大戦後にその一部がヨーロッパ側に渡されはしたものの，ソルヴェー・プロセス社の経営陣の中での自立の動きを表すものであった。

しかも，ソルヴェー・プロセス社は，1920年のアライド・ケミカル社の設立に至る企業合同の道を歩み始めたのである。それは，アメリカ化学産業の自立的発展への道でもあった。ソルヴェー・プロセス社は，アンモニア供給のために，ソルヴェー社から副産物回収式コークス炉の技術を導入した。そのコークス炉を製造・設置するために，1895年にセメット・ソルヴェー社が設立された。1910年に，セメット・ソルヴェー社は，ゼネラル・ケミカル社とバレット社とともにベンゾール・プロダクツ社を設立し，合成染料工業に中間体を供給するようになった。それが，1917年のベンゾール・プロダクツ社等の企業合同によるナショナル・アニリン・アンド・ケミカル社の設立を経て，アライド・ケミカル社の設立に至るのである。

第1次大戦下のアメリカ化学産業——合成染料工業を中心に——において外国資本の支配からの自立の動きが強まるにともなって，ソルヴェー・プロセス社の経営陣の中でのヨーロッパ資本からの自立の動きも一層強まったのである。

第1次大戦は，大戦前の深刻な過剰生産から一転して，苛性ソーダの軍事利用などのためのアルカリ不足をもたらし，価格の急騰を招いた。それに対応するために，製紙企業などによる，自家消費を目的とした電解法アルカリ工場の新設や拡張が続いたのである。また，戦時経済統制下での協力体制が，「業界団体」としての活動の基礎となった。中立期の国防会議，参戦後の戦時産業局に協力して，調達価格の決定，物資の割当などを行う業界組織が設立されたが，それらの組織において中心的な役割を果たした

第2章　ウェッブ＝ポメリーン法とアルカリ輸出組合

のが，ソルヴェー・プロセス社のJ・D・ペンノック（J. D. Pennock）とホーラス・G・カレル（Horace G. Carrell）であった。大戦の終結により，政府による調達が突然途絶えるとともに，戦時の生産拡張が深刻な過剰生産をもたらすことへの懸念が業界で生じていた。しかも，アメリカアルカリ工業は，大戦中にイギリスからの輸入が途絶えた地域へ輸出するようになっていたが，これらの市場へのイギリス製品の再進出による厳しい競争も予測されていた。そのような大戦後に予測される厳しい状況への対策として，業界組織の中でカレル等が中心となって，成立したばかりのウェッブ法のもとで輸出組合を結成する動きが出てきた。1919年にデラウェア州法人としてアルカリ輸出組合が設立され，カレルはその副理事長に就いた。[6] ソルヴェー・プロセス社のアルカリ輸出組合への参加は，ソルヴェー社とブラナー・モンド社にとっては好ましいものではなかったし，大戦後のアメリカからの輸出攻勢への懸念を増すものであった。

2　アルカリ輸出組合と国際カルテル[7]

終戦直後に軍需契約の解除による過剰在庫とそれにともなう価格低落という混乱に直面したアメリカアルカリ工業にとって，大戦時から引き続く輸出はその影響を幾分軽減するものであった。しかし，アメリカアルカリ工業は，平時経済への移行により需要が喚起された束の間のブームの後，1920年の戦後恐慌により国内市場の低迷が続くなかで，ヨーロッパアルカリ工業の復活により輸出が激減しただけでなく，輸入が急増するという深刻な事態に直面することとなった。1919年に設立されたアルカリ輸出組合が翌年に扱った輸出は，6万7,818トンのソーダ灰と，6万5,021トンの苛性ソーダという大量のものであった。しかし，1920年恐慌により輸出が大幅に減少するとともに，ヨーロッパからの「報復的」輸入を招いたのである。ただ，1922年関税法により，その後の輸入は減少した。

その間も，アルカリ輸出組合は，1921年に各国市場の業務を単一の代理店に集中し，ブエノスアイレスやリオデジャネイロなどの主要都市には倉

第1篇　国際カルテルから多国籍企業へ

庫を設置し，さらには23年に中南米とアジアで輸出品の商標登録をし，非加盟企業の輸出も取り扱うようになった。このように，不況により輸出が停滞するなかでもアルカリ輸出組合が輸出体制の確立を進め，再分割戦が展開されるなかで，1924年2月に，ニューヨークでアルカリ輸出組合とブラナー・モンド社との協議が行われ，中南米の市場分割が合意された。この協定では，メキシコに関しては，アルカリ輸出組合が60％，イギリス企業（ブラナー・モンド社とユナイテッド・アルカリ社）が40％とする市場分割がなされ，アルカリ輸出組合に，苛性ソーダ6,500トンとソーダ灰1,000トンのブラジル，アルゼンチン，ウルグアイへの輸出割当がなされた。[8]ただし，これらの市場では，イギリス企業が定めた価格で販売することになっていた。この協定は，大戦後のアメリカからの輸出攻勢を懸念していたブラナー・モンド社が，中南米市場の一部をアルカリ輸出組合に割り当てることにより，その主導的地位を維持しようとしたものといえる。これによって，アルカリ輸出組合の国際カルテル活動が始まったのであるが，それは，FTCが「シルバー・レター」によってウェッブ組合の国際カルテルへの参加を条件付きで容認する5カ月前のことであった。

　しかし，1920年代後半に再びアメリカからの輸出が増大した。アルカリ工業では，1920年代のアメリカ経済の発展による従来からの市場であるガラス工業，製紙工業，石鹸工業等の成長とともに，レーヨン工業，石油精製業，再生ゴムなどの新たな市場の成長により，1927年のソルヴェー・プロセス社をはじめアンモニア・ソーダ法企業が新たに電解法に進出するなど生産拡大が続いた。それはまた，輸出の増大を再びもたらした。しかも，アルカリ輸出組合を通さない輸出が増大した。このような事態に，1920年代末に再び「報復的」な輸入増大があり，アルカリ輸出組合とICI社との交渉の結果，1929年に新たな国際カルテル協定が成立した。この協定では，アメリカとイギリスの輸出全体を対象とするようになり，そこでのアメリカのシェアを，1930年に22.5％，31年に24％，33年に25％とすることが定められた。また，1920年代後半にカリフォルニアの天然アルカリ企業の輸

第2章　ウェッブ＝ポメリーン法とアルカリ輸出組合

出が増大したことから，アルカリ輸出組合がその輸出も管理することが求められた。

　苛性ソーダの輸出については，1923年からアルカリ輸出組合は非加盟企業の輸出を取り扱っていたが，ソーダ灰の輸出については，1929年協定の交渉において，ICI社がインヨー・ケミカル社（Inyo Chemical Co.）を名指しで問題としたことから，1930年と31年にインヨー・ケミカル社の輸出を取り扱うことになった（表2-3）。輸出市場での秩序を維持するために，アルカリ輸出組合が非加盟企業の輸出を管理することが求められたのであるが，それは非加盟企業の余剰製品が国内で販売され価格競争を引き起こすことを避ける意味もあった。しかし，そのために非加盟企業との取引を優先したことから，加盟企業からの不満も増していた。

　1929年恐慌により，世界市場・国内市場での競争が激しくなるなかで，1930年10月にアライド・ケミカル社，すなわちソルヴェー・プロセス社がアルカリ輸出組合を脱退し，価格戦争を引き起こした。[9]アライド・ケミカル社のウェーバーが，アルカリ輸出組合での輸出割当に不満を持ったからであるとされるが，ソルヴェー・プロセス社は短期間でアルカリ輸出組合に復帰したのである。ソルヴェー・プロセス社は，1927年に電解法にも進出しただけでなく，1920年代末から30年代にかけて，シラキュース工場とデトロイト工場での生産拡張を進めていたが，それは，装置の大型化などにより，効率化，低コスト化を追求するものであった。アライド・ケミカル社が価格戦争を引き起こしたのは，このような技術改良による価格競争力の強化を背景としていたのである。他方，インヨー・ケミカル社の経営は，西海岸地域での新規参入による競争の激化と，水源であるオーエンズ川からロサンゼルス市が水道利用のために取水したことによりオーエンズ・レイクが干上がり塩分が濃くなるという技術的問題などの，困難をともなっていた。[10]ソルヴェー・プロセス社が引き起こした価格戦争によるソーダ灰価格の引下げに，輸出の減退も加わり，1932年1月にインヨー・ケミカル社が工場を閉鎖することとなった。

表 2 - 3 アルカリ輸出組合による輸出

	アルカリ輸出組合による輸出（米トン）	加盟企業の輸出 米トン	%	非加盟企業の輸出 米トン	%
ソーダ灰					
1919	26,819	26,819	100.0		
1920	67,818	67,818	100.0		
1921	10,225	10,225	100.0		
1922	6,947	6,947	100.0		
1923	7,894	7,894	100.0		
1924	8,569	8,569	100.0		
1925	8,449	8,449	100.0		
1926	7,877	7,877	100.0		
1927	5,219	5,219	100.0		
1928	5,123	5,123	100.0		
1929	10,915	10,915	100.0		
1930	23,023	8,924	38.8	14,099[1]	61.2
1931	17,652	5,964	33.8	11,688[1]	66.2
1932	7,518	7,518	100.0		
1933	22,131	22,131	100.0		
1934	21,108	21,108	100.0		
1935	22,869	22,869	100.0		
1936	27,247	27,247	100.0		
1937	49,448	38,138	77.1	11,310[2]	22.9
1938	44,575	26,382	59.2	18,193[2]	40.8
1939	71,578	47,181	65.9	24,397[2]	34.1
1940	48,786	34,580	70.9	14,206[2]	29.1
苛性ソーダ					
1919	53,896	53,896	100.0		
1920	65,021	65,021	100.0		
1921	12,934	12,934	100.0		
1922	35,667	35,667	100.0		
1923	40,589	36,128	89.0	4,461	11.0
1924	35,385	25,743	72.8	9,642	27.2
1925	42,986	30,581	71.1	12,405	28.9
1926	42,670	29,292	68.7	13,378	31.3
1927	42,645	26,519	62.2	16,126	37.8
1928	50,889	36,928	72.6	13,960	27.4
1929	54,828	44,617	81.4	10,211	18.6
1930	51,622	39,787	77.1	11,835	22.9
1931	55,273	38,416	69.5	16,857	30.5
1932	42,868	36,665	85.5	6,203	14.5
1933	47,641	42,978	90.2	4,663	9.8
1934	50,246	42,500	84.6	7,746	15.4
1935	51,832	46,209	89.2	5,623	10.8
1936	66,923	54,977	82.2	11,946	17.8
1937	89,281	87,482	98.0	1,799	2.0
1938	86,908	79,070	91.0	7,838	9.0
1939	110,876	100,999	91.1	9,878	8.9
1940	86,040	72,456	84.2	13,584	15.8

注：(1) インヨー・ケミカル社の輸出
　　(2) カリフォルニア・アルカリ輸出組合の輸出
出所：FTC, *Report on International Cartels in the Alkali Industry*, p.76.

第2章　ウェッブ＝ポメリーン法とアルカリ輸出組合

　アルカリ輸出組合における最大の加盟企業であるソルヴェー・プロセス社のこのような行動は，組合への反乱というよりも，1929年恐慌による市場環境の変化に対応して，アメリカアルカリ工業におけるアルカリ輸出組合の支配力を強化する役割を果たすものであったと考えられる。

　1930年代のアルカリ工業は，恐慌による生産減退は比較的軽微で32年を底に生産は回復した。しかし，30～31年の価格戦争によって1,000万ドル前後失ったといわれ，その後の価格は，若干の回復は見られたものの低迷が続き，20年代の水準に戻ることはなかった。恐慌とこの価格戦争により，売上げが減少し赤字になった企業は[11]，そこからの経営の立て直しにおいて，価格が低迷するなかでの競争によって，低コスト化を一層強く迫られたのである。それ故，1920年代からの，効率化，低コスト化を追求しての技術改良と，それを用いた設備更新がさらに続いたのである。それらの技術改良には，アンモニア・ソーダ法の炭酸化塔に二酸化炭素を吹き込む圧縮機が，大きく場所を取る往復圧縮機から小型で高性能の遠心圧縮機へと転換することや，アンモニア・ソーダ法の製造過程で発生する高圧の蒸気を利用して発電し，その電力によって併設の電解法工場を稼働することなどがあった[12]。

　1930年代には，苛性ソーダの生産において，電解法が飛躍的に発展し，40年代にアンモニア・ソーダ法を追い越すまでになった（表2-4）。それは，第1次大戦後の過剰生産による価格の低落も一因として，塩素の需要が増大したことによる。製紙工業・繊維工業における市場拡大や，水道の殺菌などの利用拡大もあったが，テトラエチル鉛，塩化ビニル，クロロプレンゴム（ネオプレン）などの製造工程で使用され，化学産業での塩素の利用が拡大したことによる。苛性ソーダの需要も，とくにビスコースレーヨン工業の成長により拡大していたが，レーヨンの製造は，純度の高い苛性ソーダを必要とした。それを供給できるのは電解法のなかでも水銀法であり，電解法の中で広く普及していた隔膜法は不純物を除去する必要があった。アンモニア・ソーダ工業は，石灰ソーダ法で製造した苛性ソーダを

第1篇 国際カルテルから多国籍企業へ

表2-4 アンモニアソーダ法と電解法による苛性ソーダの生産

年	アンモニアソーダ法 生産（トン）	%	電解法 生産（トン）	%	全体（トン）
1921	163,044	68.3	75,547	31.7	238,591
1923	314,195	72.0	122,424	28.0	436,619
1925	355,783	71.5	141,478	28.5	497,261
1927	387,235	67.5	186,182	32.5	573,417
1929	524,985	68.9	236,807	31.1	761,792
1931	455,832	69.2	203,057	30.8	658,889
1933	478,447	62.1	208,506	30.4	686,983
1935	471,861	57.1	287,520	37.9	759,381
1937	553,249	59.2	415,477	42.9	968,726
1939	618,761	48.0	426,250	40.8	1,045,011
1941	685,994	37.3	743,219	52.0	1,429,213
1943	663,492	36.8	1,115,200	62.7	1,778,692

出所：FTC, *Report on International Cartels in the Alkali Industry*, p.10.

精製し純度を高めて供給していたが，隔膜法も，1925年のフッカー・エレクトロケミカル社によるフッカーE型セルの開発をはじめとする技術改良が続き，レーヨン工業の要求する純度を実現することができた。

電解法では，塩素の需要拡大に促されて，既設の工場の拡張とともに，アンモニア・ソーダ法工場に電解法工場を併設することが相次ぎ，生産拡張が進んだ。しかし，技術改良によりレーヨン工業での苛性ソーダの需要が増えたとはいえ，それは塩素の需要の伸びに追いつかなかった。1936年にソルヴェー・プロセス社が，バージニア州ホープウェルに苛性ソーダを副産物としない電解法工場を建設したことは，苛性ソーダの過剰生産への懸念を背景としていた。しかも，1920年代半ばにソーダ灰の1/4が苛性ソーダに転換されていたとする推計[13]を考慮すると，アルカリ工業全体が過剰生産の問題に直面していたといえる。さらに，アンモニア・ソーダ法でも，既設の工場が設備更新を進め，大型化・効率化によって生産性を向上するとともに，30年代後半に南部での工場新設が相次いだのである。このように生産拡張が続いたことを背景に，1930年代後半には，アメリカからの輸出が再び増大するとともに，国際カルテルにおける軋轢が生じたのである。

3 アルカリ輸出組合とカリフォルニア・アルカリ輸出組合

　1929年協定は，3年間の期限を定めていたが，33年に若干の変更を加えて，さらに3年間延長された。1933年協定では，アルカリ輸出組合は，輸出全体の割当については25％で変わらなかったが，ICI社の輸出分は，ICI社とソルヴェー社の協定に含まれないものに限定された。メキシコ市場のアルカリ輸出組合の割当が80％に増えた。さらに，中国については7％，インドについては3％の割当があり，最大輸出量も定められた。アルカリ輸出組合が，ヨーロッパ大陸と大英帝国（オーストラリアとニュージーランドを含む）へ輸出しないことも合意された。

　しかし，1934～35年にカリフォルニアからスカンジナビア諸国へのアルカリの輸出が急増したことから，国際カルテルにおける軋轢が生じたのである。その後に成立した1936年協定は，世界市場の再分割などの大きな変化をともなうものであった。

　カリフォルニアでは，西海岸を主な市場として，オーエンズ・レイクとシアレス・レイクで天然アルカリ工業が発展していた。オーエンズ・レイクで，1920年代半ばに天然アルカリを生産していた企業は，1915年に工場を建設したナチュラル・ソーダ・プロダクツ社（Natural Soda Products Co.）と，1924年に設立されたインヨー・ケミカル社であった。インヨー・ケミカル社は，第1次大戦中のアルカリ不足のなか，1917年に設立されたカリフォルニア・アルカリ社（California Alkali Co.）が21年に閉鎖し，23年にアルカリ需要が復活したことから操業を再開していた工場を買収したのである。この2社は，1920年代にオーエンズ・レイクが干上がり塩分が濃くなるという困難に直面しながら操業を続けていたが，28年にはパシフィック・アルカリ社（Pacific Alkali Co.）が参入したのである。しかし，1927年にナチュラル・ソーダ・プロダクツ社が倒産し管財人のもとで生産を続ける事態となり，さらに32年にインヨー・ケミカル社も工場を閉鎖する事態になった。シアレス・レイクでは，19世紀にはボラックスの生産が行なわれていたが，その後天然アルカリの生産が再開されたのは，

第1篇　国際カルテルから多国籍企業へ

1914年に設立されたアメリカン・トロナ社（American Trona Corp.）がカリの生産を始めたことによる。ソルヴェー・プロセス社も，第1次大戦中にドイツからの輸入が途絶え，カリ肥料が不足していた1917年にパシフィック・コースト・ボラックス社（Pacific Coast Borax Co.）と共同でカリの生産を始めたが，終戦直後には撤退した。1920年には，ウエスト・エンド・ケミカル社（West End Chemical Co.）がボラックスとソーダ灰の生産に参入していた。1926年にアメリカン・ポタッシュ・アンド・ケミカル社（American Potash and Chemical Corp.）が設立され，アメリカン・トロナ社の事業を受け継ぎ，生産の拡張を続けた。[14]

これらの天然アルカリ企業に加えて，1915年に設立されたグレート・ウエスタン・エレクトロ＝ケミカル社（Great Western Electro-Chemical Co.）が電解法でのアルカリを生産し，主に西海岸で供給していたが，1928年に西海岸で発展している製紙工業を主な販路として，ワシントン州タコマに電解法工場が進出した。ペンシルバニア・ソルト・マニュファクチュアリング社とフッカー・エレクトロケミカル社である。

1929年協定の交渉において名指しで問題とされたインヨー・ケミカル社は倒産し，その工場はグレート・ウエスタン・エレクトロ＝ケミカル社に売却されていたが，電解法工場の進出により，西海岸での競争が一層激しくなるなかで，天然アルカリ企業が輸出を増大した。とくに，ドイツ企業の独占的地域とされているスカンジナビア諸国に輸出したことが，ドイツ企業の強い反発を受けて，国際カルテルは，その存続に関わる危機に直面した。[15]

1933年協定の期限が迫り，新たな協定の交渉が進められるなかで，カリフォルニアからの輸出が国際アルカリカルテルにとっての撹乱要因であることが問題となった。アルカリ輸出組合は，カリフォルニアの天然アルカリ企業3社，アメリカン・ポタッシュ・アンド・ケミカル社，パシフィック・アルカリ社，ウエスト・エンド・ケミカル社に加盟を呼びかけたが，この3社は，独自にウェッブ組合を結成することを選択し，1936年にカリ

フォルニア・アルカリ輸出組合が成立した。その輸出は，アルカリ輸出組合が管理することになった。

　国際カルテルについても，世界市場の再分割を内容とする新たな協定が，アルカリ輸出組合とICI社に，ベルギーのソルヴェー社も参加して成立した。この1936年協定では，アルカリ輸出組合にとって，カナダ，メキシコ，キューバ，ハイチ，オランダ領東インドなどが独占的地域とされ，アルゼンチンとウルグアイでは35％，ブラジルでは25％，日本では35％，中国では20％が割り当てられるなど，北米・中南米とアジア市場でのアルカリ輸出組合への割当が増えた。輸出全体では，アメリカとイギリスの輸出の25％という割当が取り決められていたものの，実質的には30％前後の割当となったといわれている。アルカリ輸出組合の輸出市場が拡大したのは，アメリカ国内での過剰生産を背景に市場の再分割を求めていたこともあるが，カリフォルニア・アルカリ輸出組合の輸出をアルカリ輸出組合が管理することとなった見返りに，ICI社が輸出市場を与えたこともあった。ICI社は，その見返りに，ソルヴェー社からヨーロッパ大陸の市場の一部を与えられたのである。(16)

4　アルカリ輸出組合と反トラスト法

　第2次大戦中の1941年に，ベルギーがドイツの占領下にあること，戦時下で輸送や製品供給の困難が生じてきたことから，アルカリ輸出組合とICI社とで，1936年協定が更新された。それは，米英の輸出全体における割当を廃止したが，独占的地域についての変更はなく，戦時下での暫定的割当として，南米市場でのアルカリ輸出組合の割当を増やすものであった。しかし，その直後にアメリカが参戦し，アルカリ工業が戦時統制の下におかれたので，カルテルが事実上機能しなくなったとされる。協定は，大戦が終結した際には再び国際カルテルが復活する可能性を残すものであったが，戦時下での暫定的な性格を強くしていた。

　アメリカ司法省は，1944年3月16日にアルカリ輸出組合，カリフォルニ

第1篇　国際カルテルから多国籍企業へ

ア・アルカリ輸出組合等を反トラスト法違反で告訴した。アルカリ輸出組合等は，ウェッブ組合を管轄するFTCの勧告なしに，司法長官が訴訟を起こすのは，ウェッブ法に反しているとして反訴したが，それは却下された。1949年8月12日にアルカリ輸出組合等の国際カルテルを反トラスト法違反とする判決（法廷意見）が下された。[17]

判決では，裁判で争点となった以下の問題について論じている。①国際カルテルに包含される地域としてのアメリカ，②カリフォルニア・アルカリ組合の国際カルテルへの参加，③競争的輸出企業の排除，④苛性ソーダの国内価格の安定，⑤争訟性の問題，である。

争訟性の問題については，第2次大戦がすべての国際協定を事実上終結させたとして，被告企業が争訟性について争ったのに対して，判決は，先に述べたように，大戦中の1941年にアルカリ輸出組合とICI社とで1936年協定を更新したことなどから，それを却下した。以下では，他の4点に留意して，アルカリ輸出組合の国際カルテル活動について明らかにしよう。

国際アルカリカルテルは，正式に文書化された協定の体系ではなかった。1924年以降の非公式文書による協定は，合意された事項の詳細のすべてを網羅するものでなく，新しい協定の交渉において変更が確認されない限り，それ以前の協定のもとでの口頭での理解，実施方法等の積み重ねであった。

最終的に成立した協定ではアメリカ市場の割当について言及していないが，国際アルカリカルテルにおいては，アメリカ市場をアルカリ輸出組合の独占的地域とする認識があった。ICI社が作成した1933年協定の草案には，「イギリス，ヨーロッパ大陸，オーストラリア，ニュージーランドに関して，アルカリ輸出組合はこれらの市場のどこにも1932年の輸出を超えて輸出することはない」，また「ICI社は，それに応じて，アメリカとその属領，キューバ，ハワイ島などには1932年の輸出を超えて輸出しない」という項目が含まれていた。しかし，アルカリ輸出組合は，FTCからの問い合わせが予想される厄介な問題を避けるために，これらの項目の削除を求めた。さらに，1936年協定のICI社が作成した草案でも，アメリカがア

第2章　ウェッブ=ポメリーン法とアルカリ輸出組合

ルカリ輸出組合の独占的地域に含まれることとなっていたが，アルカリ輸出組合は再びその削除を求めたのである。判決は，このような削除が協定の違法性が表面化することを避けようとしたものであるとしたが，さらに，ほとんどすべての国がカルテルによって分割されそれぞれの企業に割り当てられていること，アメリカ市場は重大な国際的関心事であったこと，及びカルテルの他の企業には本国市場がその独占的地域とされていること等の事実により，アメリカ市場がアルカリ輸出組合の独占的地域であったことは一層明らかであるとした。

　アルカリ輸出組合は，アンモニア・ソーダ法企業を中心に設立され，1922年には加盟企業8社でアメリカのソーダ灰生産の96～97％を占めていた。しかし，主要な電解法アルカリ企業が加盟していなかったことから，1923年には，非加盟企業の苛性ソーダの輸出を取り扱うようになった。1920年代にアルカリ輸出組合が取り扱う非加盟企業の苛性ソーダの輸出の比重は増大し38％弱までになった。非加盟企業も，輸出市場でアルカリ輸出組合（時にはICI社と共同での）との価格競争により低価格で販売せざるをえなくなるよりも，アルカリ輸出組合を通じて輸出することを選んだのである。

　1930年代には，電解法アルカリ工業が大きく成長し，苛性ソーダ生産においてアンモニア・ソーダ法を上回るようになったが，それはまた，深刻な過剰生産をもたらした。アルカリ輸出組合は，加盟企業よりも有利な条件で非加盟企業の輸出を取り扱い，時には非加盟企業の在庫を優先的に引き受けることにより，国内市場の安定を確保しようとしたのである。しかし，先に述べたように，それには，加盟企業の反発もあった。そのような状況のもと，1934年に電解法アルカリ企業のダウ・ケミカル社とナイアガラ・アルカリ社（Niagara Alkali Co.）が加盟した。ソーダ灰については，1929年協定成立後にインヨー・ケミカル社の輸出を，1936年協定成立後にはカリフォルニア・アルカリ輸出組合の輸出を取り扱うようになり，アルカリ輸出組合が，国際カルテルの撹乱要因であったカリフォルニア天然ア

第1篇　国際カルテルから多国籍企業へ

ルカリ工業の輸出を自らの統制下においたのである。

　アウトサイダーによるアルカリ輸出は，このようなアルカリ工業における非加盟企業によるものだけでなく，独立の貿易商などによるものもあった。

　アルカリ輸出組合は，国際アルカリカルテルにおいて，それが支配する世界市場秩序を維持するために，アメリカのアウトサイダーによる輸出を排除することを強く求められていた。アルカリ輸出組合は，そのための対策を幾重にも講じていた。[18]

　アルカリ輸出組合とカリフォルニア・アルカリ輸出組合の加盟企業は，国内の製造業者への販売に際して，その製造業者が自ら消費すること，再販売と輸出の禁止を条件としていた。また，その製造工程でアルカリを使用する工場を外国に有するアメリカ企業や独立の貿易商への販売では，ICI社の独占的地域への輸出の禁止などを条件としていた。さらに，アルカリ輸出組合は，その統制外の輸出を監視する体制を築いていた。精緻な統計システムによりそのような「無認可輸出」に関する情報を収集し，アメリカの港では調査員を配置し輸出品を検査していた。外国に在る代理店は，輸入について，船会社，船荷書類，輸入業者，時にはその価格を調べて，アルカリ輸出組合に報告していた。

　このような販売に際しての制約とさまざまな監視体制にもかかわらず，統制外の輸出を完全に排除することはできなかった。それが加盟企業の国内販売によるものであった時は，アルカリ輸出組合は加盟企業にその取引の中止を求めた。一般的には，統制外の輸出への対応は，アルカリ輸出組合が価格競争を仕掛け，その企業を自らの統制下に組み入れようとするものであった。アルカリ輸出組合との協力を拒む企業は，「密輸業者（bootleggers）」に指定され，そのブラックリストが加盟企業に配られた。

　アウトサイダーによる輸出の排除を追求した結果，アルカリ輸出組合とカリフォルニア・アルカリ輸出組合とで，第2次大戦が勃発する頃には，アメリカのアルカリ輸出の95%以上を支配するようになったとされる。[19]ア

第 2 章　ウェッブ=ポメリーン法とアルカリ輸出組合

メリカアルカリ工業は，第 2 次大戦前夜には，第 2 位であるイギリスの2.5倍のソーダ灰の生産能力を有し，世界の生産能力の40％以上を占めるまでに成長した。アルカリ輸出組合は，そのアメリカアルカリ工業における支配を強化するとともに，国際アルカリカルテルにおいて，徐々にその市場を拡大した。とくに1929年協定と1936年協定に，その再分割が顕著であるが，それはともに，カリフォルニア天然アルカリ工業によるソーダ灰輸出が攪乱要因となったことを契機としていたことが，想起されるべきであろう。

(1)　L. F. Haber, Nineteenth Century, p.89（水野五郎訳，125頁）。
　　　イギリスのルブラン法企業は，それに対抗するために，企業合同によりユナイテッド・アルカリ社（United Alkali Co.）を成立させた。
(2)　アメリカアルカリ工業の発展については，主に次の文献に拠る。以下では，とくに必要な場合に注記する。
　　　Haynes, *American Chemical Industry*, vol.1, Ch.6, Colonial Chemistry; Ch.12, The Infant Chemical Industry; Ch.17, Alkalies Introduce Electrochemicals: vol.2, Ch.3, Trending toward War; Ch.20, Miscellaneous Minerals :vol.3, Ch.1, Ash, Caustic, and Bleach; Ch.2, Electrolytic Alkalies and Chlorine :vol.4, Ch.3, American Chemical Mergers; Ch.8, Electrolytic Competition in Alkalies: vol.5, Ch.4, Changing Trade Channels; Ch.5, Contracting World Trade; Ch.7, The Alkalies and Chlorine.
(3)　1892年にアンモニア・ソーダ法での製造を目的としてバーモンド州で設立されたが，1895年にカストナー法による電解法での製造にも着手していた。
(4)　Reader, *Imperial Chemical Industries*, vol.1, pp.94-100, 222-224.
(5)　Reader, *ibid*, pp.291-291.
(6)　Haynes, *op.cit*., vol.3, pp.9-10.
(7)　アルカリ輸出組合と国際カルテルついては，主に次の文献に拠る。以下では，とくに必要な場合に注記する。U.S. Federal Trade Commission, *Report on International Cartels in the Alkali Industry*, 1950, p.34.
(8)　この協定からの再分割については，次の概括表を参照されたい。

Ibid, pp.39-41.
(9) Price Wars Cut Alkali Profits, *Chemical & Metallurgical Engineering*, Jan. 1932, p.40-41; *Fortune*, Oct. 1939, pp.50-51.
(10) G. Ross Robertson, California Desert Soda, *Industrial and Engineering Chemistry*, May 1931, pp478-481; Paul D. V. Manning, Sodium Salts, *The Mineral Industry*, 1933, pp.533-534; William E. Ver Olanck, Soda Ash Industry of Owens Lake, *Mineral Information Service*, Oct. 1959, pp.1-6.
(11) Robert E. Thomas, *Salt & Water, Power & People*, Niagara Falls, 1955, pp.71-73.
(12) R. L. Murry, Alkali-Chlorine Development, *Chemical & Metallurgical Engineering*, June 1940, pp.396-399, 409; Paul S. Brallier, Economics of Chlorination Processes, *Industrial and Engineering Chemistry*, Feb. 1941, pp.152-155; David Aronson, Twenty Years' Progress in Alkali Technology, *Chemical Industries*, Mar.1942, pp.324-331.
(13) Distribution of Acids and Alkalis, *Chemical & Metallurgical Engineering*, Jan. 1926, pp.48-49.
(14) W. Hirschkind, Alkaline Lake Brines Supply Western Soda Producers, *Chemical & Metallurgical Engineering*, Nov. 1931, pp.657-659.
(15) FTC, *Report on International Cartels in the Alkali Industry*, p.56.
(16) *Ibid*, p.56. 1936年協定には，他のカルテルメンバーの同意なしに日本企業とカルテルを結ぶことを禁ずることが決められていた。その背景には，中国，オランダ領東インド，メキシコ，南米の市場で価格競争を展開していた日本企業が，輸出市場の割当を望むようになっていたことがあった。
(17) *U.S. v. U.S. Alkali Export Association*, 86 F.Supp.59. 1951年1月の最終判決は公表されなかったが，同年アルカリ輸出組合は解散した。
(18) 南米市場でのアウトサイダー対策で，アルカリ輸出組合は，デュペリアル社と協力した。ここに，デュポン＝ICI同盟とアルカリ輸出組合との結びつきを見ることができる。
　　しかし，ICI社が，国際アルカリカルテルに参加していたことから，デュポン社との1929年特許・プロセス協定では，アルカリ製品が除外さ

第2章　ウェッブ＝ポメリーン法とアルカリ輸出組合

れていた。Cf. Reader, *op.cit.*, vol.2, p.52.
(19) *Small Business and the Webb-Pomerene Act*, p.69.

第3章 アメリカ合成ゴム工業の形成と
IG・ファルベン社

　合成染料工業に関して明らかにしたように，両大戦間期の化学産業の世界市場競争においてIG・ファルベン社が中心的な存在であり，それが支配する国際カルテルが世界市場の分割構造を規定していた。IG・ファルベン社の強さは，その技術力によるものであるが，それに加えて総合的な事業展開を基礎とした交渉上の優位にもよるものである。この時期に，IG・ファルベン社ほど広範な分野の国際カルテルに関与した企業は他にはなかった。

　第2次大戦下のアメリカ議会で，国際カルテルにおけるIG・ファルベン社の支配と，そのアメリカへの影響について大きく問題となった一つとして，合成ゴム技術の問題がある。アメリカ合成ゴム工業の成立について考察する際に，この合成ゴム技術の発展とともに，アメリカにおいてすでに世界最大のゴム工業が成立していたことを看過することはできない。したがって，合成ゴム工業前史として位置づけられるアメリカゴム工業の発展を，ビッグ・フォー体制の成立として明らかにし，それを基礎に合成ゴム工業の形成と国際カルテルの問題へと進みたい。

　アメリカにおいて，合成ゴム工業は，石油化学工業の成立において中心的な位置を占めたのであるが，その技術的基礎の形成にIG・ファルベン社の競争企業が重要な役割を果たしたことからも，それまでのIG・ファルベン社が主導する化学産業の発展とは別の，新たな化学産業の発展の道を切り開くものであった。第2次大戦を契機とした石油化学工業の発展は，化学産業の生産の面での構造的な転換をもたらしただけでなく，競争の面

第3章　アメリカ合成ゴム工業の形成とIG・ファルベン社

でもアメリカの優位という構造的な転換をもたらしたのである。
　ここでは，生成期のアメリカ合成ゴム工業における国際カルテル問題に主たる関心があるので，第2次大戦においてアメリカ政府が合成ゴム工業の成立に関与しはじめた以降の発展については，別の機会に考察したい。

第1篇　国際カルテルから多国籍企業へ

I　アメリカゴム工業の発展とビッグ・フォー体制

　アメリカゴム工業は，1839年にチャールズ・グッドイヤー[1]（Charles Goodyear）によって発明された加硫法が工業化された1840年代にその基礎を形成した。さらに，1865年にグッドイヤーの特許権が消滅したことからも，19世紀後半にゴム製造企業が増加し，アメリカゴム工業は着実な発展をとげたが，それは，ゴム靴などの履物およびベルトなどの工業用ゴム製品を中心とするものであり，20世紀に入ってからとりわけ1910年代から20年代にかけての発展に比べるならば遅々たるものでしかなかった。

　アメリカゴム工業がアメリカ経済において主要産業としての地位を確立するのは，1910年代から20年代にかけて飛躍的発展をとげた（図3-1）時期のことであった。アメリカゴム工業の確立とは，この時期のアメリカ経済の発展を主導した自動車工業の飛躍的発展（図3-2）にともないタイヤ部門を中心としたゴム工業の構造（図3-1）が定着したことにほかならない。アメリカゴム工業においてタイヤ部門を中心とした産業構造が定着・展開する過程で，とくに1920・30年代に激しい市場競争が展開し企業集中が進む過程で，ビッグ・フォー体制が成立したのである[2]。ビッグ・フォー体制とは，グッドイヤー社（Goodyear Tire & Rubber Co.），ファイアストーン社（Firestone Tire & Rubber Co.），グッドリッチ社（B. F. Good-rich Co.），U・S・ラバー社（U. S. Rubber Co.）の4大企業＝ビッグ・フォーによる寡占体制のことである（表3-1，表3-2）。とりわけ，ビッグ・フォー体制の成立に関しては，1920年恐慌による経営危機をどのようにして克服したのか，またそれを基礎として1920・30年代とくに1920年代後半の生ゴム価格の急低落（図3-3）による棚卸損（inventory losses）の増大と1920年代末（とりわけ1929年恐慌）から30年代にかけての過剰生産の深刻化のなかでどのような企業経営を展開したのかについて

第 3 章　アメリカ合成ゴム工業の形成と IG・ファルベン社

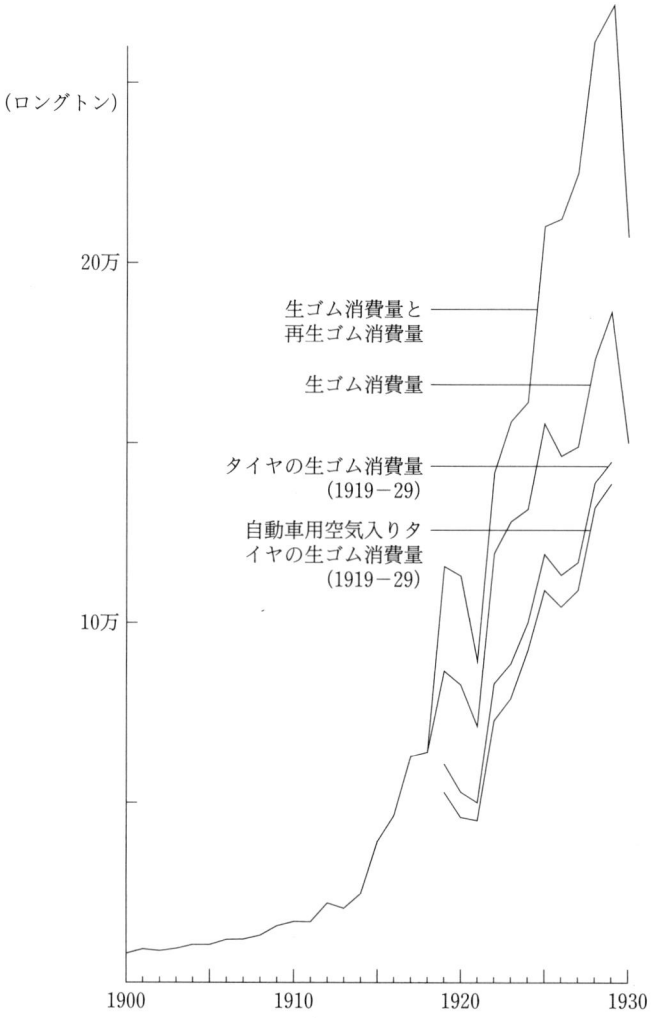

図 3 - 1　生ゴム消費からみたアメリカゴム工業の発展

(ロングトン)

- 生ゴム消費量と再生ゴム消費量
- 生ゴム消費量
- タイヤの生ゴム消費量 (1919-29)
- 自動車用空気入りタイヤの生ゴム消費量 (1919-29)

注：タイヤおよび自動車用空気入りタイヤの生ゴム消費量は，アメリカゴム協会のアンケート調査にもとづくもので，アメリカ国内の生ゴム消費全体の 8 ～ 9 割を網羅している。

出所：G. D. Babcock, *History of the United States Rubber Company,* p.426 ; *India Rubber World* （各号）．

図3－2　自動車出荷台数

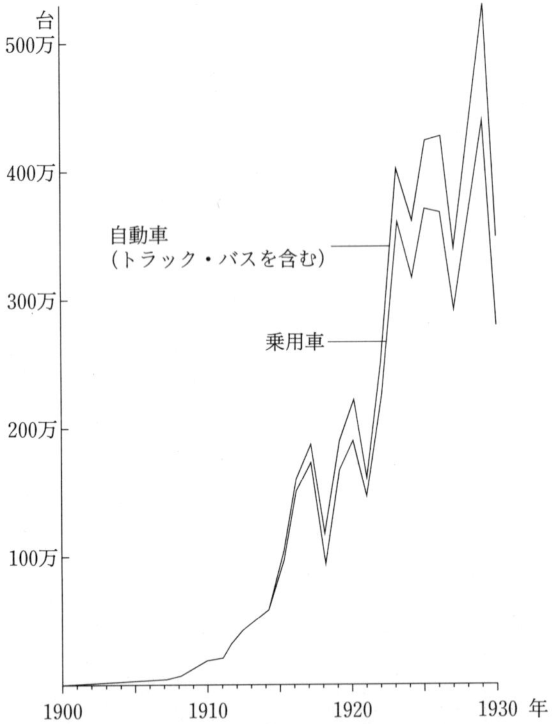
台
500万
400万
300万
200万
100万
自動車
(トラック・バスを含む)
乗用車
1900
1910
1920
1930 年

出所：U. S. Dept. of Commerce, *Histrical Statistics of the United States, Colonial Times to 1957,* Washington, D. C., 1960, p.462.

考察することにより，ビッグ・フォー体制の成立を特徴づける先発企業と後発企業(3)の競争力の差異およびその基礎を明らかにする。

1　ビッグ・フォーとタイヤ部門の競争

ビッグ・フォーの中で最初に設立されたのはグッドリッチ社である。ベンジャミン・F・グッドリッチ（Benjamin F. Goodrich）が，1870年にアクロンにグッドリッチ・テュー社(4)（Goodrich，Tew & Co.）を設立した。これが，グッドリッチ社のはじまりであるとともに，アクロンが世界ゴム

第3章　アメリカ合成ゴム工業の形成とIG・ファルベン社

表3－1　ビッグ・フォーの売上高

(単位：千ドル)

	グッドリッチ社	U・S・ラバー社	グッドイヤー社	ファイアストーン社
1913	39,509	87,349	32,999	15,721
14	41,764	83,678	31,056	19,250
15	55,417	92,861	36,491	25,319
16	70,991	126,759	63,950	44,135
17	87,155	176,159	111,451	61,587
18	123,470	215,398	131,247	75,802
19	141,343	225,589	168,915	91,079
20	150,007	256,150	191,181	114,981
21	86,687	164,707	103,509	66,373
22	93,650	168,786	122,819	64,507
23	107,093	186,261	127,880	77,583
24	109,818	172,214	138,778	85,610
25	136,240	206,474	206,000	125,598
26	148,391	215,528	230,161	144,397
27	151,685	193,443	222,179	127,697
28	148,805	193,480	250,769	125,665
29	164,495	192,962	256,227	144,586
30	155,256	157,075	204,063	120,016
31	115,165	114,132	159,200	113,797
32	74,502	78,300	109,052	84,337
33	79,293	88,327	109,656	75,402
34	103,872	105,477	136,801	99,130
35	118,669	127,794	164,864	121,671

注：原注(会計年度の異同・変更など)省略。
出所：*Annual Reports* ; *Moody's Industrial Mannual* などによる。

表3－2　ビッグ・フォーにおける地位の変化

(資産：単位百万ドル)

	1909 資産	順位	1919 資産	順位	1929 資産	順位	1935 資産	順位	1948 資産	順位	1958 資産	順位
U・S・ラバー社	120.9	11	319.5	8	307.9	27	159.3	52	348.5	37	627.9	56
グッドリッチ社	82.4	25	175.7	24	163.7	60	124.0	65	261.7	62	446.8	68
グッドイヤー社			120.3	51	243.3	33	192.5	35	425.0	32	954.5	26
ファイアストーン社			73.8	87	161.6	63	139.3	60	344.4	38	782.3	39

注：順位は全製造業企業におけるもの。
出所：Norman R. Collins and Lee E. Preston, The Size Structure of the Largest Industrial Firms, 1909-58, *American Economic Review,* Dec. 1961. pp.1007-1011.

図 3-3　生ゴム（パラ・ラバー）の年間平均卸価格

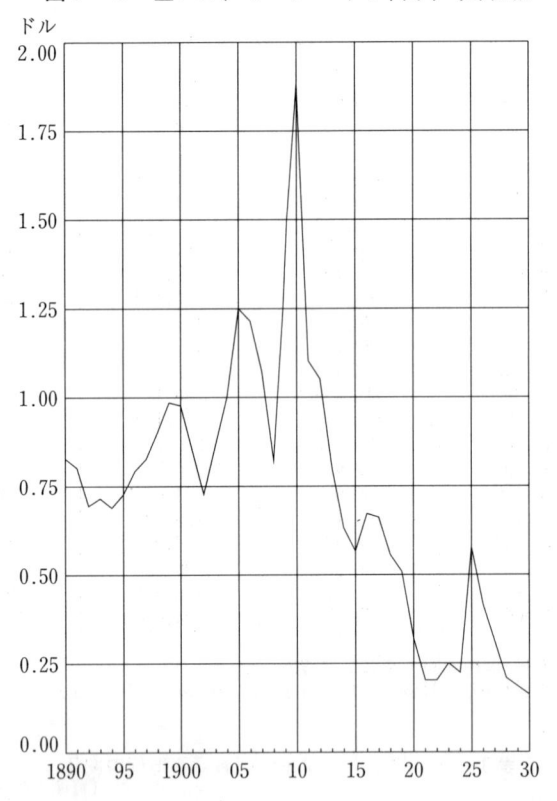

出所：G. D. Babcock, *op.cit*., p.173.

工業の中心地（Rubber City）となる歴史のはじまりでもあった。グッドリッチ・テュー社は消火用ホース，ベルト，ゴムロールなど工業用ゴム製品を製造していた。それが，1880年にグッドリッチ社に改組された。1892年に，生成期アメリカゴム工業を支配したゴムトラスト（Rubber Trust）すなわちU・S・ラバー社が，履物部門の企業合同によって設立された。これを実現させたのは，「トラストの父」(the father of trusts) といわれたチャールズ・R・フリント (Charles R. Flint) であった。ゴム靴を製造して

第3章　アメリカ合成ゴム工業の形成とIG・ファルベン社

いた9企業の合同によって成立したＵ・Ｓ・ラバー社は，市場の3分の1を支配していたが，合同の後もこれらの企業が自己の利益を追求し自立性を維持しようとしたために，合同の成果が十分にあがらなかった。しかし，その後も合併を進め，19世紀末には市場の約4分の3を支配するようになった。

フリントは，Ｕ・Ｓ・ラバー社の設立に続いて工業用ゴム製品部門での企業合同を企て，同じ年（1892年）にメカニカル・ラバー社（Mechanical Rubber Co.）を設立し，1899年にそれを中心にラバー・グッヅ製造会社（Rubber Goods Manufacturing Co.）を設立した。ラバー・グッヅ製造会社は，工業用ゴム製品生産の85％を支配しただけでなく，1890年代の自転車ブームにより市場を拡大しつつあったタイヤ部門をも支配しようとしたのである。[6]

しかし，ラバー・グッヅ製造会社の成立に前後して，タイヤ部門の成長を見込んでグッドイヤー社とファイアストーン社が成立し，この二つの企業（後発企業）が，やがてＵ・Ｓ・ラバー社を凌駕していくのである。1898年にグッドイヤー社を設立したのは，フランク・Ａ・セイバリング（Frank A. Seiberling）であった。彼の父が1896年に設立したアクロン・インディア・ラバー社（Akron India Rubber Co.）もラバー・グッヅ製造会社の成立に際して買収されたのである。ファイアストーン社は，シカゴでタイヤを販売していたハーベィ・ファイアストーン（Harvey Firestone）が1900年にアクロンに設立したものである。

タイヤ部門がアメリカゴム工業の中心となっていく過程で成立・発展したグッドイヤー社とファイアストーン社が，生成期アメリカゴム工業を支配していたＵ・Ｓ・ラバー社およびグッドリッチ社の先発企業に対抗していかなる競争戦を展開したかを明らかにしよう。

タイヤ部門が自転車用タイヤ・馬車用タイヤから自動車用タイヤへと発展したことからも，まず自動車用タイヤへの発展という見地から自転車用タイヤと馬車用タイヤに関する競争を概観しておこう。

第1篇　国際カルテルから多国籍企業へ

　アメリカにおける自転車用空気入りタイヤの製造は1891年にはじまったが、翌年パードン・W・ティリングハスト（Pardon W. Tillinghast）が発明したシングル・チューブタイヤが1890年代の自転車ブームの中で普及していた。このティリングハストの特許は、ハートフォード・ラバー・ワークス社（Hartford Rubber Works Co.）が所有していたのであり、1899年の企業合同によりラバー・グッヅ製造会社が支配するようになった。1898年に設立されたグッドイヤー社も、この特許の実施権を得て自転車用タイヤの製造をはじめたが、自転車製造業者への新車用市場はモルガン・アンド・ライト社（Morgan & Wright Co.）など企業合同によりラバー・グッヅ製造会社を構成するようになる企業が支配しており、残された市場は補修用タイヤ市場であった。補修用タイヤ市場では価格競争が激しかったことから、グッドイヤー社は質の悪いタイヤを大量に販売する政策をとった。それが、ライセンス協定で決められたよりも安く販売しているとしてティリングハスト・グループに特許実施権を取り消されることとなった。窮地に陥ったグッドイヤー社は、ティリングハスト特許を侵害せずしかもそれより安価な製造法を開発し、ティリングハスト・グループに対抗した。その結果、ティリングハスト・グループは訴訟を取り下げ、グッドイヤー社に再び特許実施権を与えた。後発企業グッドイヤー社の挑戦が、自転車用タイヤ市場におけるラバー・グッヅ製造会社（すなわちＵ・Ｓ・ラバー社）の独占を弱めたのである。

　馬車用ソリッドタイヤに関しては、1896年にアーサー・W・グラント（Arthur W. Grant）がタイヤをリムに固定する点で他よりもすぐれているタイヤの特許を取得し、このグラント特許がエドウィン・ケリー（Edwin Kelly）のラバー・タイヤ・ホイール社（Rubber Tire Wheel Co.）に譲渡された。1894年からグッドリッチ社がラバー・タイヤ・ホイール社の軽装四輪馬車用ソリッドタイヤを独占的に製造していたが、グラント特許のもとでダイヤモンド・ラバー社（Diamond Rubber Co.）などもラバー・タイヤ・ホイール社のタイヤを製造するようになった。しかも、ラバー・タイ

第3章 アメリカ合成ゴム工業の形成とIG・ファルベン社

ヤ・ホイール社がタイヤ組付機械をも独占していたことから，グラント特許のもとでソリッドタイヤを製造していた企業はラバー・タイヤ・ホイール社でタイヤを組付けるほかなかったのである。ケリーは，グラント特許にもとづく独占を強化するためにコンソリデイテッド・ラバー・タイヤ社 (Consolidated Rubber Tire Co.) を設立し，1899年にラバー・タイヤ・ホイール社を合併した。このように，馬車用ソリッドタイヤはグラント特許を所有するラバー・タイヤ・ホイール社（1899年からはコンソリデイテッド・ラバー・タイヤ社）の支配のもとでグッドリッチ社などが製造していたのであるが，この独占体制に挑戦したのがグッドイヤー社とファイアストーン社であった。1898年に馬車用ソリッドタイヤの製造を開始したグッドイヤー社は，同年末グラント特許の存在を知り実施権を得ようとしたが拒絶された。しかし，馬車用ソリッドタイヤは設立当初のグッドイヤー社における最大の事業分野であったので，グッドイヤー社は製造を続けるとともに価格を引き下げて市場拡大を図ったのである。それに対しラバー・タイヤ・ホイール社が告訴しグッドイヤー社を違法とする判決が下ったが，グッドイヤー社はこれを不服として控訴した。1902年に，グラント特許は過去の発明を組み合わせただけで特許に値しないことおよびグラント特許の商業的成功は資本の力にもとづくものであることを内容とする判決が下され，馬車用ソリッドタイヤ市場では生産割当と価格協定の廃止により市場競争が激化した。しかし，市場競争の激化は再びコンソリデイテッド・ラバー・タイヤ社を中心とするプールの形成へと結果した。ファイアストーン社は，大型ソリッドタイヤに適しているサイドワイヤータイヤの特許を所有していたこともあり，このプールに参加せず，アウトサイダーとして市場拡大を進めた。グッドイヤー社は1905年にアメリカ最大のソリッドタイヤ製造企業となり，ファイアストーン社も馬車用と電気自動車用のソリッドタイヤ市場を拡大したのである。

　自動車用タイヤへの発展という点では，自転車用空気入りタイヤは乗用車用空気入りタイヤの技術的基礎をなし，馬車用ソリッドタイヤはトラッ

143

第1篇　国際カルテルから多国籍企業へ

クやバスの大型車用ソリッドタイヤの技術的基礎をなした。[13] 第1次大戦後には大型車にも空気入りタイヤが用いられるようになるのであるが，その点を含めて自動車用タイヤの発展をグッドイヤー社とファイアストーン社が主導するようになる基礎は，自転車用空気入りタイヤと馬車用ソリッドタイヤに関するこれら後発企業の先発企業への挑戦において形成されたのである。

　初期の乗用車用空気入りタイヤは，自転車に普及していたクリンチャータイヤであった。1891年にトーマス・B・ジェフリー（Thomas B. Jeffry）が取得したその特許は，ラバー・グッヅ製造会社（後にU・S・ラバー社）が支配するようになっていた。ラバー・グッヅ製造会社は，ジェフリー特許のもとでクリンチャータイヤを製造していたグッドリッチ社，ダイヤモンド・ラバー社などとともにG・アンド・J・クリンチャータイヤ組合（G. & J. Clincher Tire Association）を結成し，1903年にクリンチャータイヤの形とリムを統一する協定を成立させ，乗用車用空気入りタイヤ市場を支配しようとした。グッドイヤー社はこの組合に加わることができたもののわずか1.75%の市場を割り当てられただけであったし，ファイアストーン社はジェフリー特許の実施権を得ることさえできなかった。ファイアストーン社だけでなくグッドイヤー社にとっても，ラバー・グッヅ製造会社（＝U・S・ラバー社）とグッドリッチ社を中心とする独占体制を打破することなしに自らの発展はありえなかった。[14]

　グッドイヤー社とファイアストーン社の挑戦は，クリンチャータイヤにとって代わるストレートサイドタイヤの発明として結果した。クリンチャータイヤは，U字型のリムにゴムでできたビード部をはめ込んで固定するものであり，はめ込むのに労力を要するだけでなく，ビート部がリムによって傷つけられたり，パンクした時に取りはずすのが困難である等の欠点があった。[15] グッドイヤー社がストレートサイドタイヤを開発したのは1901年のことであったが，これは後に改良されたものと区別してサイドフランジタイヤと呼ばれている。このサイドフランジタイヤは，ビード部にワイ

144

第3章　アメリカ合成ゴム工業の形成とIG・ファルベン社

図3-4　タイヤの改良

ビード部
リム
クリンチャータイヤ　ストレートサイドタイヤ

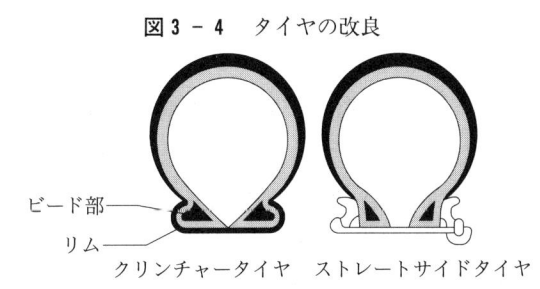

出所：H. Allen, *op. cit.*, p.23.

ヤを入れ強化するとともにリムのサイドフランジを車輪にボルトで締めつけることによりタイヤを固定するものであった。ファイアストーン社も1905年にこの種のタイヤを導入したが，グッドイヤー社は1904年にサイドフランジタイヤよりも取りはずしが容易なサイドワイヤーによるストレートサイドタイヤを発明したのである[16]（図3-4）。

　グッドイヤー社は，クリンチャータイヤ，自転車用タイヤ，馬車用タイヤの利潤をこのストレートサイドタイヤの宣伝等に注ぎ込み市場拡大を図り，高級車製造企業が先発企業のタイヤを選んだことからもビュイック・モーター社(Buick Motor Co.)などの大衆車製造企業への市場を拡大した[17]。ファイアストーン社も「ストレートサイドタイヤ」の市場を拡大しようとして，1905年に安価なタイヤを求めていたヘンリー・フォード（Henry Ford）との取引を成立させた[18]。ファイアストーン社が十分なサービス網をもっていなかったことから，フォード・モーター社（Ford Motor Co.）はファイアストーン社にクリンチャータイヤを製造することを求めた。ファイアストーン社は再びジェフリー特許の実施権を得ようとしたがU・S・ラバー社に拒絶されたために，告訴されることを承知のうえでクリンチャータイヤの製造を開始しフォード・モーター社との取引関係を維持したのである[19]。ビュイック・モーター社はGM社へと発展したのであり，グッドイヤー社とファイアストーン社は，独占的な取引関係ではなかったものの自動車工業の発展において主導的な役割を担うようになる企業との取引を

145

第1篇　国際カルテルから多国籍企業へ

成立させたことにより，拡大しつつある自動車用タイヤ市場における地歩を固めたのである。

　後発企業のこのような挑戦に対して先発企業がいかなる対応をしたかについては，1909年までジェフリー特許を所有していたＵ・Ｓ・ラバー社がストレートサイドタイヤの普及に消極的であったことに独占の弊害をみることができる。Ｕ・Ｓ・ラバー社においては，その子会社ハートフォード・ラバー・ワークス社が1900年にイギリスのダンロップ・タイヤ社 (Dunlop Tyre Co., Ltd.) から特許実施権を得て自転車用のストレートサイドタイヤの製造を開始していたのであるが，自動車用にストレートサイドタイヤが普及しはじめても1913年までハートフォード・ダンロップタイヤの宣伝をしなかった[20]。1913年にＵ・Ｓ・ラバー社がストレートサイドタイヤの宣伝をはじめたことそれ自体が，グッドイヤー社やファイアストーン社の追い上げがいかに激しかったかを示している。1912年にはアメリカタイヤ市場の約25％を支配し最大のタイヤ製造企業であったＵ・Ｓ・ラバー社[21]は，1916年にタイヤ部門におけるトップ企業の地位をグッドイヤー社に奪われたのである。このように拡大しつつある自動車用タイヤ市場において激しい競争が展開される中で，1912年にグッドリッチ社はアメリカゴム工業において売上高第3位のダイヤモンド・ラバー社を合併した。ダイヤモンド・ラバー社は，シャーボンディ・ラバー社 (Sherbondy Rubber Co.) が1896年に改組されたもので，グッドリッチ社に隣接しており共同で再生ゴム工場を設立するなど協調的な関係にあった。自動車用タイヤ市場における競争という点で重要なことは，このダイヤモンド・ラバー社が，1910年にイギリスのパーマー・タイヤ社 (Palmer Tyre Co.) によって発明された自動車用コードタイヤの特許実施権を得ていたことであった。それまでのファブリックタイヤが糸を直角に織った布を用いていたためタイヤがたわんだ時に摩擦を生じてタイヤの寿命を縮めるという欠点があったのを，コードタイヤでは平行におかれた丈夫な綿コードを細い糸ですだれ状にしたすだれ布 (cord fabric) によりコード間での摩擦をなくしたのである。

第3章 アメリカ合成ゴム工業の形成とIG・ファルベン社

コードタイヤは,自動車用タイヤの技術史においてストレートサイドタイヤに続く技術革新であり,グッドリッチ社はこのコードタイヤ(シルバーストーンタイヤ)により競争力の強化を企てた。しかし,コードが大きいためにコードやすだれ布の間で分離しやすい,リムにより傷つけられやすいという欠点が明らかになり市場拡大が進まなかった。それに対して,グッドイヤー社は,シルバーストーンタイヤではすだれ布が2枚しか用いられていなかったのを,その4分の1ぐらいの厚さのすだれ布をコードの方向が直角になるように互い違いに数枚重ねその間にゴムを入れ,フリッパーとよばれる布でタイヤをリムから保護するコードタイヤを発明し,市場拡大を進めた。その結果は,シルバーストーンタイヤがアメリカ政府の軍需品目からはずされた1916年に,グッドイヤー社がタイヤ部門におけるトップ企業となり翌年にはグッドリッチ社を抜きアメリカゴム工業において売上高第2位となったことに示されたのである。

このようにして,第1次大戦までのアメリカゴム工業においては,U・S・ラバー社が依然としてトップ企業の地位にあったものの,タイヤ部門において二つの技術革新――ストレートサイドタイヤとコードタイヤ――を主導しタイヤ部門でのトップ企業の地位を確立したグッドイヤー社がグッドリッチ社を抜いたばかりでなくU・S・ラバー社の地位をも脅かすようになっていたのである。

もう一方の後発企業,ファイアストーン社は,タイヤ部門を中心にアウトサイダーとして挑戦者的政策をとりながら市場拡大を進めていた。その市場拡大は著しいものであったが(表3-1),先発企業およびグッドイヤー社とともにビッグ・フォー体制を築くには競争力の一層の強化を必要としていた。

2 スチーブンソン・プランとビッグ・フォー

第1次大戦前のアメリカゴム工業の急速な発展は,アメリカをして世界最大のゴム消費国としての地位を確立せしめるとともに(表3-3),生ゴ

第1篇　国際カルテルから多国籍企業へ

表3－3　ゴム消費

(単位：ロングトン)

年	1900	1910	1920	1930	1940
アメリカ	20,500	42,500	206,000	376,000	651,000
イギリス	11,000	20,500	24,000	75,000	147,000
フランス	2,500	3,500	14,000	68,500	35,000
ドイツ	8,500	13,500	12,000	45,500	66,500
その他	10,000	20,000	41,500	145,000	253,000
計	52,500	100,000	297,500	710,000	1,152,500

出所：P. Schidrowitz & T. R. Dawson, ed., *History of the Rubber Industry,* Cambridge, 1952., p.336.

表3－4　天然ゴム生産

(単位：ロングトン)

	栽培ゴム	野生ゴム ブラジル	野生ゴム その他	計
1900	4	26,750	27,136	53,890
1901	5	30,300	24,545	54,850
1902	8	28,700	23,632	52,340
1903	21	31,100	24,829	55,950
1904	43	30,000	32,077	62,120
1905	145	35,000	27,000	62,145
1906	510	36,000	29,700	66,210
1907	1,000	38,000	30,000	69,000
1908	1,800	39,000	24,600	65,400
1909	3,600	42,000	24,000	69,600
1910	8,200	40,800	21,500	70,500
1911	14,419	37,730	23,000	75,149
1912	28,518	42,410	28,000	98,928
1913	47,618	39,370	21,452	108,440
1914	71,380	37,000	12,000	120,380
1915	107,867	37,220	13,615	158,702
1916	152,650	36,500	12,448	201,598
1917	213,070	39,370	13,258	265,698
1918	255,950	30,700	9,929	296,579
1919	285,225	34,285	7,350	326,860
1920	304,816	30,790	8,125	343,731
1921	271,233	19,837	2,890	293,960
1922	354,980	21,755	3,205	379,920
1923	284,771	22,580	5,420	412,771
1924	391,607	23,514	6,096	421,217
1925	481,955	27,386	6,735	515,947
1926	576,955	26,433	11,390	614,778
1927	567,504	30,952	6,740	605,196
1928	620,168	24,556	4,950	649,674

出所：J. C. de M.Soares, *Rubber,* London, 1930, p.22.

第3章　アメリカ合成ゴム工業の形成とIG・ファルベン社

ム生産における構造的変化——ブラジルを中心とする野生ゴムから東南アジアを中心とする栽培ゴムへの——をともなうものであった（表3-4）。しかも，この生ゴム生産における変化は，第1次大戦後のアメリカゴム工業の発展——ビッグ・フォー体制の成立——にとって重大な意義をもつ国際ゴムカルテルの企て——スチーブンソン・プラン（Stevenson Plan）——へと展開する基礎となったのである。

　ここでは，スチーブンソン・プランの成立に至る過程と，ビッグ・フォーのそれへの対応——原料戦略・垂直的統合戦略——について考察しよう。

　19世紀の生ゴム生産は，ヘベア・ブラジリエンシス（Hevea brasiliensis）の原産地であるブラジルを中心に中南米，アフリカなどでの野生ゴムの採集によるものであった。グッドイヤーの加硫法の発明を契機としてアメリカ，イギリスなどでゴム工業が成立・発展し生ゴム需要が増大したことから，すでに1850年代に有望な植民地事業としておよび野生ゴムの枯渇への対応としてイギリス領植民地でのゴム栽培が提唱され，1870年代にはブラジルからインド，セイロン，マラヤなどへのゴム樹の移植が試みられていたのである。しかし，東南アジアでのゴム栽培が本格的に展開するのは，20世紀に入ってから，とりわけ自動車工業の形成によりゴム工業におけるタイヤ部門の確立が展望された1910年頃のことであった。初期に設立されたゴム栽培企業が，1909-10年に生ゴム価格が史上最高の価格へと上昇するなかで（図3-3）高配当を続けたことから，イギリスにおいてゴム産業への投資ブーム（Rubber Boom）が生じゴム栽培企業の設立も急増した。さらに，この生ゴム価格の高騰を契機として，イギリス領植民地のみならずオランダ領東インドなどでも欧米資本によるエステート（estate）が発展するとともに，原住民や中国人による小経営（small holding）が著しい発展をとげた（表3-5）。ゴム樹を植えてから切付（tapping）によりラテックスを採集できるまでに5～7年の成育期間を要することから，1910年末から生ゴム価格の低落が続くなかで1912年をピークに野生ゴムの生産が低下しはじめたにもかかわらず，栽培ゴム生産の急増

第1篇　国際カルテルから多国籍企業へ

表3－5　ゴム栽培面積(欧米系企業とアジア系企業)

(単位：エーカー)

年	欧米系 年間増加	欧米系 総面積	アジア系 年間増加	アジア系 総面積	全体 年間増加	全体 総面積
1898	2,000	2,000	—	—	2,000	2,000
1899	2,000	4,000	—	—	2,000	4,000
1900	3,000	7,000	—	—	3,000	7,000
1901	8,000	15,000	—	—	8,000	15,000
1902	7,000	22,000	—	—	7,000	22,000
1903	13,000	35,000	1,000	1,000	14,000	36,000
1904	27,000	62,000	1,000	2,000	28,000	64,000
1905	61,000	123,000	2,000	4,000	63,000	127,000
1906	127,000	250,000	9,000	13,000	136,000	263,000
1907	161,000	411,000	9,000	22,000	170,000	433,000
1908	148,000	559,000	30,000	52,000	178,000	611,000
1909	118,000	677,000	41,000	93,000	159,000	770,000
1910	214,000	891,000	141,000	234,000	355,000	1,125,000
1911	270,000	1,161,000	113,000	347,000	383,000	1,508,000
1912	220,000	1,381,000	114,000	461,000	334,000	1,842,000
1913	137,000	1,518,000	92,000	553,000	229,000	2,071,000
1914	103,000	1,612,000	84,000	637,000	187,000	2,258,000
1915	105,000	1,726,000	103,000	740,000	208,000	2,466,000
1916	163,000	1,889,000	102,000	842,000	265,000	2,731,000
1917	258,000	2,147,000	131,000	973,000	389,000	3,120,000
1918	195,000	2,342,000	207,000	1,180,000	402,000	3,522,000
1919	147,000	2,489,000	181,000	1,361,000	328,000	3,850,000
1920	118,000	2,607,000	90,000	1,451,000	208,000	4,058,000
1921	74,000	2,681,000	52,000	1,503,000	126,000	4,184,000
1922	40,000	2,721,000	26,000	1,529,000	66,000	4,250,000
1923	31,000	2,752,000	15,000	1,544,000	46,000	4,296,000

出所：H. George, *Die Lage des Kautschukmarktes in der Nachkriegszeit,* Berlin, 1929, S.115.

——1914年には野生ゴム生産を凌駕した——が生ゴム生産全体の増加をもたらし，生ゴム価格の低落に拍車をかけることになった。1917年から生ゴムの生産が消費を上回るようになり東南アジアにおける在庫が増加したが，第1次大戦における船舶不足，輸入規制など特殊な状況下のことであり，過剰生産がさほど深刻な問題とされなかったものの，イギリス資本によるエステートの利害を代表するゴム栽培者協会 (Rubber Growers' Association) が1918年に自発的生産規制に失敗した後に，イギリスとオランダによる強制的生産規制が企てられるに至った。[31] 終戦によりこの強制的生産規

第3章　アメリカ合成ゴム工業の形成とIG・ファルベン社

制の企ては実現しなかったが，戦後ブームにおける生ゴム需要の増加によって在庫が減少しはじめた。しかし，この生ゴム需要の増加を主導していたアメリカ自動車工業を深刻な不況へとおいやった1920年恐慌のために生ゴムの在庫が再び急増した。過剰生産の深刻化により生ゴム価格が生産費を割るまでに急落したことは，ゴム栽培企業にとって最大の死活問題であった。

　ゴム栽培者協会は再び自発的生産規制を企てた。この生産規制は，1920年11月1日から1921年12月31日の間，25％の生産削減をするというもので，マラヤをはじめセイロン，オランダ領東インドの協会メンバーだけでなくオランダ企業，現地企業などの賛同を得て，東南アジアの切付段階にある栽培面積の55％（エステートだけでみるならば65％）を占めるゴム栽培企業が参加するものとなった。しかし，このように大規模な生産規制にもかかわらず，アメリカの生ゴム輸入の停滞と，アウトサイダーとしての小経営による生ゴム生産の増加とのために，生ゴム価格の低落が続いた。1921年7月にセイロンの現地企業が生産規制を中止したのをはじめ脱落企業が続出し，ゴム栽培者協会は10月に自発的生産規制が失敗したことを認めざるをえなくなった。だが，ゴム栽培者協会の中心をなすマラヤのゴム栽培企業のなかには生産削減を25％から50％に強化すべきであるという意見もあったことから，ゴム栽培者協会は，協会メンバーだけでも自発的生産規制を1922年6月まで延長しようとした。しかし，1921年10月から生ゴム価格の上昇がみられたことから，自発的生産規制の延長に協会メンバーの過半数（栽培面積で）をようやく超える賛同しか得られず，延長に必要な70％に達しなかったので，延長は断念された。[32]

　このようにしてゴム栽培者協会による自発的生産規制は再び失敗に終わったのであるが，他方でゴム栽培者協会は強制的生産規制をも追求していたのであり，とくにゴム栽培産業において不況が深刻化した1921年春からはイギリス政府にその実施を強く迫っていた。イギリス政府は，当初強制的生産規制に否定的であったが，ゴム栽培産業におけるイギリス資本を保

第1篇　国際カルテルから多国籍企業へ

護するために，またゴム栽培産業の危機がひいては植民地支配の危機へと発展するものであることから，危機打開の，すなわち強制的生産規制への第一歩として，1921年10月24日にゴム栽培産業に関する調査と報告のための委員会を設置した。この委員会は，委員長サー・ジェイムズ・スチーブンソン（Sir James Stevenson）の名をとりスチーブンソン委員会とよばれた。スチーブンソン委員会は，8名の委員で構成されていたが，委員長のスチーブンソンと2名の政府関係者を除いた残りの5名がすべてゴム栽培者協会のメンバーであった。ここに，スチーブンソン委員会の性格が自ら明らかになる。スチーブンソン委員会の報告は1922年5月に作成されたが，その報告は，1922年1月1日現在の在庫を310,000トンと推定し必要な在庫は同年の予想消費量300,000トンの8カ月分（200,000トン）で110,000トンが過剰であるとして，ゴム栽培産業における過剰生産の深刻なことを指摘し，その解決策として(a)ゴムの新用途・利用拡大の奨励，(b)自発的生産規制，(c)自由放任主義，(d)政府の介入について検討し，(d)政府の介入——すなわち強制的生産規制——を唯一の解決策とした。注目すべきは，報告が，強制的生産規制を実施するうえでオランダ領東インドとの協力が不可欠であるとし，国際カルテルを提唱していたことである。しかも，報告は，強制的生産規制の方法として，割当を超える生産を禁止する直接的な規制＝「ダンカン案」（Duncan Scheme）と割当を超える輸出に累進的に課税する間接的な規制＝「スチーブンソン案」（Stevenson Scheme）とを併記し，後者の方が望ましく実行しやすいとしながらも，その選択を含む最終的結論をオランダ政府の態度が明らかになるまで留保したのである。1922年8月にオランダ政府がゴム生産を規制するために何らの法的措置もとらないことを明らかにしたことにより，スチーブンソン委員会は10月に第2報告を提出した。この報告は，先の報告に比べて消費の増加が明らかになっていたにもかかわらずそれに関しては修正しないで，生ゴム価格の低落が続いておりゴム栽培産業において規制への要望が強いことを理由に，オランダ政府の協力は得られなかったがオランダ領東インドにおけるイギ

第3章 アメリカ合成ゴム工業の形成とIG・ファルベン社

リス系エステートなどの自発的生産規制の協力を得られるので，イギリスだけでも強制的生産規制を実施すべきであると勧告した。この勧告——スチーブンソン・プラン——は，マラヤとセイロンにて11月1日から実施された。

政府間協定は成立しなかったものの，オランダ領植民地においてもイギリス領植民地における強制的生産規制の実施に協調しての自発的生産規制が実行されるとの展望のもとに，世界の生ゴム生産の70%近くを支配するイギリスの主導により国際カルテルが形成されたのである。[37]

このような国際カルテルの形成に対して，ビッグ・フォーのなかで反対のキャンペーンを展開したのは，ファイアストーン社，とくにその社長ハーベィ・ファイアストーンだけであった。[38] U・S・ラバー社とグッドイヤー社はすでにゴム栽培に進出しており，生ゴム価格の低落が企業経営を圧迫することからスチーブンソン・プランを支持した。グッドリッチ社は，ゴム栽培に進出していなかったものの，生ゴムの安定供給のためにスチーブンソン・プランを支持した。[39]

U・S・ラバー社は，1910年にオランダのタバコ会社よりオランダ領東インドにおける88,000エーカーの借地権を買い取り，ゴム栽培に進出した。[40] 1914年にプランテーションからの生ゴム供給が開始され，1919年にはマラヤにおいてもプランテーションをもつようになった。プランテーションの拡大，ゴム樹の成長，栽培法の改良により供給は年々増加したが，1910年をピークに生ゴム価格が低落していたことからその収益は不十分なものであった。グッドイヤー社は，1917年にオランダ領東インドに17,000エーカーを得てゴム栽培に進出したが，供給が開始されるのは1923年のことであった。[41] U・S・ラバー社はともかくとして，スチーブンソン・プランの成立時に生産（切付）段階に入っていなかったグッドイヤー社においてゴム栽培部門は重要な位置を占めていなかった。したがって，U・S・ラバー社とグッドイヤー社のゴム栽培への進出を軽視してはならないが，世界最大のアメリカゴム工業におけるグッドリッチ社を含むビッグ・スリーのス

153

第1篇　国際カルテルから多国籍企業へ

チーブンソン・プランへの対応に関しては，製造業者（加工業者）としての，すなわち生ゴム消費者としての側面からの考察が重要となる。

　スチーブンソン・プランの成立過程は，アメリカゴム工業が1920年恐慌による深刻な不況から再建される過程でもあった。この再建過程については後に考察するので，ここではスチーブンソン・プランとの関連においてのみ考察しよう。戦後ブームにおいて自動車工業の飛躍的発展が見込まれたことから先物契約により大量の生ゴムを買い付けていたアメリカゴム工業，とりわけビッグ・フォーは，1920年恐慌により生ゴム価格が急落するなかで膨大な在庫をかかえ，経営危機に陥った。引き続く不況のなかでアメリカゴム工業が主に在庫調整により生ゴム需要を充たしたために生ゴム輸入が抑制された。それがスチーブンソン・プランの成立を促す要因ともなったのであるが，アメリカゴム工業においてスチーブンソン・プランは実施されないか，実施されても価格を引き上げる効力をもたないであろうという考えが支配的であった。[42]しかし1922年10月にスチーブンソン・プランの実施が現実的なものとなったことから，アメリカゴム工業の業界団体アメリカゴム協会（Rubber Association of America）は，特別委員会を設置してこの問題を検討することにした。この委員会は，[43]生ゴムの安定供給を確保するためには投資意欲を減じさせない水準での価格の安定が必要であるとしたが，スチーブンソン・プランについては，十分な弾力性に欠けるとの見地からその撤回または修正を求めてゴム栽培者協会の代表と交渉した。この交渉は主に修正をめぐって行なわれたが，ゴム栽培者協会がイギリス政府に修正を勧告することは拒否されたものの，生ゴム価格が大幅に変動した場合には何らかの措置がとられることが口頭で約束された。[44]そして，アメリカゴム工業を代表するアメリカゴム協会はスチーブンソン・プランに妥協したのである。

　他方，価格競争（値下げ）により市場を拡大してきたファイアストーン社にとって，自由競争市場で安価な生ゴムを買い付ける機会を奪うスチーブンソン・プランはファイアストーン社の競争力を弱めるものであること

第3章 アメリカ合成ゴム工業の形成とIG・ファルベン社

から，それが実施されアメリカゴム協会が妥協的な方針をとるに至って，反対のキャンペーンを展開するようになった。[45] ファイアストーンが，アメリカ政府，議会に働きかけるとともに自動車業界を含む反対運動[46]を組織し，独自の動きを強めたことにより，ファイアストーン社はアメリカゴム協会のなかで一層孤立するようになり，1923年5月に協会を脱退したのである。ファイアストーン社は，業界においては孤立したものの，対外膨張主義をとる共和党政権，とりわけ商務長官ハーバート・フーバーの支持を得て，スチーブンソン・プランの影響が及ばない地域でのゴム栽培を企てた。ファイアストーン社は，中南米，フィリピン，アフリカなどにおけるゴム栽培の可能性を調査し，1924年にリベリアでゴム栽培を試みた後，1927年にリベリアにおけるゴム栽培に本格的に進出したのである。[47] U・S・ラバー社，グッドイヤー社に続きファイアストーン社も──ビッグ・フォーのうちグッドリッチ社を除く3社が──ゴム栽培産業への進出を果たしたのであるが，それは，世界最大の生ゴム消費国であるアメリカが生ゴム生産をイギリスに支配されているという構造を転換しうるものではなかった。

　ファイアストーンがおそれたように，スチーブンソン・プランの実施は生ゴム価格の急上昇をもたらした。1922年10月までの1年間の平均価格（1ポンド当たり）が16セントであったのに，1923年1月には$37\frac{1}{8}$セントにまで上昇した。[48] その後は，1924年6月に景気後退，オランダ領東インドでの生ゴム生産の増加，規制地域からの密輸などにより$18\frac{3}{4}$セントに低落したことを除けば，スチーブンソン・プランが実施された最初の2年間（1922年11月～1924年10月）は基準価格（pivotal price）の1シリング3ペンス（30セント）を若干下回るところに落ち着いていたといえる。[49] しかし，アメリカ自動車工業が景気後退から回復し再び発展の軌道にのった1925年には，従来のタイヤより約30％多い生ゴムを必要とするバルーンタイヤが普及したこともあり，供給が需要をはるかに下回り生ゴム価格が急上昇した。5月に生ゴム価格の高騰がはじまったことから，6月にアメリカゴム

155

第1篇　国際カルテルから多国籍企業へ

協会が，スチーブンソン・プランに妥協した際の条件であった緊急時における市場介入をイギリス政府に働きかけるようゴム栽培者協会に要請したのであるが，拒否された。さらに生ゴム価格の上昇が続き，7月に1ドル23セントにまで上昇し，8月に64セントに低落した後，11月には再び1ドルを超えたのである。このような事態の展開により，とりわけゴム栽培者協会が市場介入への働きかけを拒否したことから，アメリカゴム協会は，アメリカ政府に政府間交渉による規制緩和の実現を働きかけたが，政府間交渉によっても十分な成果をあげることができなかった。[50] しかし，1925年の生ゴム価格の高騰の反動，再生ゴム利用の拡大などにより，1926年に生ゴム価格が低落した。アメリカゴム工業において棚卸損が再び経営を圧迫するようになり，1926年12月に生ゴム価格の安定を目的として，ビッグ・フォーおよびフィスク・ラバー社（Fisk Rubber Co.）をはじめとするゴム企業とGM社などの自動車企業とによって買い手プールが形成された。[51] ここに，ビッグ・フォーにおけるスチーブンソン・プランに対する協調行動が成立したのである。

　しかし，このプールは価格の安定を目的としており，スチーブンソン・プランに対抗するというよりも，それを補完するものであった。消費者の利益，国益を強調してスチーブンソン・プランに反対していたファイアストーン社がこのプールに参加したのは，ファイアストーン社がリベリアでのゴム栽培を開始したことによる経営基盤の変化を反映するとともに，アメリカゴム工業における競争関係の変化を反映するものであったと考えられる。このプールも一因となって生ゴム価格の安定がみられたものの，スチーブンソン・プランが，規制により発展を抑制されていたイギリス領植民地に比べてオランダ領東インドにおけるゴム栽培を著しく発展させ（表3-6），ゴム栽培産業におけるイギリスの支配を弱めるものであることが明らかになったことから，1928年4月に11月1日をもってスチーブンソン・プランが廃止されることになったのである。

第3章　アメリカ合成ゴム工業の形成とIG・ファルベン社

表 3 - 6　生ゴム輸出

	イギリス		オランダ	
	(千ロングトン)	世界全体に占める割合(%)	(千ロングトン)	世界全体に占める割合(%)
1920	232.7	68.0	80.0	23.4
1921	201.9	66.9	71.0	23.5
1922	274.2	67.5	94.0	23.2
1923	254.9	62.3	117.0	28.6
1924	240.0	56.3	149.0	35.0
1925	281.2	53.3	189.0	36.0
1926	371.5	59.7	204.0	32.8
1927	328.1	54.1	229.0	37.7
1928	386.6	59.1	229.0	35.0
1929	569.3	66.0	255.0	29.5
1930	548.1	66.7	242.0	29.4
1931	511.8	64.1	257.0	32.2
1932	471.9	66.7	211.0	29.8
1933	533.3	62.7	282.3	33.2
1934	588.0	57.8	379.4	37.3
1935	513.5	58.9	282.9	32.4
1936	447.1	52.2	309.6	36.2
1937	596.5	52.6	431.6	38.0
1938	492.0	55.0	300.9	33.6
1939	519.0	51.7	369.9	36.8
1940	710.0	51.1	537.5	38.7

注：イギリスは，マラヤ，セイロン，インド，ビルマ，北ボルネオ，スラワクである。オランダは，オランダ領東インドである。
出所：G. W. Stocking & M. W. Watkins, *Cartels in Action,* New York, 1946, p.72.

3　ビッグ・フォー体制の成立

　1910年代に飛躍的発展をとげたアメリカ自動車工業は，第1次大戦の戦時統制下で発展を抑制されていたが，大戦の終結により再び飛躍的に発展することが見込まれた。戦後ブームにおける自動車生産の急増により，それが一層強まったことから，自動車企業は，ゴム企業に設備拡張と生ゴム，綿布など原材料の大量買い付けを促した。ゴム企業は，銀行などからの借り入れ，社債発行などにより生産拡大を企てたが，1920年恐慌が自動車工業に深刻な打撃を与えたことから，ゴム工業も危機に陥ったのである。恐慌とそれに続く不況は，販売を停滞させただけでなく，生ゴム，綿布など

157

第1篇　国際カルテルから多国籍企業へ

原材料の価格低落による膨大な棚卸損となって，ゴム企業に経営危機をもたらした。アメリカゴム工業におけるビッグ・フォー体制の成立，とりわけグッドイヤー社がU・S・ラバー社を抜きトップ企業となったことに関しては，この経営危機とそれからの再建過程を看過することはできない。さらに，1920年代のアメリカゴム工業における競争は，タイヤの度重なる値下げと耐久性向上をめぐって展開されたのであるが，価格競争は，この経営危機からの再建過程にあってファイアストーン社が他社に先駆けてタイヤの値下げをしたことにはじまったといえる。したがって，1920年恐慌による経営危機とそれからの再建過程について，ファイアストーン社，グッドイヤー社，U・S・ラバー社，グッドリッチ社の順で考察を進めよう。

　ファイアストーン社は，1920年恐慌において販売が停滞するなかで，8月には負債が4,300万ドルにも上った。ヨーロッパ旅行から急ぎ帰国したハーベィ・ファイアストーンは，経営危機を打開するために，タイヤの25％値下げを決め，それを大々的に宣伝することにした。この値下げは，棚卸損を一層拡大するものであったが，資金繰りに窮していたファイアストーン社にとっては，堆積する在庫を減らし換金することが急務であった。他のゴム企業も事情は同じであったが，1カ月後にファイアストーン社に追随して値下げに踏み切ったのである。他の企業に先駆けて値下げしたファイアストーン社は，9月と10月の2カ月間にタイヤを1,800万ドル販売することができ，それにより負債を減らすことができた。ファイアストーン社の値下げ政策は，自動車工業において同じく値下げ政策をとるフォード社からタイヤ需要の65％の契約を得る主因となった。フォード社は，値下げ政策を遂行するうえで，コストダウンのために低廉なタイヤを必要としていた。それが，値下げによって市場の維持・拡大を企てるファイアストーン社との契約を成立させた最大の要因であった。この契約により，ファイアストーン社の第2工場はクリンチャータイヤだけを生産するようになったが，それは一時ファイアストーン社のタイヤ生産全体の半分を占めるものとなった。このようにして販路を確保したファイアストーン社は，

第3章 アメリカ合成ゴム工業の形成とIG・ファルベン社

賃金削減,人員整理など徹底した合理化を進めるとともに,ファイアストーン自らが販売責任者となるなど経営機構を改革し,価格競争＝値下げを主導しうる経営基盤を確立した。このような経営基盤の確立において,競争力の最も重要な要素である生産技術についても,ファイアストーン社は,コードを切断しライナーに巻取る工程の生産性を2～4倍向上させ巻取りを自動化したロータリー・バイアス・カッターを開発するなど,生産工程の機械化を進めた。それは,ファイアストーン社が,グッドイヤー社とともに「低コスト生産者」といわれるまでに競争力を強化する基礎となった。このようにして,ファイアストーン社は,1924年に負債を完済することができ,ビッグ・フォーのなかでいち早く経営危機からの再建を果たすことができたのである。それがまた,ファイアストーン社のリベリアでのゴム栽培への進出を可能としたといえるであろう。

ファイアストーン社に比べて,グッドイヤー社[54]の経営危機ははるかに深刻であった。1916年にタイヤ部門におけるトップ企業となったグッドイヤー社は,セイバリングの成長政策のもとで急速な設備拡張を進めたが,そのために大きな運転資本を必要とするにもかかわらず現金準備が少ないという経営体質を有していた。グッドイヤー社は,戦後ブームにおいてタイヤ需要の急増を見込み,トップ企業の地位を維持するために,先物契約により生ゴム,綿布などの原材料を大量に買い付けた。しかし,1920年恐慌により,それはビッグ・フォーのなかでも最大の棚卸損となってグッドイヤー社を経営危機に陥れたのである。しかも,上述の経営体質のゆえに経営危機が一層深刻なものとなり,資金繰りに窮した結果工場閉鎖をも考えなければならないほどであった。ウォール街＝東部金融資本に不信感を抱いていたセイバリングも,ウォール街に援助を求めざるをえなくなった。銀行債権者の会合においてディロン・リード商会（Dillon, Read & Co.）がグッドイヤー社の再建を担うことになり,1921年5月に再建プランが完成した。それは,2,750万ドルの無担保社債,3,000万ドルの担保付社債,3,000万ドルの第一優先株の発行により,グッドイヤー社を金融的窮地か

第1篇　国際カルテルから多国籍企業へ

ら救済せんとするものであったが，反面その後のグッドイヤー社の企業経営に多大な利子負担を課するものでもあった。無担保社債は，半分が銀行からの借入金を返済するため，残りが運転資本にむけるためのもので，8％の利子と社債1,000ドルにつき普通株10株が付けられた。優先株は取引関係債権者に対する支払いのためのもので，ディロン・リード商会が引き受けた担保付社債は運転資本を追加するためのものであった。ディロン・リード商会のクラレンス・ディロン（Clarence Dillon）が担保付社債所有者の代表として重役になるとともに，銀行債権者グループの代表としてユニオン・トラスト・カンパニー・オブ・クリーブランド（Union Trust Co. of Cleveland）の会長ジョン・シャーウィン（John Sherwin）が，取引関係債権者グループの代表としてGE社の副社長オーエン・D・ヤング（Owen D. Young）が，重役会に加わり，グッドイヤー社の再建を管理したのであるが，これら3名のために1万株の経営者株（management stock）が発行された。債権者を代表したこれら3名が，重役会の過半数を指名する権限をもち，社債が完済されるまでグッドイヤー社を支配することになったが，実質的にはディロン・リード商会が支配したのである。創設者フランク・A・セイバリングに替わって，ディロン・リード商会と結びついたエドワード・G・ウィルマー（Edward G. Wilmer）が38歳で社長に就任するなど，重役会を大幅に入れ替える経営機構の改革が行なわれた。再建は，当初，営業費の節減，人員整理など徹底した合理化によって進められたが，重役会のなかでの対立もあって，順調には進まなかった。しかし，副社長ポール・W・リッチフィールド（Paul W. Litchfield）の提案により積極的な方向へと転換され，豊富な運転資本——高い利子負担をともなうものであったが——をもって生産工程の機械化・自動化，宣伝の強化などによる競争力の強化へと進んだ。グッドイヤー社は，トップ企業としての蓄積された技術力，販売力を展開して，自動車工業が再び発展の軌道にのったことにより，販売を伸ばし1925年には過去最高の1920年の売上げ高を回復し，1926年にはU・S・ラバー社を抜きゴム工業におけるトップ企業となった。

第3章　アメリカ合成ゴム工業の形成とIG・ファルベン社

それは，グッドイヤー社が1912年に工業用ゴム製品の生産にも進出していたことにもよるが，それにしてもグッドイヤー社はタイヤ部門を中心に発展したのであり，グッドイヤー社がゴム工業におけるトップ企業となったのは，アメリカゴム工業においてタイヤ部門が圧倒的な比重を占めるものとなったことを反映するものにほかならない。経営危機から脱して再建への道を歩み出したグッドイヤー社は，はやくも1921年に債務の償還をはじめ，1925年までに5,600万ドル近くをそれに費やした。しかし，そのうちの2,600万ドル以上が利子と第一優先株の配当にむけられ，依然として多額の社債と第一優先株が償還されないままであった。この間普通株は無配のままで，優先株は未払い配当が1株当たり25ドルに累積するだけであったので，株主がクラレンス・ディロン等を背任で告訴した。それを契機として，1927年に，8％という高利の負担を解消するための償還計画が立てられた。それは，1921年に発行された社債と第一優先株を償還するために，5％の利息で償還期間30年の社債を6,000万ドル発行するものであった。また，優先株の未払い配当の累積分25ドル（25％）については増資割当で支払われることになっていた。この計画が株主に承認され，同時に経営者株も廃止されたことから，これをもってグッドイヤー社の支配権が株主の手に戻ったといわれたのである。

　1920年恐慌による経営危機からの再建――上述のような問題をはらみながらも――が経営機構の変革をもたらし，それを槓杆としてトップ企業の地位を確立したグッドイヤー社に比べて，U・S・ラバー社の場合は，経営危機が経営機構の変革・経営体質の改善へと結びつかず，それがトップ企業の地位を失う結果となっただけに，一層深刻であったともいえる。「トラストの父」フリントによって設立され，株式交換による合併で巨大化したU・S・ラバー社は，株式交換に際して有利になるように高配当政策を続けながら，設備投資などを銀行からの借入金や社債の発行に大きく依存する経営体質を有していた。戦後ブームにおいて，U・S・ラバー社は，タイヤ部門での劣勢を挽回すべくデトロイト，ハートフォード，イン

第1篇　国際カルテルから多国籍企業へ

ディアナポリスなどのタイヤ工場の拡張などのために普通株と優先株の増資を行なった。しかも，1920年恐慌により販売が停滞し棚卸損が生じ資金繰りに困ると，銀行からの短期融資によって急場をしのぎながら，設備拡張の資金不足を補うために期限10年，7.5%の利子で2,000万ドルの金貨払約束社債を発行した。それは，負債の正味資産に対する比率が1919年の45.9%から1920年には90.2%に上昇し，1921年には若干改善されたものの73.8%であったことに示されるように，1920年恐慌に際して負債に依存する経営体質が何ら改善されなかったことを意味する。その後，それは改善の方向へ進み，1924年12月には社債，借入金の未済分が1920年11月から約3,000万ドル減少し3,149万ドルになったのであるが，他方でU・S・ラバー社は，社債の発行により流動負債を長期負債へと転換したのである。ビッグ・フォーのなかで最大の長期負債を抱えたU・S・ラバー社にとって，その利子負担により企業経営を圧迫されたことが，トップ企業の地位を失う要因の一つとなった。U・S・ラバー社のこのような財務構造は，ウォール街＝クーン・ローブ商会（Kuhn, Loeb & Co.）との深い結びつきによって可能であったのだが，この結びつきにより銀行からの借り入れが容易であったことが，1920年恐慌による経営危機を深刻なものとせず経営機構の変革へと至らしめなかったのである。しかし，それゆえに，U・S・ラバー社の競争力が低下したといえる。U・S・ラバー社は，タイヤ部門での設備拡張を強行し，それにより市場競争での劣勢を挽回せんとしたが，市場シェアは低下するだけであった。新車用市場では，1916-17年の平均出荷数を回復することもできなかった。技術的には，成型作業の機械化に貢献したフラット・バンド・プロセスの開発などがあったにもかかわらず，市場シェアが低下したのは，経営組織に欠陥があったからだと考えられる。合併によって成立・成長したU・S・ラバー社は，製品多角化により多様な製品を生産していたが，ゴム工業におけるトップ企業の地位を維持するためには，1910年代からのタイヤ部門を中心とするゴム工業の発展構造に十分適応できる経営組織への変革が必要であった。しかし，

第3章　アメリカ合成ゴム工業の形成とIG・ファルベン社

　1920年恐慌による経営危機にもかかわらず、U・S・ラバー社の経営組織は、事業部間、あるいは事業部内の製造と販売の間での意思伝達や調整に欠け、権限と責任に重複や混乱がみられたままであった。(57)それは、1923年に、社長チャールズ・B・セイガー（Charles B. Seiger）との意見対立からタイヤ事業部長J・ニュートン・ガン（J. Newton Gunn）が退社したことに象徴的に示される。このような経営組織の欠陥のために、ゴム工業の構造的変化に十分適応できなかったことが、U・S・ラバー社がトップ企業の地位を失った最大の要因であった。

　グッドリッチ社は、恐慌の影響が最も深刻で、資金難から販売網の縮小を余儀なくされていた。他の3社が黒字であった1921年に、売上げの減少と棚卸損によって900万ドルの赤字となった。しかも、グッドリッチ社は、赤字にもかかわらず、資金を配当・優先株の償却・利子の支払いに回し、設備投資を怠った。それが、1920年代のタイヤ部門での競争でグッドイヤー社とファイアストーン社に立ち遅れた要因でもあった。(58)

　以上に明らかなように、1920年代のアメリカゴム工業の発展は、1920年恐慌による経営危機からの再建によってはじまったが、それはファイアストーン社の主導する価格競争を特徴としていた。経営危機からの再建を果たすための激しい競争は、タイヤ価格の低落だけでなく、耐久性の向上をももたらした（図3-5）。自動車の普及は補修用タイヤ市場の比重を増大させた（表3-7）が、1925年末からの生ゴム価格の低落による棚卸損が企業経営を圧迫しはじめた1926年に、グッドイヤー社がシアーズ・ローバック社（Sears, Roebuck & Co.）との間でディーラーに引き渡すよりも低い価格で同じ品質のタイヤをシアーズ・ローバック社に供給する契約を結んだことから、補修用市場をめぐって、競争が新たな局面に入った。自動車企業との直接取引による新車用市場は、全国的なサービス網をもつビッグ・フォーがほとんど独占していたが、補修用市場は、大都市、低価格品を中心に中小メーカーが市場の半分を占めていた。(59)ところが、バルーン・タイヤの普及や道路の改良などによりタイヤの寿命が延びたことから、補

第1篇 国際カルテルから多国籍企業へ

図3-5 自動車タイヤの卸売り価格(価格指数)と寿命

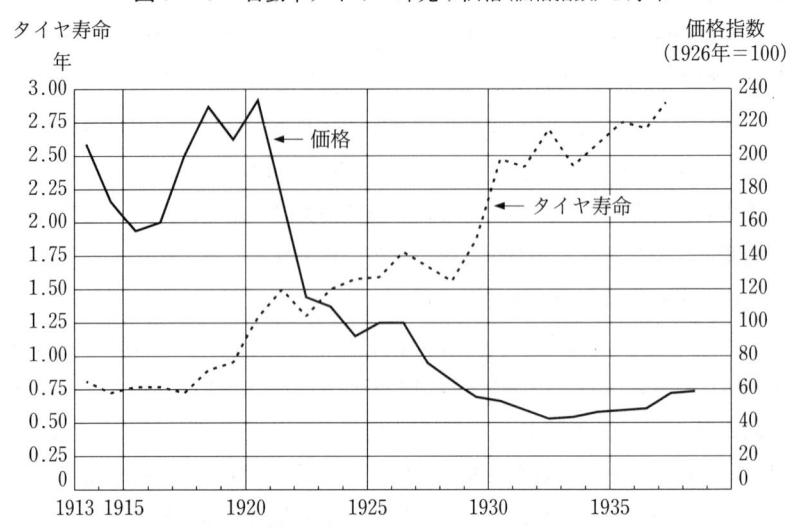

出所：S. Nelson & W. G. Kein, *Price Behavior and Business Policy*, TNEC Monograph No.1, Washington, 1941, p.65.

表3-7 自動車タイヤ生産

(単位：百万)

年	新車用	補修用	計	年	新車用	補修用	計
1922	9.9	28.7	40.9	1930	13.6	38.3	51.0
1923	15.6	28.6	45.4	1931	9.6	37.5	49.0
1924	13.9	34.4	50.8	1932	6.0	32.9	40.1
1925	16.4	40.1	58.8	1933	10.3	32.8	45.3
1926	16.7	40.0	60.1	1934	14.5	31.9	47.2
1927	13.0	47.9	63.6	1935	20.9	29.3	51.2
1928	16.8	53.6	75.5	1936	23.1	29.9	58.1
1929	20.5	47.1	69.8				

出所：L. G. Reynolds, Competition in the Rubber-Tire Industry, p.460.

修用市場が自動車の普及と同じテンポで拡大しなくなった。大量生産を維持するために大量販売を不可欠とするビッグ・フォーは，補修用市場のシェア拡大を企てたのである。

　グッドイヤー社は，シアーズ・ローバック社との原価加算契約により取

第3章　アメリカ合成ゴム工業の形成とIG・ファルベン社

引を独占するとともに，生ゴム価格が25セント以下の場合は6.5％，25セント以上の場合は6％の「リベート」を得ることになったが，シアーズ・ローバック社は，この契約により，ディーラーが扱うオールウェザータイヤ"All Weather"と同じ品質のタイヤを自社ブランドのオールステートタイヤ"All State"としてディーラーよりも20～25％安く販売することができ，売上げを急速に伸ばした。しかし，それはディーラーの反発を招き，グッドイヤー社はディーラーに対する価格を引き下げざるをえなかった。それがまたシアーズ・ローバック社に対する価格の引下げをもたらすとともに，業界に波及してタイヤ価格の低落を促した。グッドイヤー社にとってこの契約は利幅を小さくするものであったが，シアーズ・ローバック社の流通網により大量販売が可能となり，グッドイヤー社は補修用市場におけるシェアを拡大したのである。1928年から過剰生産が深刻化するなかで，補修用市場においてグッドイヤー社に対抗するために，1930年にＵ・Ｓ・ラバー社が，シアーズ・ローバック社と競争関係にあったモンゴメリー・ウォード社（Montgomery, Ward & Co.）のリバーサイドタイヤ"Riverside"を生産するようになった。1931年には，Ｕ・Ｓ・ラバー社とグッドリッチ社がスタンダード系石油会社のアトラスタイヤ"Atlas"の生産をはじめた。ビッグ・フォーのなかで，グッドイヤー社，Ｕ・Ｓ・ラバー社，グッドリッチ社が，通信販売企業，石油企業などと結びついて補修用市場におけるシェア拡大を企てたのに対して，ファイアストーン社は，とくにシアーズ・ローバック社に対抗するために，自ら小売部門に進出したのである。ファイアストーン社は，市場競争が激化するなかで資金繰りに窮したディーラーとのパートナーシップ契約によりワン・ストップ・サービスステーション（One Stop Service Station）を増やし，補修用市場におけるシェア拡大を企てた。ビッグ・フォーの他の3社，とくにグッドイヤー社とグッドリッチ社も，ファイアストーン社に対抗して，小売部門に進出した。グッドイヤー社とシアーズ・ローバック社との契約の成立を契機として，補修用市場における流通再編成が進んだのであるが，それは独立系

第1篇　国際カルテルから多国籍企業へ

表 3 - 8　補修用市場

(単位：千)

	補修用市場	グッドイヤー社	%	ファイアストーン社	%	グッドリッチ社	%	U・S・ラバー社	%	ビッグ・フォー	%
1926	39,200	5,968	15.23	4,867	12.42	3,886	9.91	4,476	11.42	19,197	48.98
1927	46,888	7,900	16.85	6,377	13.60	4,882	10.41	4,209	8.98	23,368	49.84
1928	52,303	11,016	21.07	6,623	12.66	5,367	10.26	4,961	9.48	27,967	53.47
1929	45,471	12,393	27.25	5,849	12.86	4,910	10.79	5,785	12.71	28,937	63.61
1930	37,231	10,893	29.26	5,176	13.90	4,891	13.13	5,237	14.07	26,197	70.36
1931	37,983	10,344	27.26	5,529	14.56	5,109	13.45	5,463	14.38	26,445	69.65
1932	33,272	8,283	24.59	5,013	15.07	3,818	11.48	4,923	14.83	22,037	65.97
1933	33,242	6,572	19.77	4,355	13.10	4,189	12.70	4,843	14.56	19,959	60.13

注：グッドイヤー社にはタイヤ販売の一部が含まれていない。なお表 2 - 7 とは出典が異なるので数字の不一致がある。
出所：SEC, *Investment Trust and Investment Companies*, Pt.4, (U. S. House Document 246, 77th Cong., 1st Sess.) Washington, 1942, p.245.

ディーラーの比重の著しい低下を特徴としていた。大量販売業者——通信販売企業・石油企業など——の抬頭と独立系ディーラーの衰退とを内容とする流通再編成は，ゴム企業にとって利幅の縮小をもたらすものであり，[65]必ずしも補修用市場におけるビッグ・フォーの主導力の強化を意味するものではなかった。ビッグ・フォーは，補修用市場の流通再編成において自らの主導力を確立せんとして，直接に小売部門へ進出したのである。それはまた，大量販売業者のブランドで販売されていた自社製品との競争を強める側面をもっていた。このような流通再編成をともなう補修用市場における競争を展開することによって，ビッグ・フォーは，新車用市場のみならず，補修用市場においても独占的地位を確立したのである（表3-8）。補修用市場をめぐるこのような競争が展開された1920年代後半から30年代にかけて，ビッグ・フォーがタイヤ市場の支配を確立したことにより，「競争的関係」を維持しつつアメリカゴム工業を支配するビッグ・フォー体制が成立したのである。

　ビッグ・フォー体制の成立という見地から，第1次大戦後のアメリカゴム工業の発展を大戦前のそれと比較するならば，トップ企業となったグッドイヤー社にかわってファイアストーン社が競争戦に主導的な役割を果た

第3章　アメリカ合成ゴム工業の形成とIG・ファルベン社

したことが注目される。それは，ハーベィ・ファイアストーンの経営哲学によるところが大きいが，彼の経営哲学を，消費者の利益のために出来るだけ安く販売しようとしたとか，国益のために国際カルテル——スチーブンソン・プラン——に反対したとか，美化するのは誤まりであろう。彼の経営哲学は，ビッグ・スリー，とりわけグッドイヤー社と十分に対抗しうる競争力をもって「ビッグ・フォー体制」の一角を占めんとするものであり，ファイアストーン社を取り巻く競争関係に規定されたものであった。それは，1920年の経営危機からいち早く脱して競争力を強化したファイアストーン社が，リベリアでのゴム栽培に進出したこともあって，スチーブンソン・プランをめぐって対立していたビッグ・スリーとともに1926年に買い手プールを形成したことにあらわれている。先発企業，とくにU・S・ラバー社がタイヤ部門を中心とする構造への変化に十分適応できずにいる間に，またグッドイヤー社が1920年恐慌による経営危機からの再建を進めている間に，ファイアストーン社が地歩を固めたことによって，ビッグ・フォー体制が成立したといえるが，その最後の局面として位置づけられるグッドイヤー社とシアーズ・ローバック社との契約の成立を契機とした補修用市場での競争が展開されるなかで，とりわけ1929年恐慌とそれに続く不況のなかで，フィスク・ラバー社などビッグ・フォーに続いていた中規模企業が競争戦から脱落していったのである。それは，グッドリッチ社が1929年にフッド・ラバー社（Hood Rubber Co.）を，1930年にミラー・タイヤ・アンド・ラバー社（Miller Tire & Rubber Co.）を合併したこと，グッドイヤー社がケリー・スプリングフィールド・タイヤ社（Kelly Springfield Tire Co.）を1939年に合併したこと，あるいはU・S・ラバー社が1929年恐慌の後に再建されたフィスク・タイヤ・アンド・ラバー社（Fisk Tire & Rubber Co.）を1939年に合併したことに示されるように，ビッグ・フォーによる生産と資本の集中として結果した。ここに，当時のアメリカゴム工業が直面した諸困難——生ゴム価格の変動と過剰生産の深刻化——のために協調関係がたえず動揺するものではあったが，アメリカゴ

第1篇　国際カルテルから多国籍企業へ

ム工業を支配するビッグ・フォー体制の成立を確認できるであろう。

(1)　チャールズ・グッドイヤーの伝記としては次のものがある。Ralph F. Wolf, *India Rubber Man,* Caldwell, 1939 ; Adolph C. Regli, *Rubber's Goodyear,* New York, 1940.
(2)　チャンドラーは，1917年に，これらの企業がアメリカゴム工業の4大企業であったことを指摘している。A. D. Chandler, Jr., *The Visible Hand,* Cambridge, 1977, p.353（鳥羽欽一郎・小林袈裟治『経営者の時代』下，東洋経済新報社，1979年，614頁）。4大企業ということでは，第1次大戦前からそうであった。Alfred Lief, *Harvey Firestone,* New York, 1951, p.113.
(3)　先発企業と後発企業の企業経営のちがいは，先発企業が合併中心型の成長をしたのに対して，後発企業が内部成長型といえる成長をしたことにもあらわれている。それは，それぞれの企業の設立時から1948年までの資産成長における合併取得の比率が，U・S・ラバー社（75.8%），グッドリッチ社（50.8%），グッドイヤー社（5.5%），ファイアストーン社（4.1%）であったことに示される（FTC, *Economic Report on Manufacturing & Distribution of Automotive Tires,* Washington D.C., 1966, p.5. この資料は国立国会図書館所蔵のものを利用した）。
(4)　アクロン・ラバー・ワークス社（Akron Rubber Works[*India Rubber World,* Sep. 1, 1913, p.621]）あるいはアクロン・ラバー社（Akron Rubber Co. [*India Rubber World,* Dec. 1, 1913, p.130]）であったという説もあるが，多くはグッドリッチ・テュー社としている（H. Wolf & R. Wolf, *Rubber,* New York, 1936 p.404 ; A. Lief, *Harvey Firestone,* p.64 ; W. Haynes, *op.cit.,* vol.6, 1949, p.190 ; Mansel G. Blackford and K. Austin Kerr, *BFGoodrich : Tradition and Transformation, 1870- 1995,* Columbus, 1996, p.16)。
(5)　フリントが設立に関わった企業は，American Caramel Co., American Chicle Co., International Time Recording Co. などであった（James H. Bridge, *The Trust : Its Book,* New York, 1973, p.207)。フリントが1900年に設立したインターナショナル・クルード・ラバー社（International Crude Rubber Co.)の破産により生じたU・S・ラバー社に対する負債問題から，フリントは1901年以後U・S・ラバー社との職務上の関係を失った（G. D. Babcock, *History of the United States*

第3章　アメリカ合成ゴム工業の形成とIG・ファルベン社

Rubber Company, Indiana Business Report, 1966, pp.56-60)。
(6)　R. F. Wolf, *op.cit.,* pp.410-417 ; G.D.Babcock, *op.cit.,* pp.44-47. U・S・ラバー社は1896年にニューブランズウィック・ラバー社（New Brunswick Rubber Co.）で自転車用ソリッドタイヤの製造を開始したが，業績不振のため1900年にラバー・グッヅ製造会社にタイヤ部門を売却した（G. D. Babcock, *op.cit.,* p.49）。タイヤ部門の売却は，U・S・ラバー社とラバー・グッヅ製造会社との分業関係によると考えられるが，業績不振は1890年代末に自転車ブームが終わったことによるもので，ここにもU・S・ラバー社のタイヤ部門における立ち遅れをみることができる。
(7)　Norman Beasley, *Men Working,* New York, 1931, pp.28-30 ; Hugh Allen, *The House of Goodyear,* Cleveland, 1949, pp.15-16, 21-22 ; P. W. Litchfield, *Industrial Voyage,* New York, 1954, pp.84-85 ; H. Wolf & R. Wolf, *op.cit.,* p.421.
(8)　Harvey S. Firestone, *Men and Rubber,* New York, 1926, pp.44-45 ; A. Lief, *Harvey Firestone,* pp.54-60 ; H. Wolf & R. Wolf, *op.cit.,* p.419.
　ファイアストーン社の設立は，このコンソリデイテッド・ラバー・タイヤ社の設立とも関連しているので，ここに簡単にふれておこう。ファイアストーンは，シカゴにファイアストーン・ビクター・ラバー・タイヤ社（Firestone Victor Rubber Tire Co. 1898年1月にファイアストーン・ラバー・タイヤ社［Firestone Rubber Tire Co.］となる）を設立し馬車用タイヤを販売していたが，この企業はケリーのラバー・タイヤ・ホイール社に合併された。ファイアストーンは，ラバー・タイヤ・ホイール社において，さらにそれがコンソリデイテッド・ラバー・タイヤ社に合併されてからも，シカゴの販売支配人の地位にあったが，1899年末にその職を辞し翌年アクロンへ移った。アクロンでは，ホイットマン・アンド・バーンズ製造会社（Whitman & Barnes Mfg. Co.）のタイヤ部門の支配人の地位にあったが，1900年8月にその資産を買収してファイアストーン社を設立したのである。
(9)　N. Beasley, *op.cit.,* pp.20-25, 30 ; H. Allen, *op.cit.,* pp.16-17, 22 ; P. W. Litchfield, *op.cit.,* pp.84-85 ; H. Wolf & R. Wolf, *op.cit.,* pp.420-421.
(10)　*Goodyear Tire & Rubber Co. v. Rubber Tire Wheel Co.,* 116 Fed. Rep. 363 (1902).
(11)　ファイアストーン社の設立は，この特許の所有を基礎としている。

第1篇　国際カルテルから多国籍企業へ

　　　　1902年までは，グッドリッチ社などに製造権を与えその製品をファイアストーン社が販売していた。1902年にファイアストーン社が自ら製造を開始したのであるが，その後もグッドリッチ社はファイアストーン社にロイヤリティーを支払ってサイドワイヤータイヤを製造していた。
(12)　　A. Lief, *The Firestone Story,* New York, 1951, p.16 ; A Lief, *Harvey Firestone,* pp.79-80.
　　　　ファイアストーン社がプールに参加しなかったことから，コンソリデイテッド・ラバー・ホイール社はファイアストーン社を特許の侵害として告訴した。今度は，グラント特許が特許に値するとして，先の判決（注10）がくつがえされたのである。詳しくは，次を参照されたい。*Consolidated Rubber Tire Co. v. Firestone Tire & Rubber Co.,* 151 Fed. Rep. 237(1902).
(13)　　自動車用タイヤへの発展に関しては，自転車製造企業と馬車製造企業が自動車企業へと発展したことから，その市場的側面も看過することはできない。John B. Rae, *American Automobile Manufacturers,* New York, 1959, pp.6-19.
(14)　　N. Beasley, *op.cit.,* p.33 ; H. Allen, *op.cit.,* pp.16, 22-23 ; P. W. Litchfield, *op.cit.,* pp.85-86 ; H. S. Firestone, *op.cit.,* pp.76-79 ; A. Lief, *Harvey Firestone,* pp.82-83 ; A. Lief, *The Firestone Story,* pp.25-26 ; H. Wolf & R, Wolf, *op.cit.,* p.424.
(15)　　アメリカでストレートサイドタイヤが普及したのは，クリンチャータイヤの技術が，ヨーロッパよりも低かったのが一因であるとする説（*India Rubber Journal,* Jul. 1921, p.16）もあるが，ストレートサイドタイヤがクリンチャータイヤに比べて労力と熟練を要さず（*India Rubber Journal,* May 21, 1921, p.975）大量生産に適していたことにあるのではなかろうか。
(16)　　N. Beasley, *op.cit.,* pp.38-47 ; H. Allen, *op.cit.,* pp.23-24 ; P. W. Litchfield, *op.cit.,* pp.87-88, 94-95 ; H. Wolf & R. Wolf, *op.cit.,* p.424 -425.
(17)　　P. W. Litchfield, *op.cit.,* pp.98-99.
(18)　　G・アンド・J・クリンチャータイヤ組合が1セント70ドルの価格を示したのに対して，ファイアストーンは1セント55ドルの価格を提示した（H. S. Firestone, *op.cit.,* p.81）。ここに，ファイアストーンとフォードの親交がはじまった。
(19)　　H. S. Firestone, *op.cit.,* pp.88-89 ; A. Lief, *Harvey Firestone,* pp.89-

第3章 アメリカ合成ゴム工業の形成とIG・ファルベン社

90 ; A. Lief, *The Firestone Story,* pp.28-31.

　ジェフリー特許を所有していたゴームリー・アンド・ジェフリー・タイヤ社 (Gormley & Jeffery Tire Co.) がペンシルベニア・ラバー社 (Pennsylvania Rubber Co.) との裁判に敗れたので，ファイアストーン社は告訴されなかった。Cf. *Gormley & Jeffery Tire Co. v. Pennsylvania Rubber Co.,* 155 Fed. Rep. 982 (1907).

　フォードT型車がクリンチャータイヤを用いたことがストレートサイドタイヤの普及を遅らせる一因であったということができる。すなわち，ストレートサイドタイヤは徐々にクリンチャータイヤにとって代わり，1925年末までに市場の49％を占めるようになり，1927年以後はクリンチャータイヤはもっぱらフォードT型車の補修用に使われるだけであった，といわれている (FTC, *op.cit.,* p.3)。

(20) G. D. Babcock, *op.cit.,* pp.74, 114.
(21) *India Rubber World,* Jun. 1, 1912, p.432.
(22) Goodyear Tyre & Rubber Co. (Great Britain) Ltd., *The Story of the Tyre,* Wolverhampton, 1949, p.13 ; FTC, *op.cit.,* p.3.
(23) H. Allen, *op.cit.,* pp.37-38 ; P. W. Litchfield, *op.cit.,* pp.111-115.
(24) ファイアストーン社，というよりも，ファイアストーン個人のこのような政策は，タイヤ部門に関わる二つの独占を打ち破ることとなった。その一つは，タイヤ成型機 (tire building machine) に関するもので，グッドイヤー社のセイバリングがその特許を所有していた。この機械は，それまで人間労働に依存していた工程を機械化し均質なタイヤを製造するものであった (H. Allen, *op.cit.,* p.29 ; P. W. Litchfield, *op.cit.,* p.91)。この特許をもとに，セイバリングは，国内で製造されるタイヤの40％から一つにつき7.5セントから25セントのロイヤリティーを受け取っていたが，ファイアストーンはそれは特許に値しないとして支払いを拒否したために裁判となった。1916年の判決では，それが特許に値するとされたが，1918年の判決では，セイバリングの特許に先立ってベルギーですでに同様の機械の特許が取得されていた事実を明らかにしてファイアストーンが勝利した。かくて，グッドイヤー社のタイヤ成型機に対する支配は崩れたのである。Cf. *Seiberling v. Firestone Tire & Rubber Co.,* 234 Fed. Rep. 370 (1916) ; *Firestone Tire & Rubber Co. v. Seiberling,* 257 Fed. Rep.74 (1918).

　他の一つは，取りはずし式リム (demountable rim) に関するもので，ルイス・H・パールマン (Louis H. Perlman) がその特許を取得し，

第1篇　国際カルテルから多国籍企業へ

　　　　自動車工業を支配せんとしていたウィリアム・C・デュラント（William C. Durant）に働きかけパールマン・リム社（Perlman Rim Corp.）を設立しユナイテッド・モーターズ社（United Motors Corp.）の子会社として，リム生産を支配しようとした。しかし，1906年にクリンチャータイヤとストレートサイドタイヤの両方に使えるユニバーサルリムを開発し1906年には自ら取りはずし式リムの製造に進出していたファイアストーン社は，リム部門の重要性からも，パールマンの特許権取得が虚偽の事実にもとづくものであることを明らかにして，この独占体制を打ち破ったのである（H. S. Firestone, *op.cit.*, pp.91-106；A. Lief, *Harvey Firestone*, pp.133-139；A. Lief, *The Firestone Story*, pp.105-108）。

　　　　なお，デュラントに関しては，つぎを参照されたい。A. D. Chandler, Jr., *Strategy and Structure,* Ch. 3；J. B. Rae, *op.cit.*

(25)　ラテックス（ゴム乳液）を産する植物（ゴム樹）は数百種あるといわれるが，現在天然ゴムのほとんどがヘベア・ブラジリエンシスによるものである。ヘベア・ブラジリエンシスは，原産地ブラジルのパラ港から輸出されたことから，パラゴム樹（Para rubber tree）ともよばれた。

(26)　「ゴム工業の父」（Father of the India-Rubber）といわれ，グッドイヤーとの加硫法の特許紛争で有名なトーマス・ハンコック（Thomas Hancock）が，その著書（*Personal Narrative of the Origin and Process of the Caoutchouc or India Rubber Manufacture in England,* London, 1857）で提唱していた（J. H. Drabble, *Rubber in Malaya 1876-1922,* London, 1973, p.2）。

(27)　ブラジルでのゴム栽培経営に失敗したヘンリー・ウィカム（Henry Wickham）が1876年にブラジルから持ち出した種子が，イギリスのキュー植物園で苗木に育てられた後に，セイロンに送られたのが，東南アジアにおけるゴム栽培の歴史的起源であった（C. Barlow, *The Natural Rubber Industry,* London, 1978, pp.19-20）。

(28)　ゴム栽培産業の発展は，アメリカを中心とする自動車工業の発展と深く結びついていたのであるが，1900年代の自動車工業はまだ発展の緒についたばかりであり，この時期のゴム栽培ブームへの影響を過大に評価してはならないであろう。

(29)　1903年に設立されたペタリン・ラバー・エステート・シンジケート（Pataling Rubber Estates Syndicate Ltd.）の配当は，1909年に125%，1910年に325%であった。1899年にグラスゴーで設立されたセランゴー

第3章 アメリカ合成ゴム工業の形成とIG・ファルベン社

ル・ラバー社（Selangor Rubber Co.）の配当は，1909年に287.5％，1910年に375％であった（J. H. Drabble, *op.cit.*, p.63）。
(30) この過程において，1915年にブラジル政府は，1906年，1908年に次いで三度目の価格つり上げのための生産規制を計画したが，栽培ゴムの急増により十分な効果をあげることができなかった（*India Rubber World,* Oct. 1, 1922, pp.4-5）。
(31) J. H. Drabble, *op.cit.*, pp.138-150. この文献は，ゴム栽培者協会の内部資料にもとづいてスチーブンソン・プランの成立過程を明らかにした優れた研究であり，本書もこれに拠るところが大きい。しかし，内部資料によって協会内の意見の相違に眼を奪われるあまり，協会がスチーブンソン・プランの成立に果たした役割，スチーブンソン委員会の性格の本質を見失っている。
(32) C. R. Whittlesey, *Governmental Control of Crude Rubber,* Princeton, 1931, pp.22-25 ; J. H. Drabble, *op.cit.*, pp.162-174.
(33) スチーブンソン・プランの成立過程におけるイギリス政府の対応は，植民地担当国務大臣ウィンストン・チャーチル（Winston Churchill）がスチーブンソン・プランについて「アメリカに対する債務を支払う主要な手段の一つ」と述べた問題を含めて，イギリス帝国全体の利害からのものと考えられる。Cf. J. C. Lawrence, *The World's Struggle with Rubber 1905-1931,* New York, 1931, pp.33-37 ; C. R. Whittlesey, *op.cit.*, pp.39-40 ; J. H. Drabble, *op.cit.*, pp.192-199.

なお，強制的生産規制が必要とされた理由として，コードタイヤの普及が生ゴム需要を相対的に低下させたことがあげられている（C. R. Whittlesey, *op.cit.*, p.13）。
(34) ゴム工業を代表してダンロップ社（Dunlop Co. Ltd.）のE・J・バーン（E. J. Byrn）が参加したが，ダンロップ社はゴム栽培に進出していたことから，当初は生産規制に賛同していた。
(35) C. R. Whittlesey, *op.cit.*, pp.204-209 ; J. C. Lawrence, *op.cit.*, pp.103-110 ; *India Rubber Journal,* Jun. 10, 1922, pp.19-21.
(36) C. R. Whittlesey, *op.cit.*, pp.210-214 ; J. C. Lawrence, *op.cit.*, pp.113-119.
(37) W. A. Maclaren, *Rubber, Tea & Cacao,* London, 1924, pp.50-51.
(38) J. C. Lawrence, *op.cit.*, pp.46-51 ; W. C. Taylor, *The Firestone Operations in Liberia,* New York, 1956, p.45.
(39) *India Rubber World,* Jul. 1, 1923, p.630 ; C. R. Whittlesey, *op.cit.*, pp.

第1篇　国際カルテルから多国籍企業へ

135-136.
(40)　G. D. Babcock, *op.cit.*, pp.82-89 ; H. Wolf & R. Wolf, *op.cit.*, pp.239-242.
　　なお，このようにしてゴム栽培に進出したU・S・ラバー社は，1925年には生ゴムを20％自給できるようになった。
(41)　H. Allen, *op.cit.*, pp.82-89 ; P. W. Litchfield, *op.cit.*, pp.153-159 ; H. Wolf & R. Wolf, *op.cit.*, pp.245-246.
(42)　J. W. F. Rowe, *Studies in the Artificial Control of Raw Material Supplies, No. 2 Rubber,* London, 1931, p.46.
(43)　委員長は，U・S・ラバー社の副社長H・スチュアート・ホッチキス（H. Stuart Hotchkiss）であり，グッドリッチ社の社長B・G・ワーク（B. G. Work）と，グッドイヤー社の副社長P・W・リッチフィールドも委員となっていた。したがって，アメリカゴム協会においてスチーブンソン・プランへの対応を検討したこの委員会に，ビッグ・スリーの対応が集約されていたといえる。ファイアストーン社も当初メンバーであったが，スチーブンソン・プランに対する意見の対立から委員を引きあげた（*India Rubber World,* Apr. 1, 1923, p.440）。
(44)　J. W. F. Rowe, *op.cit.*, p.46.
(45)　ファイアストーン社がスチーブンソン・プランに反対したのは，フォード社との2年契約が生ゴム価格を9シリング（18セント）に見込んだものであったからだといわれた（*India Rubber World,* Jun. 1, 1923, p.555）。
(46)　ファイアストーン社が呼びかけた会合には，イギリスゴム工業の業界団体ゴム製造者協会（India-Rubber Manufacturers' Association, Ltd.）の代表も参加した（*India Rubber World,* Apr. 1, 1923, p.421）。ゴム製造者協会は，スチーブンソン・プランに反対していた（*India Rubber Journal,* Oct. 28, 1922, pp.7-8）。
(47)　H. S. Firestone, *op.cit.*, pp.253-269 ; H. S. Firestone, Jr., *The Romance and Drama of the Rubber Industry,* 1932 ; A. Lief, *Harvey Firestone,* pp.224-243 ; A. Lief, *The Firestone Story,* pp.144-170 ; W. C. Taylor, *op.cit.*, pp.38-88.
(48)　C. R. Whittlesey, *op.cit.*, p.30. スチーブンソン・プランの実施期間における生ゴム価格については，主にこの著書に依拠している。
(49)　スチーブンソン・プランを実施する基準となった四半期（3カ月）の平均でみてであり，1923年2月～4月の期間だけ基準価格を上回った。

第3章　アメリカ合成ゴム工業の形成とIG・ファルベン社

(50) C. R. Whittlesey, *op.cit.*, pp.35-40, 138-148 ; J. W. F. Rowe, *op.cit.*, pp.49-52.
(51) C. R. Whittlesey, *op.cit.*, pp.158-160 ; J. W. F. Rowe, *op.cit.*, pp.57-60 ; G. D. Babcock, *op.cit.*, pp.177-180. このプールは，スチーブンソン・プランの廃止にともなって解体された。
(52) H. Allen, *op.cit.*, pp.50-52.
(53) ファイアストーン社については，H. S. Firestone, *op.cit.*, pp.247-252 ; H. Wolf & R. Wolf, *op.cit.*, pp.444-446 ; A. Lief, *Harvey Firestone*, pp.155-163 ; A. Lief, *The Firestone Story*, pp.127-135, に依拠している。
(54) グッドイヤー社については，N. Beasley, *op.cit.*, pp.86-108 ; H. Wolf & R. Wolf, *op.cit.*, pp.443-444, 447-458 ; H. Allen, *op.cit.*, pp.49-69 ; P. W. Litchfield, *op.cit.*, pp.192-213, 221-223に依拠している。
(55) 1921年の再建プランにより，グッドイヤー社は，実質的には8,700万ドルを14％の利子で借りることになった (P. W. Litchfield, *op.cit.*, p.196)。
(56) U・S・ラバー社については，H. Wolf & R. Wolf, *op.cit.*, pp.444-447 ; G. D. Babcock, *op.cit.*, pp.145-249 ; *Fortune*, Feb. 1934, pp.52-55 に依拠している。
(57) Cf. A. D. Chandler, *The Visible Hand*, pp.433-438 (邦訳，746〜755頁)。
(58) Blackford and Kerr, *op.cit.*, pp.78-84.
　　東部 (金融資本) と深く結びついたグッドリッチ社が，高利の証券を発行して短期の借入金を長期債務に借り替えることによって乗り切ったことが指摘されているが (H. Wolf & R. Wolf, *op.cit.*, p.446)，グッドリッチ社公認の経営史では，1919年に1,500万ドルの優先株を発行し2年前の借入金を返済したこと，翌年に5年ものの証券を3,000万ドル発行したことが述べられているだけである (Blackford and Kerr, *ibid.*, p.80)。
(59) H. Allen, *op.cit.*, pp.337-338 ; G. D. Babcock, *op.cit.*, pp.213-215.
(60) H. Wolf & R. Wolf, *op.cit.*, pp.467-470 ; C. Wilcox, *Competition and Monopoly in American Industry*, TNEC Monograph No.21, 1941, p.49 ; L. G. Reynolds, *Competition in the Rubber-Tire Industry*, *American Economic Review*, Sep. 1938, p.461.
(61) それは，大量販売業者との競争に直面したディーラーの要望に応えるという形での低価格商品の導入となって結果した。これは，一方では，

第1篇　国際カルテルから多国籍企業へ

　　　　他の企業との競争において宣伝を強めることにより自社のブランド・イメージを確立するとともに，他方では，市場の多様化（階層分化）に対応して低価格商品から高級品まで商品の多様化を進めることによって，製品差別化政策が進められたことを意味する。
(62)　シアーズ・ロバック社は，タイヤ販売におけるモンゴメリー・ウォード社に対する劣勢を挽回すべく，グッドイヤー社との契約を進めたのである。モンゴメリー・ウォード社との競争については，H. Wolf & R. Wolf, *op.cit.*, pp.468-470 を参照されたい。
(63)　A. Lief, *Harvey Firestone*, pp.264-276 ; A. Lief, *The Firestone Story*, pp.178-187. ただし，ファイヤストーン社は，1930年にモンゴメリー・ウォード社との契約を企ててもいた（H. Wolf & R. Wolf *op.cit.*, p.484）。
(64)　*Rubber Age,* Dec. 10, 1942, p.252.
(65)　L. G. Reynolds, *op.cit.*, p.462.
(66)　ファイアストーン社の競争力の強化は，ゴム栽培と補修用市場における小売部門とへの進出という垂直的統合戦略の積極的展開によって特徴づけられるが，この点で，同じく垂直的統合戦略を展開したグッドイヤー社はともかくとして，ゴム栽培に進出しなかったグッドリッチ社と，補修用市場における小売部門への進出に消極的であったU・S・ラバー社は，立ち遅れていたといえるであろう。

第3章　アメリカ合成ゴム工業の形成とIG・ファルベン社

II　アメリカ合成ゴム工業の形成とIG・ファルベン社

1　合成ゴム技術の発展とビッグ・フォー

(1)　第1次大戦までの合成ゴム技術の発展[1]

　合成ゴム技術の歴史は，1826年にイギリスのM・ファラディ（M. Faraday）が天然ゴムの化学分析により，天然ゴムが5個の炭素と8個の水素の炭化水素（C_5H_8）からなることを発見したことにはじまる。その後，天然ゴムの乾留によりC_5H_8の物質を分離することが試みられ，1860年頃にイギリスのG・ウィリアムズ（G. Williams）がC_5H_8の物質を分離することに成功し，それをイソプレンと名づけた。イソプレンが天然ゴムの主成分であることは，1879年にフランスのG・ブーシャルダ（G. Bouchardat）によって確認された。ウィリアムズは，イソプレンが空気中で粘着性の物質に変化し，それが蒸留によってゴム状物質になることを発見していたが，ブーシャルダはイソプレンを塩酸で処理することによりゴム状物質を得ることに成功したのである。これを「最初のゴム合成」とする説[2]もあるが，天然ゴムからそれよりも劣悪な「合成ゴム」をつくるこの方法は，「金から鉛をつくる」[3]ものでしかなかった。その後の研究は天然ゴム以外のものからイソプレンを得ることに向けられ，1884年にイギリスのW・チルデン（W.Tilden）がテレビン油の熱分解によりイソプレンを得ることに成功し，このイソプレンを塩酸で処理してゴム状物質を得たのである。これは，天然ゴム以外のものからつくられた最初の「合成ゴム」であったが，テレビン油は松やにを原料とするもので，産出量が限られコストも高いことから，他の原料からイソプレンを得るより経済的な製造方法が追及された。それとともに，イソプレン以外の炭化水素による合成ゴムの可能性も追及され，1900年にロシアのI・コンダコフ（I. Kondakow）が2,3-ジメチルブタジエンをアルコールカリと熱してゴム状物質を得ることに成功し，[4]

第1篇　国際カルテルから多国籍企業へ

1910年には同じロシアのS・V・レベデフ（S. V. Lebedev）がブタジエンからゴム状物質を得たことを公表した。イソプレンの同族体による合成ゴムの可能性が明らかになったことによって，モノマーに関しては後の工業化の基礎がつくられたといえる。第1次大戦前のこのような合成ゴム技術の発展は，生ゴム価格が史上最高のものとなった1910年頃に一つのピークにあったといえる。

　この時期に合成ゴム技術の発展に貢献した企業として，とくにドイツのバイエル社[5]とイギリスのストレインジ社[6]（Strange and Graham, Ltd.）があげられる。ドイツの化学企業バイエル社は，1906年にF・ホフマン（F. Hofmann）のもとで合成ゴムの研究を開始し，ロンドンの化学コンサルティング企業ストレインジ社は，1908年に合成ゴムの商業的生産の可能性についての研究をはじめた。ホフマンは，K・クッテレ（K. Coutelle）とともに，コールタールの成分であるパラクレゾールからイソプレンを得る方法を発見したが，ストレインジ社のF・E・マシューズ（F. E. Matthews）が澱粉の発酵から生ずるフーゼル油からイソプレンを得る方法を発見した。フーゼル油からイソプレンをつくる製造法の方が，パラクレゾールからつくる製造法よりも，単純であった。ストレインジ社の協力者であったA・フェルンバッハ（A. Fernbach）が，フーゼル油の製造法を改善するとともに，フーゼル油からブチルアルコールを経てブタジエンを得ることに成功した。1909年に，ホフマンは，密閉された管の中でイソプレンを8日間200℃以下で熱することにより合成ゴムをつくることに成功した。翌年には，ドイツのC・D・ハリーズ（C. D. Harries）が密閉した容器に酢酸を加えイソプレンを8日間100℃で熱して合成ゴムをつくることに成功した。しかし，工業化のためには重合に要する時間を短縮することが求められ，1910年にマシューズがナトリウム金属がイソプレンの重合を促進することを発見し，重合時間の短縮に途を開いた。マシューズが特許を申請した3日後に，ハリーズがそれを知らずにバイエル社に同じ実験結果を伝え特許申請を勧めたのである。1913年には，BASF社のA・ホルト（A. Holt）が，

第3章　アメリカ合成ゴム工業の形成とIG・ファルベン社

このナトリウム重合法を改善し，炭酸ガス中で重合することにより，通常の溶剤には溶けずベンゼン中でも膨張しない合成ゴムをつくることに成功した。この時期の合成ゴム技術の発展としては，第1にナトリウム重合法をあげることができるであろう。それとともに，ホフマンが，イソプレンの製造が困難なことから，製造の容易なジメチルブタジエンを原料とする研究に方向転換したことに，注目したい。

　しかし，このように合成ゴムの研究開発が積極的に進められたにもかかわらず，1912年頃から生ゴム価格が下落すると，合成ゴムの研究開発は停滞するようになった。それは，ストレインジ社の運命に最も典型的に示されている。同社は，1912年に「『アセトン，フーゼル油，合成ゴムの経済的な新製造法の』権利を取得するために」設立されたシンセティック社 (Synthetic Products Co.) に改組されたが，シンセティック社は，ブチルアルコールやアセトンを製造していたものの，もはや合成ゴムの工業化を企てることはなかった。それは，天然ゴム（栽培ゴム）生産を支配するようになるイギリスが，合成ゴム技術の発展を主導する地位を失ったことを示すものであった。

　世界で最初の合成ゴムの工業化は，第1次大戦においてイギリスの海上封鎖により天然ゴムの輸入が途絶えたドイツで実現された。ホフマンが1910年にイソプレンからジメチルブタジエンに研究の方向を転換させていたことによって，ジメチルブタジエンを原料とする合成ゴムが工業化された。ジメチルブタジエンはアセトンを原料として製造されたが，アセトンは，木材乾留によってか，穀物・じゃがいもの発酵から生じた酢酸を原料として製造され，生産量が限られていたうえに，火薬の原料として貴重なものであった。石炭と石灰を原料とするカルシウムカーバイドから製造されたアセチレンをアセトアルデヒドとし，さらに酢酸，酢酸カルシウムとすることによってアセトンを製造する方法が工業化された。ジメチルブタジエンがイソプレンよりもメチル基を一つ多く有することから，それを原料とする合成ゴムはメチルゴムとよばれた。ジメチルブタジエンをスズの

179

第1篇　国際カルテルから多国籍企業へ

容器に30℃で6～10週間入れてできた合成ゴムは，メチルゴムHで，硬質ゴムとしてUボートのバッテリーケースなどに用いられた。ジメチルブタジエンを鉄の容器に70℃で3～6カ月間入れてできた合成ゴムは，メチルゴムWで，ソリッドタイヤに用いられた。これらのメチルゴムはバイエル社が生産したが，BASF社もジメチルブタジエンを炭酸ガス中でナトリウムと反応させてメチルゴムB（マルケB）を生産し，それは電線に用いられた。これらの合成ゴムは大戦中に約2,350トン生産されたが，戦争という特殊な条件のもとで技術的・経済的要因を無視して強行されたものであり，戦争の終結とともにその生産は中止されたのである。

(2)　両大戦間の合成ゴム技術の発展

第1次大戦後の合成ゴム技術の発展として，U・S・ラバー社のI・I・オストロミスレンスキー（I. I. Ostromislensky）が，A・D・マキシモフ（A. D. Maximoff）とともに，1922年にエチルアルコールとアセトアルデヒドからブタジエンをつくり，翌年にはブタジエンを乳化重合によって合成ゴムとすることに成功したことがあげられる。オストロミスレンスキーは，スチレンに関する研究にも着手していたが，生ゴムの過剰生産が深刻となった時期であり，U・S・ラバー社がゴム栽培に進出していたこともあって，合成ゴムの研究開発は中止された。[10]

スチーブンソン・プランのもとで1925年に生ゴム価格が急上昇したことを契機として，合成ゴムの研究開発が再び注目されるようになった。このような時期にドイツでIG・ファルベン社が成立し，石炭液化，合成ゴムなどの工業化を課題とした。合成染料にはじまるドイツ化学産業の発展の基本線は原料資源の対外依存からの脱却を課題とするものであり，IG・ファルベン社は，第1次大戦後のドイツ資本主義の国際関係に規定されつつ，それを集大成するものとして成立したといえる。この時期に第2次大戦における合成ゴム工業の成立へと至る過程がはじまったといえるが，IG・ファルベン社は，ナチスによるアウタルキー政策の遂行という要因

第3章 アメリカ合成ゴム工業の形成とIG・ファルベン社

も加わって,この過程の技術発展を主導することとなった。しかし,アメリカ合成ゴム工業の成立に関しては,この過程におけるチオコール,デュプレン(ネオプレン)の工業化も重要な意義をもつ。したがって,まずチオコールとデュプレンについて,次にIG・ファルベン社の開発したブナゴムについて考察しよう。[11]

石油精製から生ずるオレフィンガスの利用について研究していたC・J・パトリック(C. J. Patrick)は,1924年に二塩化エチレンをポリ硫化ナトリウムで処理するとゴム状物質を生ずることを発見し,1927年に特許を申請した。パトリックはそれをチオコールと名づけたが,その商業的生産は1930年にチオコール社(Thiokol Corp.)によってはじめられた。チオコールは弾性に劣り悪臭がする等の欠点が多いものであったが,耐油性があることから生産が増加し,1938年にはダウ・ケミカル社が生産するようになった。チオコールはイソプレンやブタジエン等の共役ジエンにもとづかないという点でそれまでの合成ゴム技術の発展とは異なる性質のものであったが,アメリカで最初に工業化された合成ゴムとして,石油化学技術を基礎とするものであったことに注目したい。[12]ノートルダム大学でアセチレンに関する研究を進めていたJ・A・ニューランドは,1923年にジビニルアセチレンを塩化イオウで処理してゴム状物質を得ることを発見し,1925年にそれを発表した。デュポン社がその特許を買収し,デュポン社の研究開発組織とニューランドの共同研究が進められ,1930年にモノビニルアセチレンを塩酸で処理して新しいモノマーであるクロロプレンを得ることに成功した。クロロプレンはイソプレンのメチル基に塩素分子が代わったものであり,それを乳化重合して得られた合成ゴムがデュプレンと名づけられ,1932年に商業的生産がはじめられた。デュプレンは,耐油性・耐薬品性にすぐれホース・接着剤などに用いられたが,アセチレン臭があった。その欠点を改善し,商品イメージを一新するために,デュプレンは1935年にネオプレンと名称変更された。デュプレン(ネオプレン)[13]は耐老化性・耐油性・耐薬品性など多くの点で天然ゴムよりすぐれており,合成

181

第1篇　国際カルテルから多国籍企業へ

ゴム技術の発展における画期的な成果であった。IG・ファルベン社における合成ゴムの研究開発は、まずモノマーについて、イソプレンとブタジエンの比較研究からブタジエンを対象として進められ、1927・28年にナトリウム重合によりブナ-85などの数字ブナが開発された。しかし、数字ブナは耐寒性・加工性に欠点があり、さらに重合法に関する研究開発により、ナトリウム重合よりも乳化重合が重視されるようになった。またブタジエンの単独重合よりも他のモノマーとの共重合が重視されるようになり、1929年にE・チュンクー（E. Tschunkur）とW・ボック（W. Bock）がブタジエンとスチレンの共重合によるブナ-Sを開発し、翌年にE・コンラート（E. Konrat）、H・クライナー（H. Kleiner）とチュンクーがブタジエンとアクリルニトリルの共重合によるブナ-N（ペルブナン）を開発した。[14] 天然ゴムとほぼ同じ用途をもつ汎用ゴムとして開発されたブナ-Sは、天然ゴム・再生ゴムとの混用が可能で、耐摩耗性・耐候性にすぐれタイヤのトレッドなどに用いられたが、発熱性・加工性に問題があった。ブナ-Nは、耐油性にすぐれていたが、ブナ-Sに比べてコストが高かった。ブナ-Sは、第2次大戦の合成ゴム工業の成立において中心をなすものとなるのであり、その開発は、合成ゴム技術の発展における一大画期であった。しかし、スチーブンソン・プランの中止と1929年恐慌の結果生ゴム価格が低落したことにより、IG・ファルベン社における合成ゴムの研究開発は大幅に縮小された。それが再び工業化に向けて展開されるのは、ナチスのアウタルキー政策のもとでのことであった。[15] ナチスによる合成ゴムの工業化の強行とその宣伝は、アメリカのゴム企業に合成ゴムへの関心を増大させたのであるが、この問題については次項で考察する。ナチスのアウタルキー政策のもとでの合成ゴムの研究開発は、主要なモノマーであるブタジエンの製造法をはじめ多くの成果をあげた。ブタジエンは、アセチレンを原料としてアルドール法（四段階法）によって製造されていた。アセチレンは、石炭と石灰を原料に電気炉でカーバイド（炭化カルシウム）をつくり、それに水を作用して得られていたが、この工業化の過程で開発された合成ガソリ

第3章 アメリカ合成ゴム工業の形成とIG・ファルベン社

ン（石炭の液化）工場の廃ガス（メタン，エタン）を原料とするアーク分解法（electric arc process）は従来のカーバイド法に比べて電力消費が少なく，ブナゴムのコスト低下に貢献した。[16]

ネオプレン，ブナゴムとともにアメリカ合成ゴム工業の成立に重要な位置を占めたものとして，スタンダード＝IG同盟の所産であるブチルゴムを看過することはできない。1931年に，IG・ファルベン社において，フッ化ホウ素を触媒としてイソブチレンを低温重合させるとゴム状物質が得られることが発見されたが，弾性に劣り加硫が困難なことから，その研究は重視されなかった。イソブチレンが石油精製の廃ガスから生ずることから，1932年にその研究情報がスタンダード・ニュージャージー社に伝えられ，スタンダード・ニュージャージー社がその研究開発を継続した。1937年にR・M・トーマス（R. M. Thomas）とW・J・スパークス（W. J. Sparks）が，イソブチレンに少量のブタジエンを加えて合成ゴムを得ることに成功したのである。[17]これがブチルゴムとよばれ，気体不透過性にすぐれていることから，タイヤのチューブに適していた。

第2次大戦におけるアメリカ合成ゴム工業の成立の技術的条件としては，アメリカで開発されたチオコール，ネオプレン，ブチルゴムのうち，チオコールとネオプレンはすでに工業化されていたが，特殊ゴムとして，その需要はアメリカのゴム消費の1％をはるかに下回るものでしかなかった。ブチルゴムは，第2次大戦前には工業化の段階まで至っていなかった。ドイツで開発されたブナゴムは，ドイツではすでに工業化が進んでいたが，[18]アメリカでは第2次大戦前には工業化されていなかった。これらの合成ゴムを全体としてみるならば，アメリカ合成ゴム工業はその成立にはほど遠い段階にあったといえる。第2次大戦におけるアメリカ合成ゴム工業の成立の中心をなすブナ-S[19]が工業化されていなかったことは，きわめて重要な問題であるが，スタンダード＝IG同盟との関連なしには明らかにしえない問題であり，次項の課題となる。

最後に，合成ゴム技術の発展を，石油化学工業として成立せしめる要因

から総括しよう。チオコール，ブチルゴムはその開発から石油化学技術を基礎とするものであり，議論の余地はないであろう。ネオプレン，ブナゴム——その主要なモノマーであるブタジエン——は，アセチレンを原料として開発されたが，技術的にはアーク分解法により天然ガス・石油からアセチレンを製造することが可能であった。しかし，それは，スタンダード＝IG同盟のもとでのJasco (Joint American Study Co.) の研究開発によって，経済的でないとして工業化が断念されていた。だが，ブタジエンに関しては，ダウ・ケミカル社が石油のクラッキングから得る方法，あるいはブタンの脱水素による方法を開発しており，石油化学工業として成立する過程にあった。[20]石油を原料とするブタジエン製造の工業化には解決すべき問題を多く残していたものの，アメリカにおいては，合成ゴム工業が石油化学工業として成立する基盤は形成されていたといえる。

(3) ビッグ・フォーと合成ゴム技術

以上のことから明らかなように，第2次大戦における合成ゴム工業の成立に至る合成ゴム技術の発展を主導したのは，IG・ファルベン社とデュポン社の化学企業であり，[21]ゴム企業ではなかった。それでは，世界最大のアメリカゴム工業において支配的な地位にあったビッグ・フォーは，合成ゴム技術の発展にいかなる役割を果たしたのであろうか。スタンダード＝IG同盟との関連については次項で考察するので，ここでは，それとの重複をできるだけ避けながら，ビッグ・フォーの合成ゴム技術への対応とその背景について明らかにしよう。ビッグ・フォーのなかで唯一ゴム栽培に進出していなかったグッドリッチ社[22]では，スチーブンソン・プランのもとでの生ゴム価格の上昇を契機として，1926年にW・L・シーメン (W. L. Semon) が合成ゴムの研究に着手した。グッドリッチ社は，ビッグ・フォーのなかで最も多様なゴム製品を製造し化学的技術の蓄積があった。しかし，スチーブンソン・プランの中止により生ゴム価格が低落し，1929年恐慌とそれに続く不況のもとで過剰生産が深刻化するなかで，1932年には

第3章　アメリカ合成ゴム工業の形成とIG・ファルベン社

IG・ファルベン社からのブナゴムの技術導入が企てられた。ブナゴムの技術導入が実現しなかったことから，その後合成ゴムの商業的生産の可能性が検討され，1935年に合成ゴムの研究開発が本格的に進められることになった。その結果，グッドリッチ社は，スタンダード＝IG同盟からライセンスを得ることができないままに，1940年にブナ-Nタイプの合成ゴムを開発し，アメリポールと名づけた。

グッドイヤー社[23]は，スチーブンソン・プランのもとで生ゴム価格が上昇するなかで，1924年に合成ゴムの研究開発をはじめたが，スチーブンソン・プランが中止されたことにより研究開発も中断された。1933年にスタンダード開発会社（Standard Oil Development Co.）からブナゴムの情報を得たグッドイヤー社は，その技術導入を企てたが，それが実現しなかったことから翌年合成ゴムの研究開発を再開した。1937年にはダウ・ケミカル社との共同開発がはじめられ，ダウ・ケミカル社はブタジエン，アクリルニトリルのモノマーの研究開発と製造を担うことになった。この1937年に最初の合成ゴム製タイヤを実験したグッドイヤー社の研究開発は，1939年にパイロットプラント段階まで進んだが，このブナ-Nタイプの合成ゴムはケミガムと名づけられた。

ファイアストーン社[24]は，1932年にデュポン社からネオプレンを得たことにより，合成ゴムに関心をもつようになったが，合成ゴムの研究開発においてはグッドリッチ社，グッドイヤー社に大きく立ち遅れていたといえる。ファイアストーン社は，合成ゴムの研究開発を進めてはいたものの，ブナゴムの技術導入をより積極的に追及し，1940年3月にスタンダード開発会社との間でブナゴムに関するライセンス協定を結んだのである。しかし，このライセンス協定は，スタンダード・ニュージャージー社が提案した際にグッドリッチ社とグッドイヤー社によって拒否されたもので，スタンダード・ニュージャージー社にきわめて有利なものであった。したがって，このライセンス協定に応じたこと自体が，ファイアストーン社の合成ゴムの研究開発の立ち遅れを示すものであったといえる。他方，オストロミス

第1篇　国際カルテルから多国籍企業へ

レソスキーの研究によって，一時はビッグ・フォーのなかで合成ゴムの研究開発の最先端にあったU・S・ラバー社は[25]，それを中断した後に，1926年にはトップ企業の地位を失う事態に直面したこともあり，合成ゴムの研究開発は大幅に立ち遅れたままであった。それは，耐油性の特殊ゴムの導入がビッグ・フォーのなかで最も遅れたことにあらわれている。U・S・ラバー社も，ファイアストーン社に続いて，1940年6月にスタンダード開発会社との間でライセンス協定を結んだのである。

以上のように，合成ゴムの研究開発に関しては，グッドリッチ社とグッドイヤー社を「先発企業」と，ファイアストーン社とU・S・ラバー社を「後発企業」とみなすことができるが[26]，「先発企業」もブナゴムの技術導入を企て，それに失敗した後に研究開発を本格的に進めるようになったことに注目したい[27]。すなわち「先発企業」も，ナチスのアウタルキー政策のもとで合成ゴムの工業化が進められ，それが宣伝された1935年頃から，合成ゴムの研究開発を積極的に進めるようになったのである。

「先発企業」をはじめ，ビッグ・フォーが，1930年代半ばまで合成ゴムの研究開発に積極的でなかった原因として，三つのことが考えられる。第1は，グッドリッチ社を除く3企業がゴム栽培に進出していたことである。これらの企業のゴム栽培への進出は，アメリカゴム工業が天然ゴムを基礎として発展する方向にこれらの企業の利害を深く結びつけるものであった。第2は，スチーブンソン・プランのもとでの1926年からの生ゴム価格の低落が，スチーブンソン・プランが中止された後に一層激しくなったことである。このような生ゴム価格の低落は，とくに経済的な面で，合成ゴムの工業化を困難とするものであった。第3は，生ゴム価格の低落による棚卸損と，1929年恐慌とそれに続く不況のもとでの過剰生産の深刻化とが，企業経営を圧迫していたことであり，1932年にはファイアストーン社を除くビッグ・スリーが赤字となった（表3-9）。しかも，タイヤ市場，とくに補修用市場における競争は，全国産業復興法のもとでも産業コードが成立しなかった程激しいものであった[28]。この時期のアメリカゴム工業における

第3章　アメリカ合成ゴム工業の形成とIG・ファルベン社

表 3-9　ビッグ・フォーの純収益

(単位：千ドル)

	グッドリッチ社	グッドイヤー社	ファイアストーン社	U・S・ラバー社
1928	4,093	13,328	7,042	4,280
29	8,382	18,614	7,727	3,315
30	△ 8,236	9,912	1,541	△ 6,418
31	△ 7,432	5,454	6,029	△ 9,042
32	△ 3,749	△ 850	5,152	△ 9,618
33	3,575	4,134	2,397	77
34	3,094	4,288	4,155	888
35	4,084	5,452	5,649	9,368

注：(1) △は赤字を示す。
　　(2) ファイアストーン社の会計年度は10月31日までで、他は暦年である。
　　(3) グッドイヤー社の純収益(Net Income)に相応するとみなされる項目を選んだ。
出所：*Moody's Manual*.

　諸困難は，GM社が1930年にゴム工業（タイヤ製造）への進出を企てながら，それは新車用と補修用の両方の市場でのGM社の損失となるとして断念したことに反映している。タイヤ市場における競争の激しさは，販売政策，とくに製品差別化政策のための宣伝費の負担を増大させ，企業経営を大きく圧迫していた。それでは，「先発企業」の合成ゴム技術への対応の変化，すなわち研究開発の積極的な推進は，いかなる原因によるのであろうか。それには，次の三つのことが考えられる。第1は，1931年にネオプレンの商業的生産がはじめられ，1933年にIG・ファルベン社がブナ-Sのアメリカ特許を取得し，翌年にブナ-Nのアメリカ特許を取得したことである。化学企業が主導するこのような合成ゴム技術の発展は，すぐには天然ゴムを基礎とするゴム工業の構造を転換しうるものではなかったが，ナチスのアウタルキー政策のもとでの工業化の強行は，ゴム企業をしてその可能性を考慮せざるをえなくしたのである。第2は，1934年5月に再び天然ゴムの国際カルテル——国際ゴム規制協定（International Rubber Regulation Agreement）——が成立したことである。ビッグ・フォーは，ゴム栽培への意欲を減退させないために生ゴム価格の安定が必要であるとする立場から，このカルテルに反対しなかった。しかし，すでに1933年に生ゴ

第1篇　国際カルテルから多国籍企業へ

ム価格が再び上昇しはじめており，カルテルはそれを促進するものであった。第3は，1933・34年にグッドリッチ社とグッドイヤー社が1929年恐慌による「経営危機」からの回復過程に入ったことである。これらの要因によって，「先発企業」が合成ゴムの研究開発を進めることとなったが，それはまだ合成ゴム技術の発展を主導しうるものではなかった。しかも，第2次大戦の初期まで，ビッグ・フォーの合成ゴムに対する関心は，特殊ゴムのブナ-Nに限られていたのであり，天然ゴムと競合するブナ-Sの工業化には消極的であった。

2　スタンダード=IG同盟

スタンダード=IG同盟は，1927年9月にスタンダード・ニュージャージー社がIG・ファルベン社との協定によりアメリカにおける石油の水素添加技術の開発権を得たことにはじまる。1925年にドイツのBASF社が石炭液化（石炭の水素添加）の研究開発を進めているとの情報を得たスタンダード・ニュージャージー社は，その工業化には疑問をもちつつも液体燃料における支配的地位を維持するためと，水素添加技術の石油精製への応用の可能性とから，翌年BASF社との間で技術導入の交渉を開始した。この交渉は，BASF社と他の企業との合同によりIG・ファルベン社が成立していたことから，1927年にスタンダード・ニュージャージー社とIG・ファルベン社との間での協定の成立として結果した。[32]この協定は，[33]アメリカにおいてIG・ファルベン社の技術管理のもとでスタンダード・ニュージャージー社が年産40,000トンの石油の水素添加工場を建設・操業し，そこでスタンダード・ニュージャージー社とIG・ファルベン社とが共同研究を進めることに関するものであった。スタンダード・ニュージャージー社は，この工場の建設・操業に関してはロイヤリティーを支払う義務がなかったが，工場を拡張・新設した場合には，製品（ガソリン，潤滑油）1ガロン当たり1セントか，工場で消費される原油1バレル（42ガロン）当たり10セントのどちらか高い額をロイヤリティーとして支払うことになっ

第3章 アメリカ合成ゴム工業の形成とIG・ファルベン社

ていた。しかも，スタンダード・ニュージャージー社に与えられたライセンスは非独占的なものであり，さらに共同研究にもとづく『すべてのアメリカ特許・特許権』(All patents and patent rights of the United States) はスタンダード・ニュージャージー社に与えられることになったものの，『その他のすべての特許・特許権』(All other patents and patent rights) はIG・ファルベン社に与えられることになっていた。

スタンダード・ニュージャージー社において，石油精製における水素添加技術の評価が高まるにつれて，この技術における利権を拡大することが課題となった。とりわけアメリカにおける水素添加技術の共同研究と特許のライセンスについてだけに限定された内容の1927年協定は，この技術にもとづくスタンダード・ニュージャージー社の国際的展開を大きく制約する性質のものであった。他方，IG・ファルベン社においては，石炭液化（水素添加）技術が膨大な研究開発費を費やすにもかかわらず十分な成果をあげていないことから，研究を継続するかどうかが問題となっていた。[34] 水素添加技術を支配せんとするスタンダード・ニュージャージー社と，それに応ずることによって研究開発を継続するための資金を確保せんとするIG・ファルベン社との間で交渉が進められ，1929年11月に「四者協定」[35] (Four-Party Agreement) が成立した。この協定は，協定成立に先立ってスタンダード・ニュージャージー社とIG・ファルベン社との間で設立された合弁企業スタンダード・IG社 (Standard-I.G. Co.) が，IG・ファルベン社からドイツを除く全世界の水素添加技術を譲渡されることを，主な内容としていた。特許管理会社として設立されたスタンダード・IG社の株式は，スタンダード・ニュージャージー社が800株，IG・ファルベン社が200株所有した。「四者協定」の成立にともなって，IG・ファルベン社は，水素添加技術の特許権のスタンダード・IG社への譲渡と交換で，スタンダード・ニュージャージー社の株式546,011株（約3,500万ドル）を取得したのである。「四者協定」が成立したことにより1927年協定は廃棄されたが，アメリカ合成ゴム工業の成立においてスタンダード＝IG同盟

189

が果たした役割を明らかにするには,「四者協定」と同時に成立した「分野協定」(Division of Fields Agreement) の方が重要な意義をもつ。この協定は,「四者協定」を基礎とするものであり,とくに「四者協定」の石油・天然ガス産業に属する「炭化水素分野」の規定において境界領域が増大しつつあるとしたことに関するものであった。「分野協定」は,IG・ファルベン社の化学産業における『優先的地位』とスタンダード・ニュージャージー社の石油産業における『優先的地位』を前提として,スタンダード・ニュージャージー社が自らの事業と関連しない化学的事業を新たにはじめる場合は,IG・ファルベン社にその支配権を与えることとしていた。他方,IG・ファルベン社については,ドイツ以外の地域で,石油・天然ガス産業の一部としてしか有利に展開しえない化学的事業を新たにはじめる場合はスタンダード・ニュージャージー社に支配権を与えるが,天然ガス・石油製品を用いることによってスタンダード・ニュージャージー社の事業には関連するが上記の規定に入らない化学的事業に関しては,スタンダード・ニュージャージー社に支配的でない程度の参加を認めることが規定されていた。

　この「分野協定」の成立に関わって,スタンダード・ニュージャージー社が石油化学工業の形成と合成ゴムとをいかに認識していたか,IG・ファルベン社が石油化学工業の形成をいかに認識していたかが問題となる。スタンダード・ニュージャージー社の重役のE・M・クラーク (E. M. Clark) が,1928年2月に社長のW・C・ティーグル (W. C. Teagle) にあてた手紙で,C&C・ケミカル社 (Carbide & Carbon Chemical Co.) ──UCC社の子会社──が天然ガスから高級アルコールの製造を企てており,スタンダード・ニュージャージー社と競争するようになることを指摘して,次のように述べている。「石油産業は,急速に化学工業化しており,もちろんそれ〔石油化学工業〕に利用しうる最大の原料供給源を天然ガスと原油とにもっている。やがては,石油精製大企業の製造・販売活動が化学大企業と対立するであろうことは明らかである」と。さらに彼は,スタンダ

第3章　アメリカ合成ゴム工業の形成とIG・ファルベン社

ード・ニュージャージー社がすでにIG・ファルベン社との間で高圧プロセスの開発のための協定を結び，エチル・ガソリン社を通じてデュポン社と間接的に結びついていることを指摘して，「それゆえ，UCC社との間で何らかの密接な作業協定を結ぶことは全く当然なことと思える」とする。つまり，クラークは，石油産業が化学工業化しておりUCC社とデュポン社がアメリカ最大の化学企業であるという見地から，スタンダード・ニュージャージー社がこの新分野にこれらの化学企業との競争によって進出するのではなく，これらの化学企業とのカルテルを通じて進出すべきだとするのである。合成ゴムに関しては，1927年にIG・ファルベン社による合成ゴムの開発の情報を得ていたスタンダード開発会社において，R・T・ハスラム (R. T. Haslam) が，IG・ファルベン社との交渉を担当していたF・A・ハワード (F. A. Howard) にあてた手紙[38] (1928年1月) のなかで，アメリカにおけるスタンダード・ニュージャージー社の合成ゴムへの進出の可能性についてのIG・ファルベン社との交渉を提案していたことが注目される。このように，「分野協定」が成立する以前のスタンダード・ニュージャージー社において，石油化学工業の形成が十分に認識され，合成ゴムがスタンダード＝IG同盟の対象となりうることが認識されていたといえる。

　それに対して，IG・ファルベン社においては，「四者協定」の成立に至る交渉の過程で，水素添加技術を支配するようになるスタンダード・ニュージャージー社が，化学技術を蓄積し，IG・ファルベン社の強力な対抗者となることへの不安が増していた。1929年3月の交渉のメモ[39]によれば，IG・ファルベン社の社長C・ボッシュが次の内容のことを主張した。「二つの企業の事業分野は別個のものであり続けなければならない。IG・ファルベン社の主要な事業分野は有機合成化学であり，スタンダード・ニュージャージー社の分野は石油である。もしドイツを除く地域でIG・ファルベン社を石油産業から排除する協定が成立するならば，それぞれの企業の事業分野を明確に規定することが可能でなければならない」と。IG・

第1篇　国際カルテルから多国籍企業へ

ファルベン社のそのような主張に対して，スタンダード・ニュージャージー社の社長のティーグルは，「スタンダード・ニュージャージー社の少数利権が十分な大きさであるという条件で，スタンダード・ニュージャージー社は化学産業におけるジュニア・パートナーとなるであろう」と答えた。スタンダード・ニュージャージー社が化学産業においてIG・ファルベン社の『ジュニア・パートナー』となることが合意され，それにもとづいて「分野協定」が成立したのである。スタンダード・ニュージャージー社が化学産業における『ジュニア・パートナー』としての地位に甘んじようとしたのは，水素添加技術の支配を優先したからであるが，それとともに，化学産業において最強の技術力を有するIG・ファルベン社とのカルテルを梃杆とした石油化学の新分野への進出によって，アメリカ化学産業を支配していたデュポン社，UCC社との交渉力を強化せんとしたからだと考えられる。

しかし，「分野協定」はスタンダード・ニュージャージー社とIG・ファルベン社がそれぞれ支配する事業領域を規定するだけであり，「四者協定」は境界領域についてそのような技術が開発されたつど協議することとしており，石油化学技術の発展にともなう境界領域の技術の増大への対応という点で不十分なものであった。しかも，スタンダード・ニュージャージー社の副社長のE・M・クラークが，1930年4月にIG・ファルベン社のC・クラウチ（C. Krauch）にあてた手紙で，デュポン社がブタジエンをモノマーとする合成ゴムの開発を進めているとして，IG・ファルベン社に合成ゴムの特許取得を勧めたことにあらわれているように，スタンダード・ニュージャージー社はIG・ファルベン社が開発した合成ゴムに関心を示していた。他方，IG・ファルベン社にとっては，「四者協定」の成立にともなって取得したスタンダード・ニュージャージー社の株価が1929年恐慌によって予想を大きく下回るものとなっており，さらに1929年恐慌によって研究開発費の大幅な縮小が余儀ないものとなっていた。1930年9月に，スタンダード・ニュージャージー社（スタンダード開発会社）と

第3章　アメリカ合成ゴム工業の形成とIG・ファルベン社

IG・ファルベン社の間で，合弁企業を設立し境界領域の石油化学技術の研究開発を進めることを主な内容とする協定（Jasco協定）[43]が成立した。翌月，スタンダード・ニュージャージー社とIG・ファルベン社がそれぞれ50％所有するJascoが設立された。これを槓杆として，スタンダード＝IG同盟は，アメリカ化学産業の重要な部門となるであろう石油化学工業を支配せんとしたのである。[44] ブタジエンの原料であるアセチレンの石油・天然ガスからの製造に関する研究開発をJascoが担うことになり，ブナゴムもJasco協定の対象となった。しかし，ブナゴムの研究開発，とくに加工に関しては，ゴム企業の協力が必要であった。1932年にJascoとグッドリッチ社との間でグッドリッチ社がブナゴムのテストに協力する交渉が進められたが，IG・ファルベン社が，ブナゴムのテストを基礎にグッドリッチ社がIG・ファルベン社と対抗しうる合成ゴム技術の発展をなすことをおそれたことから，交渉は中止された。1933年にゼネラル・タイヤ社（General Tire & Rubber Co.）がブナゴムのテストを担うことになり，その後グッドイヤー社もブナゴムの共同開発をスタンダード開発会社に申し出たが，スタンダード開発会社はIG・ファルベン社との協議によりそれを拒否した。つまり，IG・ファルベン社は，アメリカゴム工業を支配するビッグ・フォーによるブナゴムのテストには，合成ゴム技術の発展におけるIG・ファルベン社の主導的地位を奪う可能性をもつものとして，否定的であったのである。

しかし，他方で，IG・ファルベン社は，デュポン社のネオプレンがブナゴムよりすぐれているという認識から，1934年にデュポン社との間でネオプレンの共同開発に関する交渉をはじめていたのである。IG・ファルベン社はアメリカにおいてIG・ファルベン社，スタンダード・ニュージャージー社，デュポン社が3分の1ずつ所有する合弁企業の設立を提案したが[45]，それはスタンダード＝IG同盟がブナゴムのみならずネオプレンをも含む合成ゴム技術を支配することを意味するものであり，デュポン社によって拒否された。しかし，その後も交渉が進められ，ナチス政府により

193

第1篇　国際カルテルから多国籍企業へ

　ブナゴムの技術輸出を禁じられていたIG・ファルベン社は，デュポン社との交渉を考慮して，アメリカへのブナゴムの（商品）輸出にも消極的であった。ところが，1937年にネオプレン工場が爆発し，デュポン社の要請によって輸出したブナ-Nが，ネオプレンよりもすぐれていると評価されたことから，IG・ファルベン社はネオプレンへの関心を失っていった。IG・ファルベン社とデュポン社の交渉は，1938年にモノビニルアセチレンとその誘導体の製造に関する協定（MVA協定）として結果した。この協定は，デュポン社がブタジエン製造に進出することを制限するものであり，IG・ファルベン社のブナゴム技術への支配を強化するものであった。[46]

　1937年には，ブナ-Nが輸入されただけでなく，テスト用としてブナ-Sもアメリカのゴム企業に提供された。[47]それを契機として，アメリカゴム工業においてブナゴム，とくに耐油性をもつブナ-Nに対する関心が増大したが，IG・ファルベン社がナチス政府の指導によりブナゴムの技術輸出を拒否し続けたことから，グッドリッチ社とグッドイヤー社は，ブナゴムのライセンスを得る政策を追及しながらも，自ら合成ゴムの研究開発を進める方向を強めた。スタンダード・ニュージャージー社は，とくにアメリカゴム工業のトップ企業グッドイヤー社と石油化学技術を基礎に成長しつつあったダウ・ケミカル社との合成ゴムの共同開発が，アメリカの合成ゴム技術の発展におけるスタンダード＝IG同盟の支配的地位を脅かすものとなると考え，IG・ファルベン社に特許・ライセンス政策の転換を迫った。ダウ・ケミカル社は，ブタジエンだけでなくアクリルニトリル，スチレンの工業化を担いうる技術力をもっていた。しかし，IG・ファルベン社は，第2次大戦まで特許・ライセンス政策を転換しなかった。

　第2次大戦が勃発した後の1939年9月25日に，戦争によりIG・ファルベン社の特許が接収されるのを防ぐために，スタンダード・ニュージャージー社（スタンダード開発会社）とIG・ファルベン社との間でハーグ協定（Hague Agreement）が成立した。[48]ハーグ協定では，IG・ファルベン社が，ブナゴムとアーク分解法などの特許権をJascoに譲渡し，さらに

第3章　アメリカ合成ゴム工業の形成とIG・ファルベン社

JascoにおけるIG・ファルベン社の持株をスタンダード開発会社に譲渡することが決められていた。これにより，スタンダード・ニュージャージー社は，アメリカ，イギリス，フランス，イラクにおけるブナゴムの特許権を取得したが，そのライセンスについてはIG・ファルベン社の意向から自由ではなかった。スタンダード・ニュージャージー社は，1939年11月にファイアストーン社に「IG・ファルベン社はアメリカにおけるブナゴムの開発に全く関与しなくなった」と伝えたにもかかわらず，IG・ファルベン社の要請にもとづいてブナゴムの開発についてまずデュポン社と交渉したし，その後のゴム企業との交渉経過もIG・ファルベン社に報告していたのである。ここに，ハーグ協定がスタンダード＝IG同盟を解体するものでなく，戦争という状況の変化に対応した形でのその維持を目的とするものであったことが明らかになる。

　ハーグ協定成立後に進められたビッグ・フォーなどゴム企業との交渉において，スタンダード・ニュージャージー社は，ブナゴムの最も経済的な製造法を開発するための共同企業の設立を提案した。[49] スタンダード・ニュージャージー社が51％の株を所有せんとしたその「企業」は，参加したゴム企業に自家消費を充たすだけの合成ゴムを1ポンド当たり7.5セントのロイヤリティーで供給するとともに，参加企業が開発した技術の特許権を集中することになっていた。ハーグ協定でスタンダード・ニュージャージー社とIG・ファルベン社との間での研究開発の情報交換が規定されていたことを考慮するならば，この「企業」の設立は，ビッグ・フォーが開発した技術の情報がIG・ファルベン社に伝えられる可能性をもつものであり，スタンダード＝IG同盟がアメリカ合成ゴム工業を支配せんとする企てであったといえる。しかし，このような「企業」の設立は，反トラスト法に抵触するおそれがあり，スタンダード・ニュージャージー社は個別ライセンス政策に転換した。ハーグ協定成立後のビッグ・フォーとの交渉について注目すべきことが二つある。第1は，ブナ-Sの開発を進めることを条件にブナ-Nのライセンスを与えるという提案をしていることである。[50]

これは,ゴム企業が特殊ゴムのブナ-Nを重視し,汎用ゴムのブナ-Sの工業化に消極的であったことによるが,天然ゴムに代替できるブナ-Sの開発がスタンダード＝IG同盟,とくにIG・ファルベン社の重点であったことと無関係ではないであろう。第2は,スタンダード・ニュージャージー社が,この交渉の過程で,合成ゴムの研究開発における「先発企業」——グッドリッチ社とグッドイヤー社——と「後発企業」——ファイアストーン社とU・S・ラバー社——との格差を認識するようになっていたことである。グッドリッチ社は,「ペルブナン（ブナ-N）のアメリカにおける最大の消費者」であり,「大きな化学研究組織をもっている」として,ブナゴム,とくにブナ-Nの非独占的ライセンスを強く求めた。グッドイヤー社は,「アメリカにおいて他のどの企業よりもブナゴムの製造について知っている」として,ブナゴムのライセンスを強く求めた。それに対して,ファイアストーン社については,「合成ゴムに関心をもっているが,ブナゴムへの直接の関心はグッドイヤー社やグッドリッチ社ほど強くないことがすぐに明らかになった。これが,おそらく,ファイアストーン社が他の企業のようには合成ゴムの製造に関する活動を進めなかった理由である」と報告され,U・S・ラバー社についても,「グッドイヤー社やグッドリッチ社のような合成ゴムの経験をもたない」と報告されている。

だが,個別ライセンス政策にもとづき,スタンダード・ニュージャージー社が提案したライセンス協定は,ゴム企業がロイヤリティーの支払いを義務づけられるが,スタンダード・ニュージャージー社はロイヤリティーを支払わないという不平等な内容のクロス・ライセンス規定を含むものであり,「先発企業」には受け入れがたいものであった。したがって,このクロス・ライセンス規定によって失うものが少ない「後発企業」との間でしか,ライセンス協定は成立しなかったのである。スタンダード・ニュージャージー社（スタンダード＝IG同盟）が「先発企業」を包摂しえなかったことにより,そのアメリカ合成ゴム工業の支配構想は挫折した。しかも,IG・ファルベン社がブナゴムの特許権をJascoに譲渡した際に,ノウ

第3章　アメリカ合成ゴム工業の形成とIG・ファルベン社

ハウ等の工業化に必要な情報は与えられなかったのであり，スタンダード・ニュージャージー社とライセンス協定を結んだ「後発企業」にとって，この協定は特許紛争を避ける以上の意義をもたなかったといえる。スタンダード・ニュージャージー社とU・S・ラバー社との間でライセンス協定が成立した1940年6月には，ローズベルト大統領がゴムを戦略緊急物資に指定し，国防会議顧問委員会（Advisory Commission of the Council of National Defense）が合成ゴムの工業化の可能性について調査する委員会（Francis Committee）を設置した。これは，アメリカ政府の合成ゴム工業成立への関与のはじまりであった。スタンダード＝IG同盟は，1942年3月の司法省とスタンダード・ニュージャージー社との同意判決(53)の成立によって解体するが，アメリカ合成ゴム工業の成立に政府が介入しはじめたことにより，スタンダード・ニュージャージー社（スタンダード＝IG同盟）の支配構想は実現しえなくなったのである。

スタンダード＝IG同盟のアメリカ合成ゴム工業の成立における意義は，以下のようなものであった。

まずは，スタンダード＝IG同盟については，IG・ファルベン社がハーグ協定にもとづいてブナゴムの特許権をスタンダード・ニュージャージー社に譲渡しながら工業化に必要なノウハウを与えなかったこと——これこそスタンダード・ニュージャージー社が『ジュニア・パートナー』でしかなかったことを示している——に注目したい。世界最大のアメリカゴム工業においては，生ゴム価格の低落による棚卸損・過剰生産の深刻化・補修用タイヤ市場での激しい競争などの不安定要素をはらみながらも，1920年代から30年代にかけてビッグ・フォー体制が成立しており，ビッグ・フォー——あるいはその一部——が参加せずしてアメリカ合成ゴム工業の成立はありえなかった。スタンダード＝IG同盟，とくにJasco協定の成立において石油を原料とするアメリカ合成ゴム工業の形成に関心をもっていたスタンダード・ニュージャージー社は，1932年のグッドリッチ社との交渉をはじめ，ビッグ・フォーとの交渉を進めた。ところが，合成ゴムに関して

第1篇　国際カルテルから多国籍企業へ

は『ゼネラル・パートナー』であったIG・ファルベン社が，当初はネオプレンをも支配せんとして，後にはナチスの政策により，ビッグ・フォーへのブナゴム特許のライセンスを拒否し続けた。これが，スタンダード＝IG同盟がアメリカ合成ゴム工業の成立を遅らせたといわれる所以である。しかしまた，第2次大戦前のアメリカにおいて合成ゴム工業が成立する条件が熟していなかったのも確かである。つまり，アメリカゴム工業は，その原料——天然ゴム——供給のほとんどをイギリス，オランダに支配されながらも合成ゴムの工業化によってその支配を断つ方向へは進まなかった。それは，ビッグ・フォーの合成ゴムへの関心が，天然ゴムと競合しない特殊ゴム（ブナ-N）に対するものであったことにあらわれている。イギリス，オランダが天然ゴムの供給を支配してはいたが，天然ゴムの過剰生産が慢性化していた。このような状況においては，戦争のような経済外的要因なしには，合成ゴム工業の成立はありえなかったのである。その意味で，ナチスによる合成ゴムの工業化は，その経済外的要因を先取りしたものともいえる。このドイツにおける工業化を担ったIG・ファルベン社がこの時期の合成ゴム技術の発展を主導していたが，スタンダード＝IG同盟は，ドイツ合成ゴム工業の技術的成果をアメリカへ伝える役割を担うどころか，その技術移転を否定するものであった。それは，ハーグ協定成立後にもIG・ファルベン社がスタンダード・ニュージャージー社にノウハウを与えなかったことに象徴される。アメリカにおける合成ゴムの工業化は，第2次大戦前に最も発達していたドイツ合成ゴム工業の技術的成果を十分にその基礎とすることができなかったのである。しかし，その原料基盤から，アメリカにおいてはアセチレンを原料とするドイツ合成ゴム工業と異なる構造をもつ合成ゴム工業の成立が必然的であった。スタンダード・ニュージャージー社の合成ゴムへの関心も石油を原料とする可能性にあったが，スタンダード・ニュージャージー社が『ジュニア・パートナー』として活動の制約をうけている間に，IG・ファルベン社によってブナゴム特許のライセンスを拒否されたグッドイヤー社がダウ・ケミカル社とともに石油

第3章　アメリカ合成ゴム工業の形成とIG・ファルベン社

を原料とした合成ゴム（ブナゴムも含む）の工業化を進めた。それは，アメリカを「母国」とし，ドイツとは異なる構造の化学産業の発展に大きく貢献するものであった。

　IG・ファルベン社がブナゴム特許のライセンスを拒否し続けたことから，ビッグ・フォーのなかでもグッドリッチ社とグッドイヤー社が合成ゴム研究開発を強化していた。これらのゴム企業が，ハーグ協定成立後にスタンダード・ニュージャージー社がビッグ・フォーを包摂してアメリカ合成ゴム工業を支配せんとしたのを拒否したのである。しかも，スタンダード・ニュージャージー社は，合成ゴムの工業化を主導するうえで必要なノウハウを得ていなかった。スタンダード＝IG同盟は，アメリカにおける合成ゴムの工業化を遅らせはしたものの，逆にそれによって，競争企業を出現させ，自らが支配しえない技術発展を生ぜしめ，アメリカ合成ゴム工業の成立において自らの支配を確立する基盤を切り崩していったのである。そして，第2次大戦の勃発と政府の合成ゴム工業への関与により，アメリカ合成ゴム工業の歴史は，新たな局面を迎えるのである。

（1）　合成ゴム技術の発展については，主に以下の文献に依拠した。W. J. S. Naunton, *Synthetic Rubber,* London, 1937；G. S. Whitby (ed.), *Synthetic Rubber,* New York, 1954.
　　　したがって，本節では，とくに必要な場合と他の文献による場合にのみ典拠を示す。
（2）　G. S. Whitby, *ibid.,* p.33.
（3）　Bone Hearings, Pt. 6, p.2811.
（4）　本来ロシア語で表記すべきであるが，英語表記とした。以下も同様である。
（5）　F. Jacobi(Hrsg.), *Beiträge zur hundertjährigen Firmengeschichte,* Leverkusen, 1964, S.208-209.
（6）　H. Wolf & R. Wolf, *op.cit.,* pp.381-382；Schidrowitz & Dawson, *op. cit.,* pp.100-101.
（7）　この時期に，アメリカでも，ダイヤモンド・ラバー社とフッド・ラバー社が合成ゴムの研究をはじめたが，生ゴム価格の低落によって中止さ

第1篇　国際カルテルから多国籍企業へ

　　　れた。
　　　　ダイヤモンド・ラバー社は1912年に，フッド・ラバー社は1929年に，グッドリッチ社に買収された。
（ 8 ）　H. Wolf & R. Wolf, *op.cit.,* p.382.
（ 9 ）　A. G. Donnithorne, *British Rubber Manufacturing,* London, 1958, pp.27-29.
（10）　G. D. Babcock, *op.cit.,* pp.244-246.
（11）　この時期にソ連においても合成ゴムの工業化が進められていたが，アメリカ合成ゴム工業の成立との関連がほとんどないことから，本節では考察の対象としなかった。
（12）　しかし，チオコールは，第2次大戦のアメリカ合成ゴム工業の成立に占める地位は，きわめて低かった。
（13）　以下では，時期に関係なく，ネオプレンと記す。
（14）　F. Jacobi, *a.a.O.,* S.214.
（15）　J. Borkin, *The Crime and Punishment of I. G. Farben,* New York, 1978, pp.60-63.
（16）　*Rubber Age,* Sep. 1939, p.354.
（17）　F. A. Howard, *Buna Rubber,* New York, 1947, pp.47-58 ; H. M. Larson, E. H. Knowlton and C. S. Popple, *New Horizons, 1927-1950,* New York, 1971, pp.173-174.
（18）　F. Jacobi, *a.a.O.,* S.215-216.
（19）　1944年のブナ-S（GR-S）の生産は約67万トンで，合成ゴム生産の90％近くを占めた（C. F. Phillips, Jr., *Competition in the Synthetic Rubber Industry,* Chapel Hill, 1963, p.45）。
（20）　Bone Hearings, Pt.6, pp.2931-2932.
（21）　化学企業による合成ゴムの研究開発は，この時期の化学産業の研究開発における中心的課題であった高分子合成研究の一環をなすものであった。
（22）　グッドリッチ社については，U. S. Senate, Special Committee Investigating the National Defense Program, *Hearings,* 77th Cong., Pt.11, pp.4933-4938（以下，Truman Hearingsと略記する）による。Cf. The B. F. Goodrich Co., *Bricks without Straw : The Story of Synthetic Rubber,* Akron, 1944 ; F. A. Howard, *op.cit.,* pp.274-285.
（23）　グッドイヤー社については，Truman Hearings, Pt.11, pp.4938-4941 ; H. Allen, *op.cit.,* pp.436-448, による。Cf. F. A. Howard, *op.cit.,* pp.285

第3章 アメリカ合成ゴム工業の形成とIG・ファルベン社

-290.
(24) ファイアストーン社については，A. Lief, *The Firestone Story,* pp. 248-254 ; A. Lief, *Harvey Firestone,* pp.304-308, による。
(25) U・S・ラバー社については，G. D. Babcock, *op.cit.,* pp.378-395, による。
(26) ここでの先発企業と後発企業の規定は，1920年代後半からの合成ゴムの研究開発との関連によるものである。Ⅰ節の3「ビッグ・フォー体制の成立」での定義と区別するために，ここでは括弧をつける。
(27) しかし，「先発企業」も，特許紛争を避けるためもあって，ブナゴム特許のライセンスを得る政策を放棄しなかった。
(28) H. Wolf & R. Wolf, *op.cit.,* pp.482-483.
(29) *U. S. v. E. I. du Pont de Nemours & Co.,* 126 F. Supp. at 325.
(30) 1926年にはタイヤ1個当たり1.53ドル（30%）になった（L. G. Reynolds, Competition in the Rubber-Tire Industry, *American Economic Review,* Sept. 1938, pp.462-463)。
(31) Cf. K. E. Knorr, *World Rubber and Its Regulation,* Stanford, 1945 ; P. T. Bauer, *The Rubber Industry,* Cambridge, 1948.
(32) F. A. Howard, *op.cit.,* pp.10-25 ; Larson, Knowlton and Popple, *op.cit.,* pp.153-154.
(33) Bone Hearings, Pt.6, pp.2853-2859.
(34) J. Borkin, *op.cit.,* pp.49-52.
(35) Truman Hearings, Pt.11, pp.4561-4571.
(36) *Ibid.,* pp.4572-4573 ; Bone Hearings, Pt.6, pp.2859-2860 ; F. A. Howard, *op.cit.,* pp.249-251.
　なおこれらの協定と同時に，「ドイツ販売協定（German Sales Agreement）」（Truman Hearings, Pt.11, pp.4574-4580）と「調整協定（Coordination Agreement）」（Truman Hearings, Pt.11, p.4572）が成立した。
(37) Truman Hearings, Pt.11, pp.4641-4642.
(38) Bone Hearings, Pt.6, p.2878.
(39) Truman Hearings, Pt.11, pp.4591-4593.
(40) Cf. Truman Hearings, Pt.11, pp.4590-4591 ; Bone Hearings, Pt.6, pp.2860-2862.
(41) Bone Hearings, Pt.6, p.2879.
(42) F. A. Howard, *op.cit.,* pp.27-28.

第1篇　国際カルテルから多国籍企業へ

- (43)　Bone Hearings, Pt.6, pp.2879-2883.
- (44)　IG・ファルベン社のアメリカ化学産業における支配を強化せんとする企ては，1929年のアメリカン・IG・ケミカル社の設立に示されるように，この時期に積極的に展開されるようになった。
- (45)　Bone Hearings, Pt.6, p.2897.
- (46)　Stocking & Watkins, *op.cit.,* pp.111-112.
- (47)　F. A. Howard, *op.cit.,* pp.45-46.
- (48)　Truman Hearings, Pt.11, pp.4583-4584；Bone Hearings, Pt.6, pp.2919-2920；F. A. Howard, *op.cit.,* pp.265-266.
  なお，この協定は，戦争勃発前のものとみせるために，9月1日付になっていた。
- (49)　Bone Hearings, Pt.6, pp.2933-2934；Larson, Knowlton and Popple, *op.cit.,* p.414.
- (50)　Bone Hearings, Pt.6, pp.2847-2849.
- (51)　*Ibid.,* Pt.6, pp.2939-2946.
- (52)　*Ibid.,* Pt.6, pp.2952-2959.
- (53)　Truman Hearings, Pt.11, pp.4677-4691；Bone Hearings, Pt.6, pp.2862-2876.

第3章　アメリカ合成ゴム工業の形成とIG・ファルベン社

Ⅲ　IG・ファルベン社の国際経営戦略

　両大戦間期の化学産業の世界市場競争（分割＝再分割）の支配的な形態であった国際カルテルについて，それを主導したIG・ファルベン社の国際経営戦略を中心に，「国際カルテルから多国籍企業へ」という競争環境の変化の歴史的背景を明らかにしよう。

　第1次大戦後のアメリカ・イギリスなどでの合成染料工業を軸とする化学産業の発展と過剰生産の深刻化という国際経営環境の変化に対応し，ドイツ化学産業が第1次大戦前に有していた世界市場支配を奪回せんとして成立したIG・ファルベン社は，その技術力の優位を背景とした新製品・高級品の市場拡大と自ら主導する国際カルテルの形成を企てた。第1章と本章で明らかにしたように，その国際カルテルを通じてIG・ファルベン社はアメリカ化学産業の発展に多大な影響を与えた。しかも合成染料に関しても，合成ゴムに関しても，IG・ファルベン社は，アメリカの支配的な企業を包摂した合弁企業の設立を企てていた。それらは，反トラスト法に抵触する可能性から実現しなかったが，合弁企業設立の企ては，アメリカ国内にIG・ファルベン社の直接的で強固な活動（さらには支配）の基盤を確保せんとしたものである。それは，アメリカが巨大な市場としての可能性をもっていたからであるが，それだけでなく，第1次大戦後にアメリカ化学産業が世界化学産業における強力な競争相手として成長してきたからでもある。

　1929年大恐慌を契機として1930年代に世界経済のブロック化が進むという国際経営環境の大きな変化は，IG・ファルベン社の輸出を停滞させ，その再分割戦略の展開においてナチスの対外経済政策との結びつきを強めさせるものであった。1930年代の世界経済のブロック化から第2次大戦へ至る国際経営環境の変化に対応するためには，国家（政府）との結びつき

を強めつつ世界市場の再分割戦を展開せざるをえなかったであろう。しかも，全世界を市場とし輸出に大きく依存していたIG・ファルベン社にとって，世界市場の分裂・収縮ほど致命的なものはなかった。かくてIG・ファルベン社はナチスの戦争準備・遂行に協力しながら，戦争を再分割の契機として世界市場支配を確立しようとしたのである。その構想は，1940年にヨーロッパにおけるドイツの勝利を前提として作成された「講和計画」(Friedensplanung) に示されている。そこでは，IG・ファルベン社がイギリス（およびその帝国領土）を含むヨーロッパ化学産業における支配を確立し，それを基礎にラテンアメリカ・アジアでの市場再分割戦を展開せんとする構想が明らかにされている。しかも，その再分割戦を展開するうえで「ラテンアメリカでのアメリカの，極東での日本の，南東ヨーロッパと近東でのイタリアの影響力の増大」を考慮しなければならないとしながらも，「世界市場の新秩序に関する論議の重点は北アメリカの企業との関係におかれるであろう」としている。ドイツの勝利を前提としているがゆえに同盟国の日本とイタリアにも言及しているが，何よりも重要なのは，アメリカ化学産業を最大の競争相手として想定していることであろう。それは，ドイツがアメリカを直接に支配しないとの想定によるものであろうが，第2次大戦前のアメリカ化学産業の発展，国際競争力の強化を反映したものでもあったであろう。

　1930年代に世界経済のブロック化が進むなかで，アメリカが自らの勢力圏として位置づけていた中南米（ラテンアメリカ）市場は，デュポン社はじめアメリカ企業にとって重要な市場であった。しかし，IG・ファルベン社もまた中南米市場の拡大を世界市場の再分割戦略の重点の一つとして市場を拡大したが，1930年代半ばから税対策として，さらには戦争時の中南米市場の維持を目的としてこの地域の子会社・関係会社・代理店とIG・ファルベン社の結びつきを隠蔽するために"Tarnung"（カムフラージュ）を行なった。

　この"Tarnung"について注目しなければならないのは，アメリカの

第3章　アメリカ合成ゴム工業の形成とIG・ファルベン社

ナショナル・シティ・バンクの中南米諸国にある支店を中南米のIG・ファルベン社の子会社（販売組織）の受託株主にすることが考慮されたことである。これは，1929年のアメリカン・IG・ケミカル社の設立においてナショナル・シティ・バンクが果たした役割をも考慮するならば，IG・ファルベン社とナショナル・シティ・バンクの結びつきの強さを示すものであったが，汎米主義が高揚する徴候もあったことから実現しなかった。そこで受託株主として選ばれたのが，アメリカン・IG・ケミカル社の社長で，アメリカの市民権を有していたD・A・シュミッツ（D. A. Schmitz）であった。彼は，当時IG・ファルベン社の重役でアメリカン・IG・ケミカル社の会長であり，後にIG・ファルベン社の社長となったヘルマン・シュミッツ（Hermann Schmitz）と兄弟である。D・A・シュミッツは，1936年に中南米におけるIG・ファルベン社の子会社の株主となったが，第2次大戦がはじまった1939年に，IG・ファルベン社とD・A・シュミッツは中南米におけるIG・ファルベン社の資産を維持するためには株主をD・A・シュミッツ以外の人物にすべきだという結論に達した。かつてアメリカン・IG・ケミカル社の副社長であったウォルター・デュースベルク（Walter Duisberg）を株主とすることが考慮されたが，デュースベルクという名前がIG・ファルベン社の人物として知られているという理由で実現しなかった。D・A・シュミッツの持株は，IG・ファルベン社が選んだ現地国民に売られたが，それを購入する資金のない者にはIG・ファルベン社が6％の利子で資金を貸すとともに配当が6％をこえた場合はその超過分をIG・ファルベン社が受け取ることになっていた。アルゼンチンでは，これらの株主の間で受託株主プール協定を結ばせることにより，IG・ファルベン社は彼らの持株が第三者に売られることを禁止した。このようにして，IG・ファルベン社は，"Tarnung"により中南米の販売組織を維持しようとしたが，それはIG・ファルベン社の製品がこれらの販売組織に供給されないことには意味がないことであった。

　IG・ファルベン社は，中南米市場への輸出を，アメリカの子会社など

第1篇　国際カルテルから多国籍企業へ

からの輸出と，中立国を経るなどしてのドイツからの輸出によって行なった。IG・ファルベン社は，1939年にゼネラル・アニリン・アンド・フィルム社（General Aniline & Film Corp.）に対するアメリカ・カナダ以外への輸出の禁止を解除し，そこからの輸出により中南米市場を維持しようとしたし，[7]市場分割協定を結んでいたスターリング・プロダクツ社とアメリカのローム・アンド・ハース社に戦時中にIG・ファルベン社に代わってその中南米にある販売組織に製品を供給することを依頼した。とくにスターリング・プロダクツ社とIG・ファルベン社の合弁企業ウィンスロープ・ケミカル社（Winthrop Chemical Co.）が中南米へ輸出した製品は，IG・ファルベン社のラベルをはって販売された。[8]しかし，このような方法は1941年に実現できなくなった。1941年に，輸出認可制度が導入されたことからそれまでIG・ファルベン社のアメリカから中南米への輸出を担ってきたアルフレード・E・モール（Alfredo E. Moll）がアメリカでの活動を断念しアルゼンチンへ帰るとともに，ゼネラル・アニリン・アンド・フィルム社は敵国資産管財人に接収され，スターリング・プロダクツ社が司法省・国務省・財務省の圧力により社長を交代しIG・ファルベン社との結びつきを断つという同意判決を受け入れたからである。[9]他方，ドイツからの輸出は，1940年1月まではイタリアとオランダから中立国の船で，1940年1月から6月（イタリアの参戦）まではイタリアからイタリア製品としてあるいは郵便小包で，1940年10月から1941年9月まではナチス政府による封鎖破りによって，1943年と1944年にはスペインの代理商を経て，行なわれた。また，1939年8月に成立した独ソ不可侵条約にもとづいて，1940年春から12月までと1941年4月から6月（独ソ開戦）までの間シベリアを経由しても行なわれた（表3-10）。IG・ファルベン社は，アメリカおよびドイツからの輸出を促進したことに価格上昇が加わって，中南米市場における売上げを1941年にそれまで4年間の最高のものとした（表3-11）。しかし1941年にはアメリカからの輸出が困難になったし，戦争の長期化と連合国による封鎖の強化が中南米市場への輸出を一層困難なものとした。この

第3章　アメリカ合成ゴム工業の形成とIG・ファルベン社

表3-10　第2次大戦中のラテンアメリカへの輸出
(単位：ライヒスマルク)

(1)	1939年		
	イタリア，オランダ経由	(染　料)	4,429,119
		(化学品)	1,751,464
(2)	郵便小包	(染　料)	40,000
(3)	シベリア経由	(染　料)	7,005,620
(4)	封鎖破り	(染　料)	5,274,221
		(化学品)	548,000
(5)	スペイン経由	(染　料)	300,000
		小　　計	19,348,424
(6)	アメリカからの輸出	(染　料)	12,399,000
総　計			31,747,424

出所：Kilgore Hearings, Pt.10, p.1239.

表3-11　ラテンアメリカにおける売上高(1938-1941年)
(単位：ライヒスマルク)

	1938	1939	1940	1941
染　料	19,876,000	24,282,000	18,611,000	28,083,000
化学品	9,436,000	11,017,000	8,495,000	11,736,000*
総　計	29,312,000	35,299,000	27,106,000	39,819,000

注：＊9カ月間の数字である。
出所：Kilgore Hearings, Pt.7, p.975 (Bernstein, *op.cit.*, p.81).

ように，IG・ファルベン社は"Tarnung"やさまざまな経路を使っての「輸出」により中南米での市場を維持し，それを基礎にして大戦後に予想されるアメリカ化学企業との再分割戦を有利に展開しようとしたのである。

しかし，IG・ファルベン社は，第2次大戦でのドイツの敗北により，前述の「講和計画」での再分割構想を実現できなかったばかりか，自らが解体されることになったのである。第2次大戦後の資本主義世界の秩序形成を主導したアメリカの政策が世界化学産業の競争環境を変化させるのであるが，それが国際カルテルの規制からさらにIG・ファルベン社の解体に進む背景は，次のようなものであった。すでに1930年代にアメリカ議会で国際カルテルが問題となっていたが，第2次大戦がはじまると，国際カルテルに関する問題が一層の重要性をもつようになった。IG・ファルベ

第1篇　国際カルテルから多国籍企業へ

ン社をはじめとするドイツ企業が，国際カルテルを通じて戦争準備のための技術を導入するとともにアメリカ企業への技術輸出には消極的であったとの批判が相次ぎ，国際カルテルに参加したアメリカ企業は，「利敵行為」と批判された。それが，第1章で明らかにした国際カルテルに対するアメリカ反トラスト政策の転換の背景となった。しかも，そのような批判が集中したのは，IG・ファルベン社に対してであった。さらに，ナチスのアウタルキー政策の遂行・軍備拡張において，IG・ファルベン社の技術は重要な意味をもっていたのであり，戦勝国（とくにアメリカ）にとって，その解体は，二度の世界大戦を引き起こしたドイツの戦争遂行能力を失わせるには欠かせないものであった。

(1) D. Eichholtz, Die IG-Farben-„Friedensplanung", in : *Jahrbuch für Wirtschaftsgeschichte,* III/1966, S.281(U.S. Senate, Committee on Military Affairs, *Elimination of German Resources for War,* 79th Cong. [以下，Kilgore Hearingsと略記する]，Pt.10, p.1414).

(2) Ebenda, S.288 (*ibid.,* p.1419).

(3) 主に，Kilgore Hearings, Pt.7, pp.969-977, Pt.10, pp.1203-1239 および B. Bernstein, Report on Investigation of I.G.Farbenindustrie, 1945(PB 25. 691), pp.49-83 に依拠している。したがって，これらの文献についてはとくに必要な場合にのみ典拠を示す。

(4) アメリカ議会での調査をもとに，"Tarnung" などIG・ファルベン社の活動について明らかにしたものとして，R. Sasuly, *IG Farben,* New York, 1947, と H. W. Ambruster, *Treason's Peace,* New York, 1947, がある。

(5) ナショナル・シティ・バンク (NCB) はアメリカン・IG・ケミカル社のメインバンクであり，会長のC・E・ミッチェル (C. E. Mitchell) がアメリカン・IG・ケミカル社の重役となっていた。このようなIG・ファルベン社とNCBとの結びつきと，NCBがチリの国債発行の幹事銀行であったこと，NCBとチリ硝石産業との結びつきとを併せて考える時，国際窒素カルテルの形成にNCBが少なからぬ役割を果たしたと考えられる (Vgl. P. Waller, Stellung und Probleme des Chilesalpeters, in : *Wirtschaftsdienst,* 9. Januar, 1931)。

第3章　アメリカ合成ゴム工業の形成とIG・ファルベン社

(6)　ウォルター・デュースベルグはカール・デュースベルグの息子である（U.S. Senate, Committee on Military Affairs, *Economic and Political Aspects of International Cartels,* by C. D. Edwards, Monograph No.1, 78th Cong., p.70）。
(7)　Bone Hearings, Pt.5, p.2467.
(8)　C. D. Edwards, *op.cit.,* pp.66-67 ; H. W. Ambruster, *op.cit.,* pp.254-256.
(9)　M. Wilkins, *op.cit.,* p.259（邦訳［下］, 20頁）; H. W. Ambruster, *op. cit.,* pp.256-257.
(10)　IG・ファルベン社の解体については，次の文献を参照されたい。神野璋一郎「IG染料とアメリカ資本」(『立教経済学研究』第13巻第4号）；上林貞治郎・井上清『工業の経済理論』ミネルヴァ書房，1968年，246〜256頁；佐々木建, 前掲書, 41〜42頁；工藤章, 前掲書, 275〜384頁。

第2篇

アメリカ化学産業の国際競争力問題

第4章　第2次大戦後の国際競争力問題

I　1950年代の国際競争力問題

はじめに

　化学産業の世界市場競争は，第2次大戦を契機として，IG・ファルベン社を中心とした様々な製品・部門の国際カルテルに特徴づけられる「国際カルテル体制」から，アメリカ化学企業の多国籍企業化とヨーロッパ・日本の化学企業のそれとの競争によって特徴づけられる「多国籍企業体制」へと移行した。とくに，1950年代から60年代にかけては，化学産業においても他の製造業と同様に，アメリカ企業の西ヨーロッパへの進出による多国籍企業化が進んだ。しかし，1950年代の合成染料部門については，アメリカ企業の対外進出よりも，ヨーロッパ企業のアメリカ市場への再進出を特徴としていた。

　1950年代のアメリカは，GATT体制のもとで貿易の自由化において主導的役割を果たしていたが，国内ではそれに根強く抵抗する保護主義勢力を抱えていた。化学産業は，この保護主義の潮流において重要な位置を占めていた。しかし，新たに保護主義政策を求めて攻勢的な独立系産油業者や繊維工業とは異なり，化学産業は，保護主義政策の維持を求める守勢的な立場にあり，その戦いは『退却戦』[1]と位置づけられるものであった。

　1950年代のアメリカ通商政策・保護主義の展開についての研究は，通商

第2篇　アメリカ化学産業の国際競争力問題

協定の延長をめぐる政策論争の過程を中心に進められてきた[2]。しかし，化学産業の保護主義については，通商協定法延長法（以下，延長法と記する）よりも，通関手続き簡素化法（以下，簡素化法と記する）の成立過程を中心に考察することになる。それは，なによりも，化学産業にとっての被害・「関税引下げ効果」という点では，延長法案よりも簡素化法案の方が影響が大きいことが指摘されていたからである。しかも，1950年代に，ASP制度が，再びアメリカ化学産業の国際競争力をめぐる論争の中心的な問題となったのである。

　世界市場競争の視点からは，1950年代のアメリカ化学産業は，対西ヨーロッパ進出を中心とする多国籍企業化という攻勢的側面と，合成染料を中心とする保護主義政策の後退という守勢的側面を併せもっていた。それは，化学産業が多様な部門を有し，それぞれの部門の国際競争力も異なること，それゆえにアメリカ化学産業の国際競争力問題が複雑であることを示すものである。

　ここでは，1970年代から80年代にかけてのアメリカ主要化学企業の合成染料工業からの撤退による「アメリカ合成染料工業のヨーロッパ化」という事態を展望しつつ，1950年代の合成染料工業を中心とするアメリカ化学産業における保護主義の『退却戦』の過程を考察する。それによって，1950年代アメリカ化学産業の国際競争力問題を明らかにする[3]。

1　関税委員会報告書

　アメリカ関税委員会が上院財政委員会と下院歳入委員会の要請により作成した，合成染料工業の第2次大戦による変化・発展と戦後の対外貿易と国際競争の見通しについての報告書『染料』（1946年）[4]の検討を通じて，第2次大戦後のアメリカ合成染料工業の国際競争力問題を明らかにしたい。

　第2次大戦中のアメリカ合成染料工業は，民間向けの生産が制限されていたにもかかわらず，生産を増大させていた。とくに，輸入の途絶により，それまで主に輸入に依存していた高級染料の生産増大と，大戦前にドイツ，

第4章　第2次大戦後の国際競争力問題

スイスが輸出していた市場，主に中南米への輸出増大が特徴的であった。この報告書では，大戦直後のアメリカ合成染料工業の発展の見通しは「きわめて有望」とし，戦後の長期にわたる見通しについては「さほど明らかではないが，有望な事態が続くであろう徴候がある」としている。[5]

外国企業との競争についても，短期的な予測は，ドイツ，イタリア，日本の合成染料工業の再建に時間を要するであろうから，大戦直後の時期は，アメリカ合成染料工業は「国内市場・輸出市場ともで戦前よりも決定的な競争的優位にあるであろうことは疑いない」が，長期的な予測は困難だとしている。そして，アメリカ合成染料工業の国際競争力要因として以下のものをあげている。[6]

① ドイツ合成染料工業の復活に対する連合国の政策（日本合成染料工業についてもそれほど重要でないが同様の問題がある）。
② スイス合成染料工業とイギリス合成染料工業の競争力。
③ 国際染料カルテルの再建の可能性とその活動への規制。
④ アメリカと外国との比較生産費。それは原料コスト，賃金・俸給率，研究・管理の効率性によって決まる。
⑤ アメリカの関税率。アメリカ市場での外国企業との競争はそれによって決まるであろう。

第2次大戦前のドイツ合成染料工業が圧倒的な国際競争力を誇り，IG・ファルベン社が国際染料カルテルを支配していたことから，ドイツ合成染料工業が大戦後の世界の合成染料工業の発展に大戦前のような影響力を与えうるかどうかが，最も重要な意義をもっていた。報告書は，大戦前のドイツ合成染料工業は，アメリカにとって最大の輸入国であるとともに，輸出市場でのアメリカ合成染料工業の最大の競争相手であったことから，アメリカ合成染料工業の国内市場と輸出市場での外国染料との競争の行方は，「どの程度ドイツが合成染料工業を再建できるか，技術的支配を回復できるかに大いに影響されるであろう」とする。しかもドイツの合成染料工場の戦争による被害はそれほど大きくなく，連合国が許せばその回

第2篇 アメリカ化学産業の国際競争力問題

復は早いであろうとする見地から,「ドイツ合成染料工業の復活は大いに占領政府のそれに対する政策によって決まる」とする[7]。

国際染料カルテルの問題についても,報告書は,ドイツ合成染料工業は,「もし多数の組織に細分され,連合国の厳しい統制下におかれるならば,おそらく国際カルテルを主導するに十分な結集力を欠くことになるであろう[8]」し,ドイツの指導力を欠くならば,スイスかイギリスが国際染料カルテル再建のイニシアティブをとるかもしれない,とする。そして,カルテルが存在しうるかどうか,どの程度世界染料貿易に影響を与えうるかについては,アメリカ政府や,各国政府・国際連合がそれに対していかなる行動をとるかによるとしている。

第2次大戦後の世界合成染料工業の発展を規定する最大の要因と考えられるドイツ合成染料工業と国際染料カルテルの将来は,アメリカ政府によって決められるといっても過言ではなかった。しかし,アメリカの政策は,第2次大戦中に国内のカルテルに対する訴訟に着手するとともに,国際カルテルの取締りを強化させたが,ドイツ化学産業の国際競争力を低下させることについては,冷戦体制への移行により不徹底なものとなった。その意味で,アメリカの政策は,アメリカ合成染料工業・化学産業の国際競争力を強化する役割を果たしたとは考え難い。

次に,「アメリカ合成染料工業と保護主義」について,報告書を検討しよう。

報告書は,合成染料工業の重要性と保護関税の必要性については,「合成染料工業の国家安全保障上の重要性が低下するだろう」とする。それは,合成染料の有機合成化学工業における比重が低下し,安全保障上重要な合成化学品の技術は,合成染料の研究開発に依存しなくなっているからであるとする。そして,「わが国の合成染料工業の著しい弱体化はわが国の軍事力を幾分低下させるだろうが,国内工業は十分に確立し,その発展の初期よりも関税の保護への依存を低下させているようである[9]」として,アメリカ合成染料工業の国防上の重要性の低下と,保護関税の必要性の低下を

指摘している。これは、アメリカ合成染料工業についての長期的な見通しが「有望な事態が続くであろう徴候がある」とする見地からのものであろうが、その後のアメリカ政府の政策にも反映していると考えられる。

とくに興味深いのは、報告書では保護関税の問題としてASP制度[10]を重視していること、またこの時期にはASPから外国価額への移行を問題にしていたことである。すなわち、「染料の関税は通商協定によって引き下げられることができるが、関税評価基準に関する条項はこの方法では変えることができない。染料の国内価格への外国製品の競争の影響はほとんどもっぱら競争的染料への関税の高さに依存している。スイスとの協定によって決められた現行の40％の従価税でさえ、アメリカ販売価格（ASP）にもとづいて評価された場合、競争的染料の輸入に対しては外国価額のおおよそ100％かそれ以上の課税になる[11]」と。

ASPから外国価額への移行については、「関税率のおよそ5分の3の引下げ」となること、ASPにもとづく関税の40％から20％への引下げよりも引下げ効果が大きいこと、その影響としては、輸入の増大、とくに高価格の競争的染料の輸入が増大し、国内企業はその分野での外国合成染料との競争が困難となり、「製造を中止するであろう」ことが指摘されている[12]。

報告書が関税評価制度の問題を重視していたことからも、ここで簡素化法案を中心に考察することの意義は明らかであろう。また、アメリカ市場でのドイツ合成染料の競争力は、関税評価基準の外国価額への移行と関税率の引下げがどの程度ドイツからの輸入に適用されるかによるとの指摘は、1950年代の「アメリカ合成染料工業と保護主義」の考察においても、何よりもまず、ドイツ合成染料の輸入が問題となることを示している。

2　通関手続き簡素化法

1950年5月10日の合成有機化学製造業者協会（Synthetic Organic Chemical Manufacturers Association）の会合で、会長のシドニー・C・ムーディー（Sidney C. Moody）はアメリカ化学産業が直面している国際競争力

第2篇　アメリカ化学産業の国際競争力問題

問題として，ワシントンにおける関税引下げとアメリカ化学産業の競争力を低下させる動きを指摘している。[13]

第1は，ASP制度の廃止を内容とする簡素化法案の上程の動き，第2はITO憲章の批准，第3は，イギリスのトーキーで9月にはじまる関税交渉での関税引下げ，という三つの問題である。

このトーキー関税交渉のアメリカ化学産業への影響は，深刻なものであるとして，化学産業界はそこでの関税引下げに強く抵抗した。それは，1934年以来最大の規模で化学製品が関税譲許の対象となり，イギリス，カナダからの化学製品輸入の増大が予想されたからでもあるが，それ以上に重大なのは，西ドイツのGATTへの加盟と，それにともなう関税譲許が予定されていたからである。[14]西ドイツからの化学製品輸入に対する関税の引下げは，関税委員会の報告書でも指摘されたように，アメリカ化学企業にとっては，国内市場での外国製品との競争における最大の脅威であった。

1951年簡素化法案（H.R.1535）は，アメリカ市場において，合成染料をはじめ，化学製品の西ドイツからの輸入の大幅な増加が見込まれ，アメリカ化学企業にとって競争上の脅威が深刻であった状況において，提出されたのである。しかも，提出に先立って，政府と化学産業界との非公式の折衝があったにもかかわらず，業界の抵抗が大きかったASP制度廃止が盛り込まれたままであった。[15]ASP制度廃止と蒸留酒の課税問題が，この法案の最大の争点となった。この法案の第13項がASP制度廃止を含む関税評価制度の改正を目的としていたが，ジョン・S・グラハム（John S. Graham）財務次官が「第13項が疑いなくこの法案の最も重要な項目である」と述べていた。[16]

アメリカ政府がASP制度を廃止しようとしたのは，この法案の目的とされる通関手続きの簡素化によって輸入の障害を除去し貿易を促進することよりも，GATTの第7条との適合に重点があったと考えられる。GATT第7条の第2項では「輸入商品の関税上の価額は，関税を課せられる輸入商品，または類似の商品の実際の価額にもとづくものでなければ

第 4 章　第 2 次大戦後の国際競争力問題

ならず，国内原産の商品の価額，または任意か架空の価額にもとづくものであってはならない」と規定されている。これに関しては，ASP制度のように，その国がGATTに加盟する以前から存在していた関税評価制度については，存続できることになっていた。しかし，GATT体制を主導する立場にあったアメリカとしては，GATTのルールに反するASP制度を存続させることは，アメリカのGATTへの姿勢が問われることになる。この法案は，ASP制度廃止にともなう保護主義的効果の減少を関税率の引上げで補うことによって，保護主義陣営の反対を抑えようとするものであった。関税率の引上げに必要な調査は，関税委員会に委ねるというものであった。

　しかし化学産業界からの反発は強力なものであった。歳入委員会で証言した化学産業関係者はすべてASP制度廃止に反対の意見を述べている。ASPから輸出価額への移行については，関税委員会による輸出価額の確定は困難であることの証言が相次いだ。その理由としては，ヨーロッパ化学企業のカルテル体質と，競争状況によって輸出価額を操作する価格政策——競争市場ではコスト以下での販売をするが，競争を排除すると値上げによりその損失を埋め合わせる——があげられていた。

　歳入委員会で，反対意見が多く論争的事項であるという理由で，ASP制度廃止が削除された。その背景には，上述のような業界の抵抗とともに，歳入委員会の共和党がアメリカ法をGATTとITO憲章(17)に従わせようとすることに強く抵抗したことがある。しかも，委員会修正法案（H.R.5505）では，第24項として，この法案の成立が議会によるGATTの承認を意味するものでないことが付け加えられたのである。この法案は，1951年10月下院を通過したものの，上院では翌年4月に財政委員会の公聴会が開かれただけで，本会議に上程されなかった。財政委員会での合成有機化学製造業者協会のR・W・フーカー（R. W. Hooker）の証言は，この時期のアメリカ化学産業の最大の関心事が，ASP制度の存続にあったことを示している。彼は，ASP制度廃止が再び盛り込まれることへの懸念と，グラハ

219

ム財務次官がその断念を証言したことへの満足を表明している。[18]

財務省はASP制度の廃止を断念した。[19]財務省の要請によって提出された1953年簡素化法案（H.R.5106）は，1951年に下院を通過した簡素化法案と同一ではないがほぼ同じ内容のものであった。[20]ASP制度廃止の条項は盛り込まれていなかったにもかかわらず，関税評価制度の改正を内容とする第15項がこの法案の「最も重要な条項」であった。[21]この法案は，歳入委員会での修正を経て（H.R.5877），下院を通過した。上院の財政委員会では，この第15項について，関税評価の重大な改正を内容とし，「関税の引下げをもたらしうる」ことから，公聴会開催の要求が強かった。財政委員会は，公聴会を開くことなく法案を成立させることはできないと判断したが，その時間がないという理由で，この第15項を削除して本会議に上程した。[22]下院は，上院の修正を受け入れて，1953年簡素化法が成立した。

翌年には，関税委員会による関税率表と関税分類についての調査を主な内容とする1954年簡素化法が成立した。

懸案の関税評価制度の改正は，1955年の簡素化法案の「核心」をなす第2項として提出された。この簡素化法案は，下院を通過し，上院の財政委員会でも公聴会が開催された。しかし，「関税引下げ効果」が延長法よりも大きいとの批判が相次いだことから，財政委員会は，さらなる情報が必要とのことで，翌年再び公聴会を開催した。財政委員会は法案を修正し，上院に報告した。上院を通過した法案は，両院協議会を経て，1956年簡素化法として成立した。この修正は，関税評価制度の改正により評価価額が5％以上減少する場合は新制度の適用を除外するというものであった。アメリカ政府も，議会の保護主義の根強い抵抗に妥協することによって，ようやく関税評価制度の改正を実現したのである。[23]

3 簡素化法への批判

簡素化法の最重要項目と位置づけられた関税評価制度の改正が，1951年の歳入委員会の公聴会から，1956年簡素化法の成立までの期間を要したの

は，化学産業をはじめとする保護主義の強い抵抗があったからである。ここでは，保護主義陣営からの簡素化法への批判の中で重要な二つの論点をみておこう。

(1) ITO・GATT問題

1945年にアメリカ政府は世界貿易の拡大を推進する国際機関の設立を提唱し，1948年に54カ国が署名したITO憲章となった。しかし，アメリカ政府がITO憲章の批准を繰り返し求めたにもかかわらず，1948年の選挙で共和党が勝利し議会での保護主義が強くなったこともあり，議会の抵抗は強かった。結局，1950年12月に国務省はITO憲章の批准を断念するという声明を出した。[24]

1951年の歳入委員会の公聴会での簡素化法案（H.R.1535）についての財務省の説明は，法案の条項のいくつかはGATTのルールに適合させるものであることを繰り返した。[25]とくに，この法案の二大争点であったASP制度廃止と蒸留酒の課税問題は，それを象徴するものであった。化学産業関係者も，「ITOは葬り去られた」，「それを生き返らせるべきなのか」，簡素化法に「亡霊をみた」という証言によって，[26]議会の承認を得ていないITO憲章・GATTにアメリカ法を適合させるものとして簡素化法案への批判を強めた。

歳入委員会でASP制度廃止が削除されたのは，アメリカ政府がITO憲章の批准を断念したと表明し，GATTの議会での承認の手続きもとられていないにもかかわらず，簡素化法の成立がITO憲章・GATTの正規の手続きによらない承認[27]となることに，共和党の保護主義派が強く抵抗したからである。[28]

ASP制度廃止が削除された後も，化学産業は，関税評価制度の改正がアメリカ法をGATT・ITOに適合させるものとして批判し続けた。[29]1953年簡素化法案についての歳入委員会の公聴会で，ケアリー・ワグナー（Cary Wagner）は，1951年の委員会修正法案（H.R.5505）の第24項と同じ

第2篇　アメリカ化学産業の国際競争力問題

ように，この法案の成立が議会によるGATTの承認を意味するものでない旨の条項を加えることを求めていた(30)。簡素化法においてではないが，1955年の延長法に，その成立が議会によるGATTの承認の可否を意味するものでないという条項が加えられた(31)。

アメリカ政府がGATTに加盟していることは，保護主義の立場からすれば，国際条約の問題でありながら議会の正式の承認を得ていないという点で，いわば「違憲状態」であった。しかし，それを，「貿易の自由化」を推進するアメリカ政府の通商政策への批判のために利用することはできても，GATTの加盟問題の可否にまでは踏み込めなかったというのが実情であろう。

(2)　関税引下げ効果

1955年にアイゼンハワー大統領は，対外経済政策教書で，通商協定法の3年間延長と，関税評価制度改正のための簡素化法の成立を二本の柱としていた。とくに，簡素化法については，「輸入商品関税評価の複雑な制度から生ずる不確実性と混乱が関税決定の不当な遅延を引き起こしている」として，議会に法案成立を強く求めていた(32)。

それにもかかわらず，1955年簡素化法案の「関税引下げ効果」に対する批判が相次ぎ，法案は，重大な修正を受けて翌年に成立したのである。しかし，簡素化法案の「関税引下げ効果」は，1951年から繰り返し指摘されていた。

1951年の歳入委員会では合成有機化学製造業者協会のムーディーが，ASP制度廃止を含む関税評価制度の改正とASP制度廃止にともなう措置に関する第13項と第14項について，「これら二つの条項は，化学産業にとっては，通商協定法のもとでこれまで進んできたよりも深刻な脅威である」と証言している(33)。

1953年の歳入委員会では，合成有機化学製造業者協会の会長のワグナーは，政府は，トーキーの関税交渉での化学製品関税の「50％引下げに満足

することなく」,この法案の関税評価額の引下げにより「一層の関税引下げを押しつけることに熱中している」と述べている。先のムーディーの証言は,まだASP制度廃止が問題となっている状況でのものであったが,このワグナーの証言はASP制度廃止がもはや問題となっていない状況でのものである。アメリカ化学産業には,その初期から,簡素化法の「関税引下げ効果」の認識,警戒感はあったと考えられる。しかし,1951・52年には,ASP制度廃止に対する関心が強く,「関税引下げ効果」を強調するまでにはなっていなかった。

1955年に簡素化法に関して「関税引下げ効果」が争点となった背景には,延長法をめぐる激しい論争が展開されたことがある。

アイゼンハワー大統領が就任した1953年は,石油輸入規制を柱とする保護主義的なシンプソン法案の成立を阻止するために,大統領は,実質的な関税交渉に入らないことを条件として議会に通商協定法の1年間延長を求めた。翌1954年には,選挙が目前であったこともあり,議会は延長法案の本格的な審議をすることなく,通商協定法を1年間延長した。

1955年には,延長法案の本格的な審議が予定されていただけでなく,議会では保護主義的な共和党に代わって民主党が多数を占めたことにより,延長法の成立への条件があると考えられていた。しかし,繊維工業が新たに保護主義の陣営に加わるなど,保護主義勢力の増大もあり,激しい論戦を経て,議会は「国防条項」を加えるなどの妥協により3年間の延長を認めたのである。

化学産業は,トーキー関税交渉での関税引下げの影響が十分に明らかになっていないにもかかわらず,さらなる関税引下げとなるとして,1955年延長法案に反対していたが,延長法は成立した。しかも,1955年簡素化法案については,延長法案の審議で確認された「漸次的・選択的・互恵的」な関税引下げの原則に反するもので,とりわけ互恵的なものではないという批判を展開した。さらに,簡素化法は,延長法のように大統領の関税交渉権限を制約しないとして,簡素化法の成立に抵抗した。

第2篇　アメリカ化学産業の国際競争力問題

表4-1　関税評価制度改正による評価価額の変化予測

	現行 輸入件数	現行 評価価額(ドル)	改正後 輸入件数	改正後 評価価額(ドル)
外国価額	41	334,998		
輸出価額	25	102,067	58	306,757
合衆国価額	2	26,145	5	12,196
生産費	10	98,149		
構成価額			15	175,033
合　計	78	561,359	78	493,986

注：ASPを除く。
出所：U. S. Senate, Committee on Finance, *Methods of Determining Value of Imported Goods for Duty Purposes,* Hearings, 84th 2nd, p.220(以下, Methods of Determining Value 1956, と記す).

　アメリカ化学産業は，化学産業にとっての「関税引下げ」効果は，有機化学製品の半分以上が対象となり，その評価価額の引下げ幅は4.5％から15.5％で，財務省が示す平均値2.5％よりも大きいことを指摘していた[38](表4-1)。それに対して，法案推進派は，化学産業にとっての関税引下げ効果について，200億ドル産業の化学産業が，およそ3億ドルの輸入の競争に直面しているが，この法案によって評価価額が16％引き下げられるのはわずか1,500万ドルでしかない，と反論していた[39]。
　1955年簡素化法案を「関税引下げ法案である。H.R.1（延長法案）よりも大幅な関税引下げの法案である[40]」とする保護主義の強い抵抗により，簡素化法の成立は翌年に持ち越されたのである。

4　国際競争力問題

　1951年の歳入委員会での簡素化法に関する公聴会では，合成有機化学製造業者協会が前年に独自にヨーロッパの有機化学工業についての経済調査を依頼した経営コンサルタントの証言もあり，アメリカ化学産業の国際競争力について，七つの問題点を指摘している[41]。ここでの論点は，その後の化学産業関係者の議会証言でも，強調点は異なるが繰り返し指摘されている。

第4章　第2次大戦後の国際競争力問題

① ヨーロッパの有機化学工業は，アメリカと同様に，本質的にはバッチ式工業である。基本的な原料であるコールタールは主要生産国のどこでも利用可能で，アメリカに自然的優位はない。技術は，すべての生産国で共通の知識となっており，その多くはヨーロッパで生まれた。アメリカには技術的優位はない。ヨーロッパの賃金は，アメリカの5分の1から3分の1である。アメリカはコスト競争に関して圧倒的な劣位にある。

② 西欧の生産国では，有機化学工業は基幹工業，国防上不可欠な工業とみなされ，国内市場が保護されている。

③ ヨーロッパの有機化学工業は集中度が高く，フランス，イタリアでは政府が参加している。高い集中度は，カルテルの形成と活動を容易にする。

④ 販売のカルテルシステムはアメリカの競争システムと相容れない。競争市場は，カルテルの価格破壊行為で荒らされる。カルテルは，コスト以下で販売する財政負担は構成企業間で分配し，競争が排除された後に最高価格に戻すことによってその損失を埋め合わせる。

⑤ 国際染料カルテルは，ドイツのIG・ファルベン社が支配していたが，他の企業の主導で活動しないという理由はなく，戦後も活動している徴候もある。

⑥ ヨーロッパ政府のカルテルについての見解は，アメリカとは異なる。IG・ファルベン社の解体の努力は，一方的なものでしかなく，アメリカ以外の占領区での役員の復帰など，解体の効果は永く続かないであろう。

⑦ 各国で生産の増大や設備の拡張が進行中で，過剰生産と輸出能力の増大が見込まれる。

ここでは，アメリカ化学産業の国際競争力やIG・ファルベン社解体の効果に関する興味深い指摘もみられるが，①と⑦を除けば，ヨーロッパ化学産業における政府の保護とカルテル体質に関するものであり，ヨーロッ

225

パ化学企業の価格政策の問題を際立たせるものとなっている。それは、輸出価額はヨーロッパ企業が自由に設定できるものであり、ダンピング行為を容易にするとして、ASPと外国価額の削除による弊害を強調するものであった。この調査が、保護主義的措置の削減に抵抗せんとした合成有機化学製造業者協会の依頼によるものであり、アメリカ化学産業への保護の必要性を強調するものとなるのは当然の結果であった。

アメリカ政府がASP制度廃止を断念した後も、化学産業は、輸出価額への一本化[42]がダンピング行為を容易にし、反ダンピング法の運営を困難にすることを理由に、関税評価制度の改正に反対し続けた。

国際競争力の問題として、議会証言で繰り返し強調されたのは、アメリカの賃金が外国よりも高いということである（表4-2、表4-3）。しかも、アメリカの他の工業は、自動化、大量生産技術によって賃金問題を解決できるが、有機化学工業はバッチ式であり、労働集約的で大量生産に適していないがゆえに、競争劣位にあるという主張が繰り返された[43]。化学産業における技術は、有機化学工業に代表される熟練労働を必要とし、労働集約的なバッチ式と、石油化学工業に代表される大量生産の連続工程方式とに分けることができ、その技術の成り立ちから、前者はドイツ型、後者はアメリカ型ということができる。

このドイツ型とアメリカ型という問題は、ASP制度が成立した時期にも指摘されていた。フランク・W・タウシッグ（Frank W. Taussig）は次のように述べていた。

「厳密に経済的な見地からは、その工業（コールタール製品とコールタール染料）はアメリカ的方式に適しているとは思えない。経済学の術語で言えば、比較優位を欠いている。その工程は難儀なほどに細かく入念であり、熟練で高賃金の労働で時間をかけて丁寧に多様な製品を作る。これらの製品のそれぞれが小量で生産される、例外があるとすれば合成インディゴである。それには大量生産らしいものがある。主として、それはドイツ工業の方式と伝統に適している。すなわち、科学の綿密な応用、忍耐強い

第4章　第2次大戦後の国際競争力問題

表4－2　賃金比較

(時間当たりUSセント)

	イギリス		アメリカ	
	1930	1954	1930	1954
熟練労働者	29.5	53.3	75.0	236.5
非熟練労働者	20.5	43.0	45.0	185.0

出所：モンサント・ケミカル社提出資料(Trade Agreements Extension 1955, p. 1082)。

表4－3　賃金比較(1953年)

(時間当たりUSドル)

アメリカ	2.60	イギリス	0.62
フランス	0.78	イタリア	0.52
スイス	0.76	オランダ	0.45
ドイツ	0.64	日本	0.19

出所：ダウ・ケミカル社提出資料(Trade Agreements Extension 1955, p.1114)。

実験，比較的低い俸給と賃金で使われる技術者と訓練された技術助手，大量生産ではないが大規模な操業に適してる。……合衆国では大戦前に高率の保護もなしで発展した化学産業もある。しかし，これらは高級コールタール製品とは異なるタイプのものである。他の分野と同様に，ここでも，アメリカ工業の成功は，大規模方式で単一の製品を大量に生産することにある」[44]。

　フォードニー・マッカンバー関税法の成立過程で，輸入業者などの「輸入禁止」に反対する立場から，ドイツ合成染料の品質が優れていることが強調されていたが，そのなかで，この問題の指摘もあった。アメリカ最大の綿企業アモスキーグ製造会社（Amoskeag Manufacturing Co.）の証人としてのグレンビル・S・マックファーランド（Grenville S. MacFarland）が，「輸入禁止」に反対しながら，アメリカ合成染料企業による製造が困難とされた高級合成染料に関して，「われわれは，フォード車のように低価格品の大量生産へと進む，それがアメリカ的特質である。ドイツ人の気質は，精緻に仕上げることであり，勤勉で，急がず，入念である」と述べ，アメ

リカ的特質を「標準化計画による大量生産」(quantity production with a standardized plan) としていた。[45]

ASP制度の成立過程での，このように合成染料工業をドイツ型とする議論は，アメリカにおけるその自立的発展の困難を強調する側面をもっていた。それに対して，アメリカ合成染料企業は，ドイツの優位を認めながらも，合成染料工業の国防上の必要性を強調し，アメリカでの自立的発展のための「輸入禁止」を求めていた。しかも，その「輸入禁止」は，国内で生産されるものに限定し，期限をも限定するものであった。その意味で，ASP制度は，その要求を実現したものでなかったものの，期限を限定せずに，極めて高率の関税によって合成染料工業を保護したのであり，アメリカ合成染料企業が要求した以上のものであったということができる。

ドイツ型という問題に関しては，1950年代にアメリカ化学企業が合成染料工業についてドイツ型であることを強調しASP制度の存続を求めるのは，ASP制度の成立過程で保護主義に反対する立場からなされていたこととは逆転するものであるが，アメリカ化学産業において，それとは異なるアメリカ型の飛躍的発展があったことを背景としていた。しかし，アメリカ化学産業においてアメリカ型の発展が進むほど，保護を求めてドイツ型ということを強調するのは，自らの存立基盤を否定する側面を併せもつことになるであろう。

アメリカ化学産業が，有機化学工業がバッチ式で労働集約的であり，アメリカに競争優位はないことを強調するのは，アメリカ化学産業の国際競争戦略が，第2次大戦を契機にアメリカを母国として発展した石油化学工業に，すなわちアメリカ型化学産業に重点をおくことを表明したものと理解することができる。[46]

有機化学工業については，国際競争条件が不利であるとの認識から，輸出市場よりも国内市場を重視するという戦略を展開することになる。1955年の歳入委員会でのモンサント・ケミカル社（Monsanto Chemical Co.）の会長エドガー・M・クィーニー（Edgar M. Queeny）の証言は，その表明

第4章　第2次大戦後の国際競争力問題

である。彼は,「有機化学製品は外国からの競争にさらされやすい」,「われわれはバッチ式の有機化学製品の生産には重点をおかないであろう」(47)という見地から,「われわれは輸出には関心がない。外国企業の工場が完成すると,われわれは早晩化学製品輸出市場の大部分を失うであろうことを確信している。われわれは,国内市場の確保と,アメリカでの収益に関心をもっている」と述べていた。(48)

ここに,1950年代アメリカ化学産業における,合成染料を中心とする有機化学工業の国際競争力認識とそれにもとづく経営戦略をみることができる。

1950年代のアメリカ化学産業における国際競争力認識を,簡素化法をめぐる議会証言を中心にみてきたが,それは,自ら『退却戦』と位置づけるように,合成染料をはじめとする有機化学工業については,きわめて悲観的なものであった。

競争劣位をあまりにも強調していることには,ビドウェルが疑問を呈しているように,(49)保護政策を要求するために誇張された側面があると考えられる。議会での論争においても,化学産業の政府の通商政策への批判に対する反批判が展開されるわけではない。その意味では,議会での政策論争の考察も,化学産業の側の一方的な主張を対象とするという制約があった。関税委員会の報告書と,その後の議会での化学産業の国際競争力認識との二つの異なる見地からの,化学産業の国防上の重要性,保護の必要性についての直接的な論争はみられなかった。しかし,化学産業に『退却戦』を強いたアメリカ政府の通商政策の展開は,合成染料・有機化学工業に関する限り,関税委員会の報告書で示された認識を基礎に展開されたと考えられる。

1970・80年代の「アメリカ合成染料工業のヨーロッパ化」は,1950年代のアメリカ化学産業の国際競争力認識の正しさを立証するかの印象を与える。しかし,重要なのは,1950年代の議会で示されたその国際競争力認識が,正しかったか,誇張されていたかではない。保護政策を求める立場か

第2篇　アメリカ化学産業の国際競争力問題

ら多少誇張された側面があったであろうことを前提としても，その国際競争力認識は，現実の競争状況を反映したものであったことは間違いない。そして，最も重要な問題は，そのような国際競争力認識を基礎に，いかなる経営戦略を展開し，いかなる企業行動をとったかである。競争は，企業の行動を規定するが，企業――その戦略・行動――がまた競争をつくりだすのである。

　アメリカ化学産業とASP制度の問題は，1960年代により一層の重要性をもって，議会での論争となる。

(1)　化学製造業者協会の国際貿易・関税委員会委員長リチャード・F・ハンセン (Richard F. Hansen) の証言。U. S. House, Committee on Ways and Means, Subcommittee on Foreign Trade Policy, *Foreign Trade Policy,* Hearings, 82nd 2nd, p.708（以下，Foreign Trade Policy, 1957 Hearings と記す）。

(2)　津田隆「第二次大戦後のアメリカ通商政策の動向」（茨城大学『政経学会雑誌』第12号）1962年；中川治生「米国議会と通商法及びガット」『貿易と関税』1993年9月号，10月号，11月号；Raymond A. Bauer, Ithiel de Sola Pool, and Lewis Anthony Dexter, *American Business and Public Policy, The Politics of Foreign Trade,* New York, 1963； Robert A. Pastor, *Congress and the Politics of U. S. Foreign Economic Policy, 1929-1976,* California, 1980.

(3)　ここでの考察の対象となる議会での論争は，合成染料に限定されたものでなく，有機化学工業，化学産業一般を問題としている。また，関税にしても，合成染料が対象となっていない場合も多い。しかし，アメリカ化学産業の国際競争力の問題を，保護主義との関連で考察するには，貿易政策をめぐる議会・委員会での論争の記録が最良の資料と考える。

　本節の課題と関連してとくに重要なのは以下の文献である。Percy W. Bidwell, *What the Tariff Means to American Industries,* New York, 1956.

(4)　U. S. Tariff Commission, *Dyes,* War Changes in Industry Series, Report No.19, 1946.

(5)　*Ibid.,* p.11.

(6)　*Ibid.,* p.13.

第4章　第2次大戦後の国際競争力問題

(7)　*Ibid.,* pp.13-14.
(8)　*Ibid.,* p.16.
(9)　*Ibid.,* p.18.
(10)　適用されたのは，コールタール化学品，ゴム底布靴等一部のものであった。1962年にコールタール化学品はベンゼノイド化学品に修正された。それは，石油化学技術の発達により，石油を原料とするようになったことの反映である。Cf. Ashen Philip, *The History of the American Selling Price Method of Valuation in United States Chemical Imports,* Ph. D. thesis, New York University, 1968, p.11.
(11)　U.S. Tariff Commission, *op. cit.*, p.19.
(12)　*Ibid.,* pp.19-20.
(13)　*Chemical & Engineering News,* May 22, 1950, p. 1746.
(14)　*Ibid.,* May 2, 1950, p.1798.
(15)　*Ibid.,* p.1798.
(16)　U. S. House, Committes on Ways and Means, *Simplification of Customs Administration,* Hearings, 82nd 1st, p.38（以下，Simplification of Customs Administration 1951と記する）.
(17)　GATT (General Agreement on Tariffs and Trade, 関税と貿易に関する一般協定）は，本来ITO憲章（The Charter for International Trade Organization）の一部であった。
(18)　U. S. Senate, Committee on Finance, *Customs Simplification Act,* Hearings, 82nd 2nd, p.185（以下，Customs Simplification Act 1952と記する）．ただし，フーカーは，ASP制度廃止が通関業務の統一化による簡素化に役立つとするグラハム次官の見解には反対している。

　　この公聴会で，グラハム次官は，財務省はASP制度廃止の法案への復活を申し入れないことを明言していた（*ibid.,* pp.16-17）。
(19)　アメリカ政府がASP制度廃止を断念したことにより，合成染料が関税評価制度改正の対象ではなくなり，その後の簡素化法案を考察する必要はないと考えることもできる。しかし，1954年簡素化法案ではASP制度廃止が盛り込まれていなかったにもかかわらず，関税表率の改正がASP制度の廃止に結びつくとの懸念が表明されていた（U. S. House, Committee on Ways and Means, *Customs Simplification Act of 1954,* Hearings, 83rd 2nd, pp.113-114）。さらに重要なのは，ASP制度廃止が断念された後も，アメリカ化学産業が，簡素化法案に反対し続けた事情を明らかにすることである。

(20) *Ibid.*, p.28.
(21) U. S. House, Committee on Ways and Means, *Customs Simplification,* Hearings, 83rd 1st, p.16（以下，Customs Simplification 1953, と記す）．
(22) *Congressional Record,* 1953, p.9894-9895.
(23) 簡素化法の成立過程の概要については，以下を参照されたい。*Congressional Quarterly, Almanac,* 1951, p.355；1952, p.269；1953, pp.299-301；1954, pp.521-522；1955, pp.425-426；1956, pp.507-508.

また，下院共和党保護主義のなかで，簡素化法案への対応が異なっていた。R・M・シンプソン（Richard M. Simpson）議員のT・A・ジェンキンス（Thomas A. Jenkins）議員への批判を参照されたい（*Congressional Record,* 1955, p.8985)。
(24) William Diebold, Jr., *The End of The I・T・O, Essay in International Finance,* No.16, New York, 1952, p.1.；中川治生，前掲論文，『貿易と関税』1993年9月号，42～48頁。
(25) Simplification of Customs Administration 1951. この法案（H.R.1535）では，アメリカ政府がその批准を断念していたことから，政府関係者はITOに言及していない。しかし，H.R.1535がそれとほとんど同じ内容とされる前年の法案（H.R.8304）についての関税委員会のメモでは，ITOに言及している（*ibid.,* pp.219-244)。
(26) *Ibid.,* pp.327, 355.
(27) このような指摘として，以下のような表現を確認できた。back door enacting (Simplification of Customs Administration 1951, p.318)；back-door procedure (*Congressional Record,* 1955, p.8988)；back-door arrangement (*ibid.,* p.8990)；back-door entrance (*ibid.,* p.8990).
(28) *Congressional Record,* 1951, p.13181.
(29) 簡素化法に関する化学産業関係者の証言での同様の論点については，以下を参照されたい。Cary Wagner (Customs Simplification 1953, p.153)；R. W. Hooker (U. S. House, Committee on Ways and Means, *Customs Simplification Act of 1955,* Hearings, 84th 1st, 1955, p.81. 以下，Customs Simplification Act of 1955, と記す)；Monsanto Chemical Co. (*ibid.,* p.128)；John Hilldring (U. S. Senate, Committee on Finance, *Customs Simplification,* Hearings, 84th 1st, p.183. 以下，Customs Simplification 1955, と記す)；R. W. Hooker (Methods of Determining 1956, p.204-205).

第4章　第2次大戦後の国際競争力問題

(30) Customs Simplification Act 1952, p.161.
(31) Congressional Quarterly, *Almanac,* 1955, pp.289-301.
(32) U. S. House, Committee on Ways and Means, *Trade Agreements Extension,* Hearings, 84th 1st, p.13（以下，Trade Agreements Extension 1955, と記す）.
(33) Simplification of Customs Administration 1951, p.326.
(34) Customs Simplification 1953, p.153.
(35) 1953年延長法から1955年延長法の歴史については，以下を参照されたい。Bauer, Pool, and Dexter, *op.cit.,* pp.23-79 ; R. A. Pastor, *op.cit.,* pp.101-103 ; Congressional Quarterly, *Almanac,* 1953, pp.210-217 ; 1954, pp.265-272 ; 1955, pp.289-301.
　アメリカ化学産業の「国防条項」への特別な関心については，以下を参照されたい。R. W. Hooker (U. S. House, Committee on Ways and Means, Subcommittee on Customs, *Tariffs, and Reciprocal Trade Agreements, Administration and Operation Customs and Tariff Laws and the Trade Agreements Program,* Hearings, 84th 2nd, p.593).
(36) Fred G. Singer (Trade Agreements Extension 1955, pp.1095-1100).
(37) Customs Simplification Act of 1955, pp.80-81 ; Customs Simplification 1955, pp.181-183.
(38) Customs Simplification Act of 1955, p.82 ; Customs Simplification 1955, p.179.
(39) *Congressional Record,* 1955, p.8994.
(40) *Ibid.,* p.8991.
(41) W. Stewart Hotchkiss (Simplification of Customs Administration 1951, p.328-331) ; *Chemical & Engineering News,* June 19, 1950, pp. 2087-2088.
(42) 関税評価制度改正の最重要点は，関税評価の第一の基準を外国価額と輸出価額の高い方から輸出価額に一本化するものであった。アメリカ関税評価制度については，以下の文献を参照されたい。R. Elberton Smith, *Customs Valuation in the United States,* Chicago, 1948.
　注(10)の学位論文は，ASP制度の歴史を扱った力作であるが，文献引用の仕方に多少の疑問がある。
(43) そのような証言の主なものは，以下のものである。Cary R. Wagner (U. S. House, Committee on Ways and Means, Trade Agreements Extension Act of 1953, Hearings, 83rd, 1st, 1953, pp.152-153) ; Fred G.

第2篇　アメリカ化学産業の国際競争力問題

　　　　Singer (*ibid.,* pp.225-226) ; Cary Wagner (Customs Simplification 1953, pp.150-152) ; Edgar M. Queeny (Trade Agreements Extension 1955, p.1075) ; Samuel Lenher (*ibid.,* p.1131) ; Samuel Lenher(U. S. Senate, Committe on Finance, *Trade Agreements Extension,* Hearings, 84th 1st, pp.440-441).
　　　　また以下も参照されたい。U. S. House, Committee on Ways and Means, *Foreign Trade Policy,* Compendium of Papers on United States Foreign Trade Policy, 1957, pp.1029-1058.
(44)　F. W. Taussig, The Tariff Act of 1922, *The Quaterly Journal of Economics,* Nov., 1922, pp.14-15 (長谷田泰三・安藝昇一『米国関税史』有明書房, 1938年 [1990年復刻], 474頁). ただし, 訳文は筆者のものである。
(45)　1921 Tariff Hearings, p.458.
(46)　ただし, 石油化学工業についても, ダウ・ケミカル社の副社長キャルヴィン・キャンベル (Calvin Campbell) の証言では, アメリカに競争優位があるというのが一般の認識だが, ここでもポリ塩化ビニールなどのように低価格の輸入品との競争に直面していることが指摘されている (Trade Agreements Extension 1955, pp.1112, 1115)。しかし, アメリカ石油化学工業の国際競争力・輸出競争力の自信を示す証言もあった (Foreign Trade Policy, 1957 Hearings, pp.704-708)。
(47)　Trade Agreements Extension 1955, p.1075.
(48)　*Ibid.,* p.1090.
(49)　P. W. Bidwel, *op.cit.,* p.201. ビドウェルは関税による化学産業の保護に批判的である (pp.211-214)。

第4章　第2次大戦後の国際競争力問題

II　1960年代の国際競争力問題

　1960年代にアメリカ化学産業の国際競争力問題は，敗戦から再建された西ドイツ化学産業をはじめとする西ヨーロッパ化学産業および日本化学産業の追い上げにより，世界市場競争が激化してきたのを反映して，多様なものとなり，国際競争力問題における利害の分裂を露呈させるものであった。1960年代に新たに国際競争力問題となったのは，石油輸入規制の問題と合成繊維の輸入問題であったが，ASP制度は，依然として国際競争力問題の中心であり，ケネディ・ラウンドの一大争点であった。
　本書では，第1次大戦前後のアメリカ化学産業の国際競争力問題として，合成染料工業の成立・発展を考察する際に，ASP制度の果たした役割に注目し，その成立過程を明らかにした。また，1950年代の国際競争力問題においても，ASP制度が中心であった。その関連から，ASP制度の廃止に至る背景を明らかにすることが主な課題となる。なお，ASP制度の対象も，従来のコールタール化学品からベンゼノイド化学品に定義上の変更がなされたのである。
　だが，ここではもう少し国際競争力問題について考察しよう。このような国際競争力問題への化学企業の対応も，事業分野の構成が異なることと，その比重の違いから，多様なものであった。それを，1968年の下院歳入委員会での証言から明らかにしよう。
　これら三つの問題すべてに言及しているのは，化学産業の広範な分野で事業を展開する統合企業のモンサント社とデュポン社であった。
　モンサント社の副社長のジョン・L・ギリス（John L. Gillis）の証言を[1]みてみよう。彼は，国際競争力問題に関して，ASP制度の維持，合成繊維の輸入を規制する法の施行，アメリカ石油化学工業の世界市場価格での原料の利用を求めている。ASP制度に関して，モンサント社のベンゼノ

235

第2篇　アメリカ化学産業の国際競争力問題

イド化学品の売上げが会社の売上げ全体に占める比率は1967年に19%で，業界の平均8%よりも高く，モンサント社のベンゼノイド化学品の製品構成はアメリカの企業の中でもおそらく最多であることを強調する。留意すべきは，彼が，アメリカのベンゼノイド化学工業にとって競争上不利な要因として，賃金コスト，カルテル，輸出奨励金の問題とともに，石油化学原料が外国よりも40%高いことを指摘していることである。

　合成繊維に関しては，モンサント社の売上げの26.9%を占め，モンサント社の製品グループとしては最大のもので，ナイロン・アクリル・ポリエステルからなっていた。彼は，合成繊維は，ベンゼノイド化学品と同様に労働集約的であり，外国の工場の方がアメリカの工場よりも近代的で技術が新しいことから，アメリカと外国のコストの差を生産性の高さで埋め合わせることは不可能であるとして，合成繊維の輸入規制を求めている。

　石油化学の基礎原料を製造する工程では，原料コストの比重が大きく（およそ3分の2），アメリカより安い原料（およそ3分の2）を使う外国企業に比べて，モンサント社は著しく不利な立場にあるとして，石油輸入規制の改革を求めている。ガソリンや燃料油のようなエネルギー製品は，輸入規制で保護された国内市場でしか販売されないので，エネルギー市場への輸入規制の影響は小さいが，輸出市場や国内市場で安い原料からの外国製品との競争に直面している石油化学工業への影響は大きいとしている。

　彼は，「繊維に関して輸入規制を求め，石油化学原料に関して規制に反対するモンサント社の立場は矛盾するものでない」と述べている。石油化学工業（基礎原料の生産）では原料が主要なコスト要因で，外国の安い賃金労働との競争が問題ではなく，繊維工業では原料コストの比重は小さく賃金が主要なコスト要因（40%かそれ以上）であり，繊維の輸入割当は，アメリカ経済の高賃金と雇用を確保するのに必要とされる。国際競争力問題において，1950年代から外国の安い賃金労働との競争を強調していたアメリカ化学企業が，国内の高賃金への批判に至らなかったのは，ASP制度廃止に反対することで労働組合と協調していたことが背景となっていた

のであろう。また，強いアメリカを象徴する高い生活水準の維持を強調することで，自らの保護主義の要求を正当化するという構図でもあったであろう。

デュポン社の副社長デービッド・H・ドーソン（David H. Dawson）の場合は[2]，合成繊維の問題を第一に取り上げている。1967年のデュポン社の売上げの30％以上が，繊維工業への売上げで，繊維工業の繁栄がデュポン社にとって最も重要なこととされ，輸入規制を求めている。ただし，ASP制度に関しては，ケネディ・ラウンドの「補足協定」（後述）による関税引下げの対象となるのはデュポン社のEECへの輸出のわずか3.5％で，それによる輸出の増大は非常に小さいものであろうし，関税引下げによる輸入の増大は化学産業だけでなく顧客の産業にも及び，深刻なものとなるであろうとして，その存続を求めている。石油輸入規制についても，原料コストの不利をもたらすものとして，政府が同意している暫定的な改革をさらに進める必要を主張している。彼は，アメリカ化学産業の国際競争力の三つの問題について，「これらの見た目にも矛盾している政府の政策が，国内市場および輸出市場でのデュポン社や他の国内化学企業の競争力に重大な損害を与えている」と述べている。

アライド・ケミカル社は[3]，ナイロン糸の主要な生産者として合成繊維の輸入規制を求めるとともに，ベンゼノイド化学品は，アライド・ケミカル社の売上げ全体の約15％だが，税引き前利益では15％をはるかに下回り，収益が低いが，生産を継続しているのは，研究開発，新製品の生産の協力剤としての必要性からであるとして，ASP制度の存続を求めている。ダウ・ケミカル社の会長カール・ゲルステッカー[4]（Carl Gerstacker）は，化学製造業者協会の会長として証言していることから，とくにダウ・ケミカル社については言及せず，石油輸入規制については「協会の一部の企業が外国の安価な原料の利用を求めている」ことを指摘してはいるが，主にASP制度の問題を取り上げ，その存続を求めている。アメリカで第2の合成染料・顔料企業であるGAF社[5]（GAF Corp.）と，ベンゼノイド化学品

237

が重要な事業分野であるアメリカン・サイアナミド社[6]は，ASP制度の問題に集中して，その存続を求めていた。

石油輸入規制の改革を主導していたユニオン・カーバイド社（Union Carbide Corp.）の副社長ヘルマン・K・インテマン[7]（Herman K. Intemann）は，ケネディ・ラウンドが化学産業の貿易に与える影響について，それが互恵的でないことを次のように指摘している。

アメリカの化学品への関税は，ヨーロッパの貿易国に比べて著しく高く，ケネディ・ラウンド以前は，アメリカの化学品全般への関税は平均25～30％で，EECではおよそ17％であった。アメリカの化学品への関税の50％の引下げは，外国企業に利潤を減らすことなくアメリカへの輸出価格を15％引き下げることを可能にした。その引下げ幅は，アメリカの貿易収支に最も貢献している大量取扱いの標準的化学品のアメリカでの利鞘を上回る。逆に，EECが関税を50％引き下げたとしても，アメリカにとって可能なEECへの輸出価格の引下げ幅は，そのおよそ半分でしかない。

彼は，ASP制度については，ユニオン・カーバイド社の売上げにおいてベンゼノイド化学品の比重が小さいことから，それが廃止されようと存続しようとユニオン・カーバイド社への直接的な影響はわずかなものであるとしながらも，ユニオン・カーバイド社が中間体を販売している企業にはベンゼノイド化学品を製造している企業があり，ASP制度廃止の影響を受け，それへの販売が減少する可能性に言及している。しかし，彼が強調するのは，「ASP問題を一般化できない」ということである。個々の企業で，ベンゼノイド化学品の規模，その製品構成が異なり，ASP制度を廃止した場合の影響も異なるというのが，その理由であった。

インテマンが指摘しているように，ASP制度との関わりが，個々の企業によって異なることは，次第に顕在化するのであるが，それについては後で考察することとして，ここでは，アメリカ化学産業の国際競争力に関する三つの問題の関連を明らかにしておこう。

まず，ASP制度と石油輸入規制との関連であるが，モンサント社のギ

第4章　第2次大戦後の国際競争力問題

リスが指摘していたように，石油輸入規制は合成染料をはじめとするベンゼノイド化学品の原料コストを高くするものであるが，合成染料工業は労働集約的で原料コストの占める比率が小さいことから，その影響は小さいといえる。合成繊維と石油輸入規制との関連については，モンサント社のギリスが労働集約的であるとしていたことが問題となる。ただ，彼は，合成繊維の原料の化学品の製造は労働集約的ではなく，モンサント社のその工程では1,000人以下の労働者であるが，それに比べて，紡糸と後処理の工程ではおよそ12,000人が働いていることを指摘していたのである。すなわち，企業の垂直的統合の度合いによって，事情は異なるのである。化学企業本来の事業であるモノマーの生産では，原料コストの比重が大きく，石油輸入規制の影響も大きいであろう。ただし，輸入規制が問題となっているのは，繊維・衣服の下流部門であり，それは労働集約的性格が強いものである。ASP制度と合成繊維の輸入規制との関連は，合成繊維だけではないが，アメリカにおいて繊維工業が合成染料市場のおよそ3分の2を占めており，染色済みの繊維の輸入は間接的な染料輸入となり，合成染料工業にとって深刻な事態であるという問題がある。アメリカン・アニリン・プロダクツ社（American Aniline Products, Inc.）の顧問ユージン・L・スチュワート（Eugene L. Stewart）の試算によれば[8]，このような間接的輸入の伸びは合成染料の輸入（直接的輸入）を上回っており，それを併せた

表4－4　合成染料の輸入

(単位：千ポンド)

	間接的輸入	直接的輸入	直接的輸出入収支	間接的輸出入収支
1953	644	2,765	＋7,451	＋4,465
1957	2,623	3,631	＋6,032	＋1,311
1961	2,410	6,016	＋4,481	＋1,989
1965	4,427	10,753	＋7,916	－622
1966	5,422	14,133	＋3,139	－1,194
1967	5,790	11,832	＋1,948	－1,466
1972(推測)	11,364	25,138	－8,582	－7,168

出所：Foreign Tariff and Trade Proposals, p.4758.

第2篇　アメリカ化学産業の国際競争力問題

貿易収支は赤字になる見通しであった（表4-4）。

1　ケネディ・ラウンドとASP制度

　ケネディ・ラウンドでASP制度が争点となった経過と，ASP制度の廃止に至る経過を明らかにしよう。

　ウィリアム・M・ロス（William M. Roth）通商交渉特別代表が，後に「それ（ASP制度）の撤廃がディロン・ラウンドにおいて要求され，そしてそれはケネディ・ラウンドの初めから主要な争点でありました」と証言しているように，1960年代にヨーロッパ化学産業からのASP制度への批判，さらにはアメリカ化学産業の保護主義への批判が強まっていた。

　ASP制度に直接言及してはいないものの，GATTの活動報告によれば，ディロン・ラウンドにおいて，参加数カ国が「交渉を有意義で公正なものとするために，非関税措置も協議されるべきであると強く主張し」，参加国間で「広範な非関税措置についての交渉に入る」ことの原則的な確認があった。

　すでにディロン・ラウンドの初期に，イギリス化学産業では，アメリカがASP制度を残したままの関税譲許は「不公正」であるとの批判の声があった。ロンドンでのアメリカ上院議員ポール・ダグラス（Paul Douglas）による，ヨーロッパが関税を引き下げないのならば，アメリカはその対抗上関税を引き上げなければならないかもしれないという発言にたいして，イギリス化学製造業者協会（Association of British Chemical Manufacturers）会長のJ・C・ハンバリー（J. C. Hanbury）が「フィナンシャル・タイムズ」紙にそれへの反論を投稿した。ハンバリーは，ダグラス議員の発言がアメリカは概して関税が穏当な水準でヨーロッパでは自由化が遅れて関税が高いという誤解を与えかねないとして，アメリカの高関税を示すものとしてASP制度に言及している。

　このように，ASP制度のような高関税制度を残しながら，アメリカの政治家や経営者がヨーロッパを訪問し関税の引下げを要求していることに

第4章　第2次大戦後の国際競争力問題

ついて，ヨーロッパ諸国ではアメリカ貿易政策の「二面性」という批判が高まっていた。そのような状況において，ケネディ大統領は，1962年通商拡大法を成立させ，それによりケネディ・ラウンドがはじまったのである。

ケネディ大統領は，1962年の対外貿易政策に関する特別教書において，1958年通商協定延長法によって大統領に与えられた関税交渉権限の期限切れが迫っていることに関して，急速に変化する世界経済に対応するためのまったく新しい政策が必要であることを強調していた。ケネディはその世界経済の新展開として次の五つの問題を指摘した。①ヨーロッパ共同市場の成長，②国際収支の悪化，③アメリカの経済成長を加速する必要，④共産主義の援助と貿易の攻勢，⑤日本と途上国への新市場の必要である。それは，「ヨーロッパ共同市場の成長」が第一に取り上げられているように，関税同盟としての性格を有するEECの成立・発展に対して，その域外関税の引下げにより，成長するEEC市場へのアメリカの輸出を確保することを重視していた。アメリカと西ヨーロッパとの経済的な結びつきが強められることは，アメリカの経済発展と国際収支の改善のためだけでなく，国際共産主義の攻勢に対抗するには，必要とされる。さらに，このような「大西洋共同体」が，「自由世界の指導者としての地位を維持」するアメリカの努力に役立つとされる。通商拡大法で大統領に与えられた特別権限は，イギリスのEEC加盟を展望してのもので，アメリカとEECの輸出額の合計が自由世界の輸出の80％以上になる品目の関税を無税にまで引き下げるものであった。これは，フランスのドゴール大統領がイギリスのEEC加盟を拒否したために実現しなかったが，ケネディ大統領は，交渉において関税を50％引き下げる権限を与えられた。これは，従来の通商協定延長法によるものと比べて非常に大きなものであった。さらに，大統領は従来の「国別品目別交渉方式」ではなく，「一括引下げ方式」での関税交渉を認められたことにより，関税の大幅な引下げを可能としたのである。

しかし，化学産業に関しては，EECとイギリス，スイスはASP制度の廃止を強く求めたが，通商拡大法ではそのような交渉権限を与えられてい

241

第2篇　アメリカ化学産業の国際競争力問題

なかったことから，さらに1966年6月に上院において通商拡大法で規定された事項に交渉を限定する決議案が採択されていたことから，アメリカ政府はその廃止を確約することはできず[14]，交渉は難航した。GATT事務総長の斡旋により，以下のような関税譲許がなされるとともに，アメリカがASP制度を廃止した場合にEECとイギリスがさらに関税を引き下げることを内容とした「補足協定」（Agreement Relating Principally to Chemicals, Supplementary to the Geneva ［1967］ Protocol to the General Agreement on Tariffs and Trade）が成立した。

　ケネディ・ラウンドでの化学産業に関する関税譲許は，次のようになっていた。

　アメリカは課税化学品の輸入のほとんどすべて（95％）の製品について関税引下げに同意した。ほとんどの品目について50％引き下げられ，関税率が8％以下の品目については20％の引下げとなった。EECは，アメリカからの課税化学品の輸入の98％の品目について関税引下げに同意した。ほとんどの品目は20％の引下げであったが，関税率が25％の化学品は30％の引下げ，スイスが主要な供給者である化学品は35％の引下げとなり，20％未満の引下げの化学品もあった。イギリスは，プラスチックを除く事実上すべてのアメリカからの化学品の輸入について関税の引下げに同意した。イギリスのプラスチックへの関税のほとんどは10％で，他の貿易主要国に比べてはるかに低かった。25％以上の関税率の化学品については30％の関税引下げ，25％未満の関税率の化学品については20％の引下げとなった。アメリカの場合は1964年の3億2,500万ドルの輸入でみると平均43％の引下げとなり，EECの場合は同年のアメリカからの4億6,500万ドルの輸入でみると平均20％に引下げとなり，イギリスの場合は同年のアメリカからの1億1,000万ドルの輸入でみると平均25％の引下げとなるものであった[15]。

　「補足協定」は，アメリカがASP制度を廃止した場合は，EECとイギリスは化学品の関税をさらに引き下げることを主な内容としていた。アメリカ政府は，議会でこの協定の承認を得なければならず，大統領の交渉権限

の延長とASP制度廃止を主な内容とする1968年通商拡大法案が提出されたが，下院の歳入委員会でこの法案に関する公聴会が開かれただけである。上述のアメリカ化学企業の国際競争力問題に関する証言は，この公聴会でのものである。化学企業は，ケネディ・ラウンドでの「50%と20%との取引き」という関税譲許は，互恵的なものでなく，「補足協定」もASP制度廃止による輸入の増となり，ヨーロッパでの関税引下げによる輸出の拡大で埋め合わせることはできないとして，この法案に反対した。ASP制度廃止によって，事実上50%を超える引下げとなる場合もあり，1962年通商拡大法で与えられた関税引下げ権限を上回るものとなるとの批判もあった。また，EECで進められている国境税調整が，新たな非関税障壁となっているとの指摘もあった。それは，域内諸国での間接税の調整であったが，それがアメリカからの輸出に課せられることによりいわば二重の負担になるとともに，EECからの輸出には税額が還付されるので，輸出補助金の性格をもっているとの批判があった。

　1969年には，共和党のニクソン大統領のもとで，ASP制度廃止を含む1969年通商法案が提出されたが，この時期の保護主義の高揚を反映して，歳入委員会には鉄鋼，繊維，ミルク・酪農品，履物の輸入割当を求める法案が集中していた。1970年4月に歳入委員会委員長ウィルバー・D・ミルズ（Wilbur D. Mills）が，この通商法案を修正した法案を提出した。しかし，それは，ASP制度の廃止を含んではいたが，他方で革靴と繊維製品の輸入割当も含むものであった。歳入委員会で，この法案に石油の輸入割当も加えられ，11月に下院を通過した。しかし，上院の財政委員会では，委員長のラッセル・B・ロング（Russell B. Long）が通商法案からASP制度廃止に関する条項を切り離し，それを社会保障改革法案の追加条項としていた。それは，ロングが，上院本会議への上程を急ぎ，法案に反対する議員の議事妨害を避けようとしたからであるとされるが，「1930年代の不況以来最も保護主義的」とされたこの法案は上院で廃案となったのである。

　とくに注意したいのは，この法案の審議過程で，ASP制度廃止に関し

第2篇 アメリカ化学産業の国際競争力問題

て，アメリカ政府が化学企業の分断を画策していたことである。歳入委員会では，一度ASP制度廃止の削除が決められた。ホワイトハウスと商務省は，ASP制度廃止を含まない通商法案には大統領が拒否権を行使するであろうとして，関連企業に圧力をかけた。法案の最終案作成作業の段階で，大統領顧問のブライス・ハーロー（Bryce Harlow）と商務次官補のスタンリー・ネーマー（Stanley Nehmer）が主要な化学企業に，ASP制度が廃止されなければ，合成繊維の輸入割当はありえないことを示唆した。化学産業の大企業の多くは，合成繊維にも進出していたことから，それは事実上，ASP制度の存続か，合成繊維の輸入割当かの選択を迫るものであった。デュポン社は，「合成繊維（の輸入割当）が最終法案に含まれることを希望する」ことを明らかにしていた。商務省は，合成繊維の消費者である繊維工業と，化学産業に原料を供給している石油産業に対しても，化学産業にASP制度廃止に反対しないように圧力をかけるよう働きかけた。商務長官のモーリス・H・スタンズ（Maurice H. Stans）が，合成繊維は繊維工業製品というよりも化学産業製品であるとの理由で，合成繊維の輸入割当を法案に含むことに反対したこともあり，歳入委員会で合成繊維の輸入割当も削除されていた。しかし，法案の最終案作成作業の最終段階で，ASP制度廃止と合成繊維の輸入割当が法案に復活したのである。[16]

「補足協定」によるASP制度廃止への危機感から，中小合成染料企業により合衆国合成染料生産者特別委員会（Ad hoc committee of U. S. dyestuff producers）が設立された。1968年の歳入委員会の公聴会では，アメリカン・アニリン・プロダクツ社の社長ジェームス・J・マーシャル（James J. Marshall）が，代表して証言したが，彼は，アメリカ合成染料市場の半分以上を支配するアメリカ4大企業と，市場の3分の1を支配する外国企業との資本関係がない企業がこの委員会を構成しているとする。ASP制度の廃止によって市場を失うのは，4大企業ではなく，委員会を構成しているような中小企業であることを強調する。彼によれば，4大企業は，一般的に国際的な企業であり，外国で生産するノウハウと資源とをもっており，

第4章　第2次大戦後の国際競争力問題

雇用と資本を輸出することにより市場のシェアを維持することができるのである。これは，ASP制度をめぐる利害関係の相違から，外国企業への批判にとどまらず，大企業への批判も生じてきたことのあらわれであろう。

それは，1973年の通商改革（Trade Reform）法案に関する歳入委員会の公聴会で，一層激しい形で明らかになる。合衆国合成染料生産者特別委員会の顧問のスチュワートは，化学製造業者協会の証言は，国内での生産よりも外国の子会社の売上げに関心がある多国籍企業の立場のもので，ASP制度の廃止にも寛大であると批判する。合成有機化学製造業者協会についても，ベンゼノイド化学品との関わりが強いものの，この協会でも大企業が重要な地位を占めているので，ASP制度が犠牲にされることに曖昧な態度であるとする。彼は，1970年の商務省と主要化学企業との「ASP制度と合成繊維輸入割当との取引」にも言及して，大企業を批判したのである。[17]

1962年の通商拡大法に関しても，輸出よりも国内市場に関心がある中小企業を代表する合成有機化学製造者協会が，化学製造業者協会よりも法案に激しく抵抗していること，また化学製造業者協会は法案に反対するよりも賛成するであろうとアメリカ政府に期待されていたことが指摘されていた。[18] アメリカ政府は，「補足協定」の承認を得るに際して，化学産業のなかでASP制度問題への対応は相違すると考えており，ASP制度の存続に本当に関心があるのは合成有機化学製造者協会に代表される少数の化学企業であるとみなし，化学製造業者協会は「補足協定」を受け入れることを期待していた。しかし，化学製造業者協会は，ケネディ・ラウンドでのASP制度の取り扱いは一方的なものであるとして，「補足協定」に反対することを決めた。それにより，政府の企ては，根底から覆されたのであるが，[19] 1960年代に政府がアメリカ化学産業における利害の相違に着目していたことがここでも明らかであろう。

合成有機化学製造業者協会は，アメリカ合成染料工業の成立期に強力にその保護を求めていたアメリカ染料組合が解散した後に，それらの企

業が協会に参加していたこともあり，ASP制度の存続に熱心であった。合成有機化学製造業者協会は，1950年代に関税問題での協会内での立場の違いにより分裂の危機を経験したことから，関税問題を個別に考える「選択的関税政策」[20]を進めてはいたが，ASP制度については，その存続を求め続けていた。しかし，その合成有機化学製造業者協会も，GATTの新たなラウンド（東京ラウンド）に向けた1973年通商改革法の公聴会で，大統領に非関税障壁に関する交渉権限を与えることそれ自体には反対せず，その権限を制約することを求めるだけであり，それが，合衆国合成染料生産者特別委員会に批判されたのである。これは，アメリカ化学産業における利害の相違が大きなものとなり，ASP制度の廃止に反対する勢力が弱体化されてきたことのあらわれであろう。しかも，このような利害の相違は，企業間だけでなく，1960年代にASP制度廃止に共に反対していた企業と労働組合との間でも顕在化する。1970年頃から，雇用の輸出ということで，労働組合の多国籍企業への批判が強くなっていくのである。[21]

　1973年通商改革法案が修正されて成立した1974年通商法により，前年にはじまっていた東京ラウンドの交渉は本格化した。東京ラウンドでASP制度の禁止を含む関税評価制度に関する協定（コード）が成立し，アメリカは，1979年通商協定法でそれを受け入れたことにより，1980年7月1日にASP制度を廃止したのである。

2　国際競争力に関する諸問題

　ASP制度の廃止がアメリカ合成染料工業に与えた影響について考察する前に，1960年代のASP制度をめぐる論争でのいくつかの論点について考察しよう。ケネディ大統領は，前述の特別教書で，「すでにわれわれは，西ヨーロッパに対してだけで，全世界からわれわれが輸入しているよりも多くの機械・輸送機器・化学品・石炭を売っている」としていたことから，まずはアメリカ化学産業の輸出産業としての問題を考察する。

　ASP制度の廃止を主張する政府や輸入業者も，ASP制度の存続を主張

第4章　第2次大戦後の国際競争力問題

する化学企業も，化学産業が輸出産業であるという共通認識に立ちながらも，廃止派は，それがアメリカ化学産業の国際競争力が十分なものであることを意味し，保護政策の必要はないと主張し，それに対して，存続派は，世界輸出に占めるアメリカのシェアが低下し，さらに輸入が輸出を上回るペースで増加しており，関税の引下げは輸入の一層の増加をもたらすと主張した。また，存続派は，深刻化するアメリカの国際収支問題において，化学産業の貿易黒字が貿易収支の黒字に大きく貢献しており，化学産業の国際競争力を維持することが必要であると主張した。

ロス通商交渉特別代表は，アメリカ化学産業の貿易黒字の増大がその国際競争力を示しているとして，ASP制度廃止の根拠とする。すなわち，アメリカの化学品輸出が1961年の18億ドルから1967年の28億ドルへ年平均7.7％の増加であったが，それに対して，輸入は7億3,200万ドルから9億6,300万ドルへ年平均4.7％の増加でしかなく，貿易黒字が増大していることを指摘する。[22]これに対して合成有機化学製造業者協会とドライカラー製造業者協会（Dry Color Manufacturers' Association）の顧問のロバート・C・バーナード（Robert C. Barnard）は，政府が示した数字には，1963年に行なわれた貿易統計の再分類を1961年からの統計にも適用したことにより，アメリカの化学品輸入の増加は大きくないという誤解を与えるものとなっていると批判した。それは，1963年に酸化ウランの輸入が化学品の輸入に含まれたことに関してである。酸化ウランの輸入を除くと，化学品の輸入は，1961年の4億5,600万ドルから1967年の9億4,700万ドルへ年平均13％以上の増加であり，輸入が輸出の倍の伸びを示しているというのである[23]（表4-5）。

アメリカ化学産業の国際競争力を問題とする場合，とくに貿易政策・関税政策に関しては，貿易黒字の大きさに示される，いわゆる輸出競争力をまず考える。アメリカ化学企業の在外生産が進展していない段階では，それはアメリカ化学産業の国際競争力をも意味していた。しかし，多国籍企業の時代には，外国子会社の売上げも問題となる。ロスは輸出の増加が対

第2篇　アメリカ化学産業の国際競争力問題

表4-5　アメリカ化学品貿易

(単位：百万ドル)

	輸出	輸入(1)	酸化ウラニウムの輸入(2)	(1)-(2)
1961	1,789	732	276	456
1962	1,876	766	252	514
1963	2,009	714	190	524
1964	2,364	707	111	596
1965	2,402	778	58	720
1966	2,676	942	41	901
1967(暫定)	2,803	963	16	947

出所：Foreign Tariff and Trade Proposals, pp.529, 4513.

外直接投資の急増と同じ時期におきていることを強調している。アメリカ化学産業の外国の工場・設備投資が1958年の2億6,100万ドルから1967年の13億ドルへと増大し、アメリカ企業の外国子会社の売上げが1957年の24億ドルから1967年の90億ドル（推定）へと増大しているというのである。[24] また、カナダからの化学品輸入の40％はアメリカ企業のカナダ子会社からのものであるとの指摘[25]、アメリカの化学品の輸入の約22％は、カナダを中心とするアメリカ企業の外国子会社からの輸入、いわば「企業内取引」であるとの指摘もあった。[26]

化学企業は、そのような対外進出について、賃金コストなどアメリカ化学企業にとって不利な要因が、関税やASP制度によって保護されないのであれば、コストの低い外国に工場を移転せざるをえないとの主張を繰り返した。すでに、1955年の通商協定延長法案に関する歳入委員会での証言で、モンサント・ケミカル社の会長クィーニーは、輸出市場よりも国内市場を重視する立場を明らかにしながらも、この法案が成立した場合には「外国の工場に一層の重点をおくであろうし、おそらく新しい工場を建設するであろう」と述べていた。[27]

しかも、1960年代には、国際収支問題から、対外投資規制が実施されていたのであるが、化学製造業者協会のゲルステッカーが、1968年の歳入委

第4章　第2次大戦後の国際競争力問題

員会の公聴会で，ASP制度の存続とともに，アメリカ企業の対外投資への規制の撤廃を求めていたのである。アメリカ製造業全体の輸出の約25％は外国子会社へのもので，対外直接投資には，このような外国子会社への資本財や部品の輸出とともに，他の製品系列の市場を開拓するという輸出効果があるとして，対外投資規制の解除を要求していた。[28]

合成有機化学製造業協会のバーナードは，ケネディ・ラウンドと「補足協定」の影響について次のように述べている。「デュポン社，モンサント社，アメリカン・サイアナミド社などのような多角化している化学大企業は，事業から撤退はしないであろうが，重大な影響を受けるであろうし，それに対応しなければならないであろう。それらの企業は，多くの製品の生産を中止しなければならないであろうし，それはすでにはじまっている。また，それらの企業はいくつかの工場を閉鎖せざるをえないであろうが，それもすでにはじまっている。それらの企業は，外国市場での競争を維持するためだけでなく，アメリカ市場での競争を維持するためにも外国の低コスト設備への投資を一層拡張することを余儀なくされるであろう」[29]。

ただし，彼の主張の力点は，大企業に比べて，多角化していない中小企業の方が影響は深刻なことにおかれていた。中小企業は，会社を閉鎖するか，アメリカでの製造をやめ輸入を始めるか，大企業に合併されるしかないことを，強調していたのである。

化学製造業者協会は，1962年の通商拡大法案に関する公聴会でも，国際収支の改善のために対外投資を規制する利子平衡税の導入に対しても反対を表明していた。会長のロバート・B・センプル（Robert B. Semple）[30]は，アメリカ化学企業が外国市場の開発にともない外国で工場を建設していることに関して，「市場の近くに工場を建設するのは歴史的にも正しいこと」であるとして，それを禁止する税の導入に反対していた。化学製造業者協会と合成有機化学製造業者協会に加盟している企業は重複しており，大企業は両方に加盟していた。しかし，一貫して対外投資への規制に反対し多国籍企業の利害をも反映している化学製造業者協会と，中小企業の立場を

249

第2篇 アメリカ化学産業の国際競争力問題

強調する合成有機化学製造業者協会との違いは，ここでも明らかであろう。

アメリカ化学産業がASP制度を存続させるべき理由として繰り返し指摘していたことの一つに，ヨーロッパ化学産業のカルテル体質という問題がある。

アメリカ化学産業の主張は概ね次のようなものである。

　ASP制度成立の背景には，ヨーロッパ化学産業における独占が，その強力な価格支配力を基礎に，ダンピング等によりアメリカ化学産業を弱体化させるという危機感があった。1960年代においても，ヨーロッパと日本では，アメリカ反トラスト法のような独占に対する厳しい規制がなく，時には政府が奨励することもあり，カルテルが成立している。独占による価格支配というASP制度成立の事情は変わっておらず，ASP制度を廃止し外国市場価額を適用した場合，ヨーロッパ化学企業の価格操作によりアメリカの関税が決まることになる。

アメリカ政府が，ASP制度の廃止を内容とする「補足協定」の議会での承認を求めているなかで，このようなアメリカ化学産業の主張を裏付けるような事態が生じた。1967年11月28日にドイツカルテル庁がドイツ合成染料企業4社に反カルテル法違反で罰金を科した。さらに，1969年7月24日にはEC委員会がヨーロッパの主要合成染料企業の価格協定がローマ条約に違反しているとしてこれらの企業に罰金を科した。それにより，「今やアメリカ化学産業は，ヨーロッパ主要化学企業が価格協定で罰せられたことによって，ASP制度に有利な新兵器を手にした」[31]と言われたのである。

ドイツカルテル庁は，BASF社，バイエル社，ヘヒスト社とカッセラ社の4社に対し，これらの企業が参加した1967年7月18日のスイスのバーゼルでの会合で，スイスのガイギー社（J. R. Geigy AG）が10月16日に合成染料を8％値上げすることを表明し，他の企業とともにそれに同調し値上

げした行為が，競争制限法第1条に違反したとして罰金を科した。

　この第1条では「契約」を禁止しており，1961年のテレビの再販価格維持問題については，直接的な証拠がなく立証出来ないとしてカルテル庁が告訴を断念した例が示すように，「協調行為」の立件は難しいと考えられていた。それにもかかわらず，カルテル庁は，染料事件の立件に踏み切った。カルテル庁は敗訴したが，ここで注目したいのは，この問題が，競争制限法の改正という結果をもたらしたことである。それは，国内法をEC法に適合させるという問題であったが，ドイツの化学企業から，ドイツカルテル庁とEC委員会の両方から罰金を科せられるのは，二重罰になるという問題の提起があったことがその背景にあった。

　ドイツカルテル庁が罰金を科したのに続いて，EC委員会も上記のドイツ4社と，フランスのフランコロール社（Société Française des Matières Colorantes S.A.），スイスのガイギー社，チバ社（Ciba AG），サンド社（Sandoz AG），イギリスのICI社，イタリアのACNA社（Aziende Colori Nazionali Afini S.p.A.）に対して，1964年，1965年，1967年のEC域内での合成染料価格の引上げが，ローマ条約85条で禁止している協調行為であるとして罰金を科した。

　EC法廷は，EC法と国内法との関係については，EC法が優先されることを確認した上で，国内法にもとづく訴訟も可能であるとした。しかし，ドイツ競争制限法に「協調行為」（concerted practice）が導入されたのは，EC法への適合というだけでなく，そこにアメリカ反トラスト法の影響を見ることができる。EC委員会は，シャーマン反トラスト法で禁止されている「共謀」（conspracy）概念にもとづき判例で確定された「協調行動」（concerted action）とローマ条約の「協調行為」とは同じでないとしていたが，「協調行為」の歴史的起源を「協調行動」に求めることができるのである。

　さらに，EC委員会の決定は，イギリス，スイスの域外諸国の企業にも罰金を科すもので，EC法の「域外適用」の問題を生じたのである。第2

第2篇　アメリカ化学産業の国際競争力問題

次大戦後に，ICI判決などで，アメリカ反トラスト法が外国企業に対しても適用されたことは，「域外適用」としてヨーロッパ諸国が反対していた。加盟国のなかでも「域外適用」に強い反対があるにもかかわらず，EC委員会が「域外適用」へと進んだことは，アメリカ反トラスト法への接近と考えることができる。

このヨーロッパ合成染料カルテルについては，デュポン社のヨーロッパ子会社も，他のヨーロッパ企業とともに，同時に値上げをした企業のリストに入っていた。ただし，ヨーロッパ市場では支配的な地位にないということで罰金を科せられなかった。

1968年通商拡大法案の公聴会でのこのカルテル問題についての証言をみてみよう。

合成有機化学製造業者協会のバーナードは，「ヨーロッパのカルテルは今なお存在している。日本はそれを禁止しないだけでなく，現実に化学生産者に生産の合理化と市場分割とを求めている。EECカルテル法もドイツカルテル法も，生産の合理化や市場分割，あるいはEEC外への輸出販売での価格協定さえも禁止していない。昨年末ドイツカルテル庁は，ドイツ主要合成染料企業――かつてのIG・ファルベン・トラストの後継企業――に，スイス・イギリス・フランスの生産者と価格引上げを共謀したとして，罰金を科した」として，カルテル批判を展開した。[36]

コウンスターム社（H. Kohnstamm & Co.）のエール・メルツァー（Yale Meltzer）[37]は，ASP制度廃止に反対し，カルテル問題からウェッブ組合の復活をも提言している。彼は，「1930年代のアメリカ化学品市場の諸条件が，外国のカルテル，とくにドイツのカルテル／IG・ファルベン社による国防上とくに重要なアメリカ化学産業の戦略的部門への支配を可能にした。このような条件が今日も存在する」として，次の七つの条件を挙げている。①アメリカの低い関税率，②アメリカ特許法――国内での使用を求めずに17年間の独占を認めている，③アメリカ貿易政策における政府と企業との綿密な協議の欠如，④アメリカの財政・金融政策と企業活動との調

整の欠如，⑤他の諸国での非関税障壁，⑥アメリカ反トラスト法の規制の厳しさ——それに比べて外国ではカルテルの形成が認められているだけでなく奨励されてもいる，⑦アメリカ政府によるウェッブ組合の奨励の欠如——EC市場では輸出組合がローマ条約の反トラスト規定の適用を免除されている。これらの条件は，②・③・④についても他の諸国との違いが指摘されているように，カルテル問題に留まらず政府と企業との関係全般にかかわるものであったが，ウェッブ組合の復活は，他の証人も取り上げていない問題であった。それは，中小の合成染料企業の窮状のあらわれとみるべきなのであろうか。

ドイツとECでの合成染料カルテルの告発は，ASP制度廃止に抵抗するアメリカ合成染料企業にとっては，まさに有効な「兵器」であった。それに対して，アメリカ輸入業者協会（American Importers Association）の証人であるニューヨーク大学のウォルター・W・ヘインズ（Walter W. Haines）は，「化学産業が一貫性にさほど留意していないように思われるもう一つの問題は，独占の問題についてである。彼らは，アメリカ企業が同じ船に乗っているという事実を顧みることなく，ヨーロッパ企業と日本企業のカルテル化を強調する」と反論する。[38]

それを証明するように，1974年にアメリカ司法省が1971年に合成染料の10％の値上げで共謀したとして，デュポン社をはじめとする9社を告訴したのである。デュポン社以外の企業は，アライド・ケミカル社，アメリカン・カラー・アンド・ケミカル社，アメリカン・サイアナミド社，BASF・ワインドット社（BASF Wyandotte Corp.），チバ・ガイギー社，クランプトン・アンド・ノウルズ社（Crompton & Knowles Corp.），GAF社，ヴィローナ社（Verona Corp.）である。9社は当初は，法廷で争う方針であったが，法廷費用等の問題から，アメリカン・カラー・アンド・ケミカル社を除く8社は争わないことに方針を転換した。[39]このカルテルに参加したとされる企業には，デュポン社等のアメリカ合成染料工業の支配的企業と，ヨーロッパ企業の子会社だけでなく，アメリカン・カラー・アンド・ケミカ

ル社とクランプトン・アンド・ノウルズ社の合衆国合成染料生産者特別委員会に参加している企業も含まれていた。ASP制度廃止に反対する急先鋒であったこの特別委員会の企業もカルテルに参加したとして告訴されたことによって，ASP制度廃止への動きが一層加速されたのである。[40]

3 「アメリカ合成染料工業のヨーロッパ化」

　1970年代から80年代にかけて，アメリカ合成染料工業におけるアメリカ4大企業がつぎつぎと合成染料工業から撤退したり，事業を縮小した（表4－6）。それは，東京ラウンドでの交渉が難航しつつも，進展しているなかで，ASP制度の廃止が確実なものとなっていく過程でのことであった。デュポン社やアライド・ケミカル社などのアメリカ合成染料工業の成立において中心的役割を果たしてきた企業の撤退は，これらの企業の合成染料事業の歴史がASP制度とともにあったことを示している。アメリカ主要

表4－6　アメリカ合成染料工業の再編成

1974	テネコ社(Tenneco Chemicals, Inc.)が合成染料事業をアメリカン・アニリン・プロダクツ社に売却，それによってアメリカン・カラー・アンド・ケミカル社(American Color & Chemical Corp.)が設立される。
1976	サンド社がインモント社(Inmont Corp.)の分散染料事業を買収。
1977	アライド・ケミカル社が合成染料事業をバッファロー・カラー社(Buffalo Color Corp.)に売却。
1978	GAF社が合成染料部門をBASF社に売却。
1979	クランプトン・アンド・ノウルズ社がハーショー・ケミカル社(Harshaw Chemical Co.)の合成染料事業の大部分を買収。 デュポン社が合成染料事業から撤退し，その事業をアメリカン・カラー・アンド・ケミカル社，チバ・ガイギー社(Ciba-Geigy)，クランプトン・アンド・ノウルズ社，モーベイ・ケミカル社(Mobay Chemical Co.)，モートン・ケミカル社(Morton Chemical Co.)に売却。
1980	アメリカン・サイアナミド社が合成染料事業の縮小を表明。 オットー・B・メイ社(Otto B.May,Inc.)をチバ・ガイギー社が買収。
1981	バッファロー・カラー社が，建染染料(Blue 1)の生産と販売を除いて撤退を表明。
1982	アメリカン・カラー・アンド・ケミカル社が撤退，事業の一部をチバ・ガイギー社に売却。

出所：Garrett A.Sullivan, The American Dye Industry: Outlook for the 80s, *American Dyestuff Reporter*, Dec. 1981, p.44 ; *Chemical Week*, Sep. 8, 1982, p.54 ; Glenn Hess, *op. cit.*, pp.33, 35.

第4章　第2次大戦後の国際競争力問題

企業の合成染料工業からの撤退とともに，ヨーロッパ企業がそこでの支配的地位を確立したのである。

ここでは，1960年代のASP制度の廃止をめぐる論争のなかから，この「アメリカ合成染料工業のヨーロッパ化」に至る要因について，中間体輸入と研究開発の問題を考察しよう。

1964年1月の関税委員会の公聴会で，バークシャー・カラー・アンド・ケミカル社（Berkshire Color & Chemical Co.）の社長レオン・W・ゲルスト（Leon W. Gerst）は，「究極的にアメリカ合成染料市場を支配しようとするヨーロッパ企業の長期計画があることを信じる理由がある。この計画は二つの方法で実現しつつある」とする。その一つは，ヨーロッパからの中間体の低価格での輸入によってである。それは，アメリカでの中間体生産の削減とアメリカ合成染料企業をヨーロッパからの中間体の供給に依存させることを目的としている。アメリカの中間体製造業者は価格が低落するなかで設備を更新する資金的余裕がない。もう一つは，合成染料をそれではアメリカ企業が競争できない位の低価格で供給することによってである。巨大なヨーロッパ企業は，アメリカ合成染料企業が事業から撤退するまで，アメリカの子会社が赤字経営であってもそれを支援する余裕がある。

同じ公聴会で，ヤング・アニリン・ワークス社（Young Aniline Works）の副社長ロバート・J・グラント（Robert J. Grant）も，「外国企業のアメリカ子会社は輸入した中間体を完成品（最終製品）に加工することができるが，これらの企業のいくつかがアメリカ国内で大量の中間体を低価格で販売している。彼らの目的はアメリカの供給者を徐々に減らしていくことである」と述べている。

後に，クランプトン・アンド・ノウルズ社のデイビッド・オールコーン（David Alcorn）が，デュポン社やアライド・ケミカル社などが，最も一般的な中間体であるアントラキノンやナフタリンの誘導体の生産を中止したのは自らの立場を不利にするもので，1960年代のドルが強かった時はそれは正しかったが，1970年代にドルが弱くなるとアメリカ合成染料企業は

第2篇　アメリカ化学産業の国際競争力問題

「窮地に陥らされた」と指摘しているように，中間体の輸入への依存の増大が「アメリカ合成染料工業のヨーロッパ化」を進めるものであった[44]。

デュポン社の合成染料事業に従事していたフィル・J・ウィンゲート(Phil J. Wingate)は，中間体について以下のように述べている[45]。ドイツ企業はマーシャル・プランの援助により化学産業の近代化，とくに中間体の製造の近代化を進め，大規模で自動化の進んだ工場を建設した。1950年代から60年代にかけて，世界で最も効率的な中間体製造工場を有するようになった。1970年代までに，ドイツ企業はデュポン社のチャンバース(Chambers)工場での直接費用よりも安価で中間体を販売するようになった。さらに，中間体を生産していないアメリカ合成染料企業が，ドイツ企業から安価な中間体を購入して合成染料を製造したことから，デュポン社はこれらの企業との競争によっても経営を圧迫されたのである。

研究開発の問題は，1968年と1970年の歳入委員会でのASP制度廃止についての公聴会で，アメリカ輸入業者協会有機化学グループの証人であったハーバード大学のロバート・B・ストーボ（Robert B. Stobaugh, Jr.)が，化学産業の競争力要因として賃金よりも重要なものとして強調していた[46]。プロダクト・サイクル説にもとづいて，彼は「補足協定」によりアメリカ化学産業の輸出は，プラスチックのような新製品と，連続工程の大規模工場の製品とで増大すると主張する。新製品の開発と企業化には，市場と工場とのコミュニケーションの問題を最小限にし，工場の生産物の大部分が国境を越えるリスクを減らすために，広大な国内市場をもつアメリカが有利であるとする。成熟段階にある製品については，その生産単位が大規模化しているので，外国での市場拡大と生産設備の拡張とに生じるギャップを埋める輸出の可能性を指摘している。しかし，彼は，アメリカ合成染料工業の国際競争力については，「平均的にはアメリカはドイツと競争できないであろう」，「競争力がない」，「アメリカの優位は合成染料以外の製品系列にある」と述べている（表4-7)[47]。

ここに，ASP制度の廃止を求める政府や輸入業者（その証人）におい

第 4 章　第 2 次大戦後の国際競争力問題

表 4 − 7　アメリカの合成染料輸入

(単位:ポンド [重量]:ドル)

	1966年					1967年			
	輸入量	競争品	非競争品	不明	輸入量	競争品	非競争品	不明
酸性染料	2,555,894	785,286	1,754,427	16,181	2,168,246	676,855	1,483,607	7,784
アブイック染料	2,360,007	2,145,363	213,479	1,165	1,674,692	1,563,440	111,252	—
塩基性染料	1,136,232	756,681	372,310	7,241	1,197,737	828,109	368,258	1,370
直接染料	1,158,956	280,097	876,878	1,981	794,117	163,635	624,251	6,231
分散染料	2,493,661	313,413	2,169,292	10,956	2,358,195	563,670	1,783,117	11,408
反応染料	1,249,031	131,234	1,107,464	10,333	1,188,321	130,455	1,052,308	5,558
蛍光増白剤	246,685	129,456	116,696	533	249,728	41,664	206,964	1,100
媒染染料	362,161	167,487	192,996	1,678	366,736	214,202	151,240	1,294
油溶染料	265,406	137,081	126,616	1,709	203,448	107,317	96,131	—
硫化染料	44,880	7,320	37,560	—	89,054	70,500	18,554	—
建染染料	1,760,747	1,325,901	280,898	153,948	2,455,087	2,028,417	424,770	1,900
その他	81,089	3,707	51,890	25,492	66,796	1,022	64,354	1,420
合計	13,714,749	6,183,026	7,300,506	231,217	12,812,157	6,389,286	6,384,806	38,065
送り状価額	25,816,702	8,247,372	17,343,754	225,576	23,382,497	7,938,956	15,363,784	79,757

出所:*American Dyestuff Reporter*, Oct.9, 1967, p.25 ; Oct.21, 1968, p.29.

257

第2篇　アメリカ化学産業の国際競争力問題

ても，アメリカ合成染料工業の国際競争力の弱さは否定できないものであったことが明らかであるが，彼等が，アメリカ化学産業が輸出産業であることを強調する場合には，化学産業全体が問題となっているのに対して，合成染料工業の証人が合成染料や中間体に問題を限定している点で，論争に多少のずれがあったことも明らかである。

　ストーボは，合成染料の輸入の3分の2が国内で生産されていない「非競争品」であり，その輸入は低賃金よりも技術やノウハウにおける優位にもとづいているとする。そして，反応染料を例にして，そのアメリカでの生産は，ICI社，トムズ・リバー・ケミカル社（Toms River Chemical Corp.），ヘヒスト社によって支配され，アメリカ企業の参入は僅かであることを指摘し，「合成染料生産におけるヨーロッパ企業の競争力は労働コストの低さではなく研究開発にもとづいている」と主張している。

　ウィンゲートは，デュポン社の合成染料の研究開発について，「デュポン社の合成染料事業が，1940年代から1950年代初めに合成染料の研究がピークに達したのに続いて，1950年代と1960年代に収益のピークに達したのは単なる偶然ではない」と述べ，また合成染料の研究開発は，「1950年代にゆっくりと縮小され，1960年代には縮小は加速され，1970年代には一層急速に縮小された」と述べている。[48]

　1950年代のアメリカ化学企業の国際競争力認識から「アメリカ合成染料工業のヨーロッパ化」を明らかにするには，アメリカ化学企業がいかなる経営戦略を展開したか，その主体的な側面が問題であったが，デュポン社の事例は，ASP制度によって保護された国内市場の死守を考えるだけで，研究開発を進め競争力を強化しようとはしなかったことを示している。もちろん，それは，合成染料以外に重点的な部門を有していたからである。

　アメリカ合成染料工業の他の主要企業も，ASP制度によって保護されていることを条件に国内市場重視の戦略をとっていたことは，これらの企業が，ASP制度の廃止が確定的になったことにより，撤退・縮小へと進んだことにより明らかであろう。このことから，次のように結論づけるこ[49]

第4章　第2次大戦後の国際競争力問題

とができるであろう。第1次大戦におけるアメリカ合成染料工業の成立の，またASP制度の成立に結果した保護主義運動の中心にいたこれらの企業の合成染料事業の歴史は，ASP制度とともにあったのである。

(1)　U. S. House, Committee on Ways and Means, *Foeign Trade and Tariff Proposals,* Hearings, 90th 2nd, pp.4618-4628（以下, Foreign Trade and Tariff Proposal, と記す）.
(2)　*Ibid.,* pp.4596-4615.
(3)　*Ibid.,* pp.4785-4792.
(4)　*Ibid.,* pp.4484-4504.
(5)　*Ibid.,* pp.4640-4642.
(6)　*Ibid.,* pp.4651-4667.
(7)　*Ibid.,* pp.4322-4346.
(8)　*Ibid.,* pp.4512-4562.
(9)　*Ibid.,* p.450.
(10)　GATT, *The Activities of GATT 1960/61,* Apr. 1961, p.10.
(11)　*OPD Reporter,* Dec. 11, 1961, p.57 ; *Financial Times,* Oct. 20, 1961 ; Nov. 2, 1961.
(12)　*Chemical & Engineering News,* Nov. 6, 1961, p.66.
(13)　Ratner, *op.cit.,* pp.166-179. ケネディ・ラウンドについては，大蔵省関税局監修『ケネディ・ラウンドの全貌』日本関税協会，1967年，を参照されたい。また，この時期のアメリカの貿易政策については，次の文献を参照されたい。Thomas W. Zeiler, *American Trade and Power in the 1960s,* New York, 1992.
(14)　合成有機化学製造業者協会は，ASP制度存続のキャンペーンを展開するとともに，通商交渉特別代表にASP制度の運用の改善を提言していた（Foreign Trade and Tariff Proposals, pp.4562-4570）。
　　　また，ジュネーブでASP制度に関する交渉が続けられていることに，1966年末には183名の議員がジョンソン大統領や関税委員会に抗議していた。1967年5月12日には歳入委員会の12名の委員がジュネーブの交渉団にASP制度に関する確約を与えないように電信で伝えていた（Congressional Quarterly, *Almanac,* 1967, p.810）。
(15)　Foreign Trade and Tariff Proposal, pp.502-504, 4679-4680.
(16)　Frank V. Fowlkes, Business Report/House Turns to Protectionism

despite arm-twisting by Nixon Trade Experts, *National Journal*, Aug. 22, 1970, pp.1815-1821 ; R. A. Pastor, *op.cit.*, pp.123-128.
(17) U. S. House, Committee on Ways and Means, *Trade Reform,* Hearings, 93rd 1st, pp.1748-1792.
(18) *Chemical Week,* Mar.17, 1962, p.40 ; *European Chemical News,* Sep. 14, 1962, p.7.
(19) *Chemical & Engineering News,* Sep.11, 1967, p.34.
(20) *Chemical Week,* Jul. 23, 1960, p.93.
(21) AFL-CIOは，ASP制度の廃止に反対していた（Foreign Trade and Tariff Proposals, p.4805）。
(22) Foreign Trade and Tariff Proposal, p.485.
(23) *Ibid.,* pp.3399-3400.
(24) *Ibid.,* p.486.
(25) *Ibid.,* p.496.
(26) *American Dyestuff Reporter,* Mar.13, 1967, p.9.
(27) Trade Agreements Extension 1955, p.1075.
(28) Foreign Trade and Tariff Proposals, pp.4484, 4490, 4501.
(29) *Ibid.,* p.4559.
(30) U. S. House, Committee on Ways and Means, *Trade Expansion Act of 1962,* Hearings, 87th 2nd, p.2604（以下，Trade Expansion Act of 1962, と記す）.
(31) *Business Week,* Aug. 2, 1969, p.30.
(32) Kim Ebb(ed.), *Business Regulation in the Common Market Nations,* vol.Ⅲ, New York, 1969, p.234.
(33) わが国の研究でこの問題に言及しているものとしては，以下を参照されたい。松下満雄編『EC経済法』有斐閣，1993年；小原喜雄『国際的事業活動と国家管轄権』有斐閣，1993年；村上政博『EC競争法［EU競争法］』弘文堂，1995年。
(34) *Wilhelm and others v. Bundeskartellamt,* ［1969］C.M.L.R.100.
(35) *Imperial Chemical Industries Ltd v. E.C.Commission,* ［1972］C.M. L.R. 557.
(36) Foreign Trade and Tariff Proposals, p.4540.
(37) *Ibid.,* pp.4628-4640.
(38) *Ibid.,* p.4711.
(39) *Chemical Marketing Reporter,* Jul. 22, 1974, pp.3, 49 ; Sep.23, 1974,

第4章　第2次大戦後の国際競争力問題

pp.3,12 ; *Chemical and Engineering News,* Sep. 23, 1974, p.8 ; Oct. 28, 1974, p.6 ; Dec. 23, 1974, p.6 ; *Chemical Week,* Jul. 24, 1974, p.9 ; Sep. 18, 1974, p.22 ; *European Chemical News,* Jul. 26, 1974, p.6.
　司法省の訴訟を前提とした民間企業による訴訟の経過から，アメリカン・カラー・アンド・ケミカル社も他の企業に追随したと考えられる。Cf. *Dorey Corp., et al. v. E. I. du Pont de Nemours and Co., et al.,* 1975-2 Trade Cas. (CCH) P60,576.

(40)　アメリカン・カラー・アンド・ケミカル社は，アメリカン・アニリン・プロダクツ社を前身としている。クランプトン・アンド・ノウルズ社は，1970年のリストにはないが，1973年のリストに載っている。

(41)　Why U.S. Dye Makers Gave Up, *Chemical Week,* Sep. 8, 1982, p.54.

(42)　*American Dyestuff Reporter,* Feb. 17, 1964, p.71.

(43)　*Ibid.,* p.73.

(44)　Glenn Hess, Dyestuffs Will Be Real Money-Makers...Eventually, *Chemical Business,* Jun. 28, 1982, p.35.

(45)　P. J. Wingate, *The Colorful Du Pont Company,* Wilmington, 1982, pp.200-204.

(46)　Foreign Trade and Tariff Proposals, pp.4675-4704.

(47)　*Ibid.,* p.4722.

(48)　P. J. Wingate, *op.cit.,* pp.189-190.

(49)　もちろん，これはリストラクチャリングの一環としての位置づけも必要である。アライド・ケミカル社は，合成染料事業の売却を，「より成長の可能性があり収益性が見込まれる製品に資源を再配置する長期戦略の一環」としている (Allied Chemical Corp., *Annual Report,* 1977, p.19)。松井和夫・奥村晧一『米国の企業買収・合併』(東洋経済新報社，1987年) も参照されたい。

あとがき

　本書は,「国際化学産業経営史」というテーマで,化学産業における世界市場競争について,アメリカ化学産業における国際カルテルの展開と国際競争力問題を中心に考察してきた。しかし,アメリカ化学産業を研究対象にしたことから,研究をまとめることの難しさを痛感することとなった。それは,化学産業が多様な部門からなり産業構造が複雑なことに原因があるが,さらにアメリカ化学産業を対象としたことが,難しさを増したのである。ドイツ化学産業についてはIG・ファルベン社を軸に考察することにより,イギリス化学産業についてはICI社を軸に考察することにより,ほぼその全体像に迫ることができるといえるが,アメリカでは,そのように化学産業全体を事実上支配する総合的化学企業が存在しなかったからである。それが,アメリカ化学産業の特質といえる。

　本書は,学位論文となった旧著『国際化学工業経営史研究』に新たな章(第2章)を加えたものである。アメリカにおける国際カルテルの展開を論ずる上では,反トラスト法との関連で,第1章での特許・プロセス協定とともに,「ウェッブ組合」の問題を看過することができないと考えていたことから,化学産業における「ウェッブ組合」の事例として,アルカリ輸出組合の考察を加えた。しかし,ここでも,「ウェッブ組合」だけを問題にするのでなく,その歴史的背景として,ウェッブ法の成立と「シルバー・レター」の問題をも考察したのである。ただし,第1篇はアメリカ化学産業における国際カルテルの展開を考察しているが,化学産業における国際カルテルのすべてを対象としてはいないので,国際窒素カルテルのような重要なカルテルについての考察は,別の機会を期すことになる。

　研究を経営史に狭く限定するのではなく,法や政策形成のような他の研究領域と関連する問題をも対象とするように問題関心を広げた(拡散させた)ことによりまとまりの悪いものとなったとの批判があるであろうし,

あとがき

第2章を加えたことがそれを一層強くしたかもしれないが，いくつかの問題から各章の関連を明らかにしておきたい。

アメリカ化学産業における国際カルテルの展開を明らかにした第1篇では，反トラスト法との関連での二つの形態，特許・プロセス協定と「ウェッブ組合」について明らかにしている。特許・プロセス協定は，第1章でのデュポン＝ICI同盟の歴史と，第3章でのスタンダード＝IG同盟と合成ゴムに関する協定である。第1章の合成染料工業と第2章のアルカリ工業は，19世紀のヨーロッパで発展したものである。第3章の合成ゴム工業は，ドイツで発展したが，第2次大戦を契機にアメリカにおいて石油化学工業として発展するのである。第1章と第3章との国際カルテルでのIG・ファルベン社の戦略は，ドイツ化学産業が伝統的に競争優位を維持している合成染料工業――「ドイツ型」といえる――のみならず，新部門としての合成ゴム工業をも，支配せんとしたものであった。それに対して，合成ゴム工業は，第2次大戦後にアメリカ化学産業が，石油化学工業を軸に飛躍的に発展するとともに，それを主導する基礎を形成したのであり，「アメリカ型」と特徴づけることができる。

この化学産業における「ドイツ型」と「アメリカ型」という問題は，第1篇第1章でのアメリカ合成染料工業の成立とASP制度に関する考察から，第2篇の第2次大戦後のアメリカ化学産業の「国際競争力問題」に関する考察において，重要な位置を占める。アメリカ合成染料工業の歴史は，ASP制度の成立と廃止の過程といって過言ではなく，その半世紀の歴史において，アメリカ企業は，「ドイツ型」としての合成染料工業における自らの劣位を強調し，保護を求め続けたのである。ただ，それを同じことの繰り返しとしてのみ理解するのでなく，世界市場競争の変化のなかで考察することにより，それぞれの時代におけるアメリカ化学企業の国際経営戦略が明らかになるのである。

事項索引

アルファベット

American Dye 30
EC委員会 250-252
FTC 75-77, 86, 90-93, 96, 100, 103, 106-109, 112, 120, 128
FTC法 88-92, 103, 106
GATT 77, 213, 218-219, 221-222, 231, 240-242, 246
 トーキー関税交渉 218, 222-223
 ディロン・ラウンド 240
 ケネディ・ラウンド 235, 237-243, 245, 249, 259
 東京ラウンド 246, 254
IG 8, 23, 25-27
Jasco 184, 193-197
MVA協定 194
Tarunung 204-207

ア行

アメリカ価額 12-14
アメリカ化学会　化学・染料委員会 7-8
アメリカ合成染料工業 3-34, 40-41, 214-217, 229, 235-261
アメリカゴム協会 137, 154-156, 174
アメリカ司法省 74-76, 79, 127-128, 197, 253, 261
アメリカ染料組合 10, 13, 245
アメリカ染料製造業者協会 10
アメリカ販売価格（ASP）制度 15-16, 26, 214, 217-223, 226, 228, 230-231, 233, 235-260
アメリカ輸入業者協会 253, 256
イギリス化学製造業者協会 240
イリノイ製造業者協会 91
インディゴ 5-9, 11, 16, 21-23, 25, 27-28, 36, 41, 57, 226

ウェッブ組合 75-77, 85-86, 100, 108-113, 119-133, 252-253
 アルカリ輸出組合 76-77, 86, 114-133
 カリフォルニア・アルカリ輸出組合 125-128, 130-131
 銅輸出組合；銅輸出協会 110
 コンソリデイテッド・スティール社；鉄鋼輸出組合 111
 電気器具輸出組合 76, 111
 スタンダード石油輸出会社；輸出石油組合 111, 113
ウェッブ法 75-77, 83, 85-86, 87-113, 119, 128
ヴェルサイユ条約 33, 47

カ行

買い手プール（ゴム） 156, 167, 175
化学財団 20-21, 61
化学製造業者協会 12, 230, 237, 245, 248-249
合衆国合成染料生産者特別委員会 244-246, 254
合衆国染料・化学品輸入業者協会 17
関税委員会 10-11, 214-220, 229-230, 232, 255, 259
関税法
 1883年関税法 6
 1897年関税法 116
 1909年関税法 6
 1913年関税法 6, 11, 88
 1916年関税法 8, 10-11, 17
 1921年関税法（緊急関税法） 11-13
 1922年関税法（フォドーニー・マッカンバー関税法） 13-16, 18, 26, 119, 227
 1930年関税法 15-16
協調行為 251

事項索引

協調行動　251
グラント特許　142-143, 170
合成アンモニア　22, 58-61, 68, 71, 118
合成有機化学製造業者協会　217, 219, 222, 224, 226, 245-247, 249-250, 252, 259
講和計画　204, 207
国際アルカリカルテル
　　1924年協定　120
　　1929年協定　121, 125-126, 130-131
　　1936年協定　125, 127-132
国際火薬カルテル　42-49
国際ゴム規制協定　187
国防会議顧問委員会　197
ゴム栽培者協会　150-151, 154, 156, 173
ゴムトラスト　140

サ行

三社同盟　8, 25
三社連合　8, 25, 33
シルバー・レター　75, 77, 85-86, 100, 106-112, 120
スタンダード＝IG同盟　85, 183-185, 188-199
スチーブンソン・プラン　113, 147-156, 167, 173-174, 182, 184-186
繊維工業　5, 8-9, 68, 123, 213, 223, 236-237, 239, 244
全国対外貿易会議　89
全国対外貿易協議会　89, 91, 93, 97, 102
全米商業会議所　89-91, 93, 103
染料（輸入規制）法　26
染料カルテル
　　欧州染料カルテル；国際染料カルテル
　　28, 31, 35-42, 50, 53, 215-216, 225
ソルヴェー・シンジケート　37, 114-118

タ行

対敵通商法　10, 20, 61
タイヤ
　　クリンチャータイヤ　144-145, 158, 170-172
　　ストレートサイドタイヤ　144-147, 170-172
通関手続き簡素化法　214, 217-224, 229, 231-232
通商法
　　1955年通商協定延長法　222-223
　　1958年通商協定延長法　241
　　1962年通商拡大法　241-243, 245, 249, 252
　　1974年通商法　246
　　1979年通商協定法　246
ティリングハスト特許　142
敵国資産管財人　20, 206
デュポン＝ICI同盟（デュポン＝ICI協定）　36-52, 74, 78-82, 85, 132
ドイツカルテル庁　250-252
特許・プロセス協定　30, 36, 44, 47-48, 50, 62-68, 74-75, 77-78, 85, 132
　　1920年協定　36, 47-49
ドライカラー製造業者協会　247

ナ行

ナイロン（ナイロン協定）　63-70, 72, 74-75, 78-81, 83, 236-237
ネオプレン（デュプレン：クロロプレン）　63, 65-67, 81, 123, 181, 183-185, 187, 193-194, 198, 200

ハ行

ハーグ協定　194-195, 197-199
反ダンピング法　7-8, 12, 18, 226
反トラスト判決　33, 46, 77, 81, 88
　　ICI判決　74-82, 252
　　アルカリ輸出組合　76-77, 128-129, 132
　　EC染料カルテル事件　250-253
　　アメリカ染料カルテル事件　253-254
ブナゴム　66, 181-185, 187-188, 193-196, 198-201

事項索引

分野協定　190-192
法案
　　ヘップバーン法案　88
　　クレイトン法案　88, 90
　　ヒル法案　8, 10
　　キッチン法案　8-9
　　ロングワース法案　10-15
　　新関税法案（1921年）　11-12
　　緊急関税法案　11
　　1951年簡素化法案；修正法案　218-221, 232
　　1953年簡素化法案；修正法案　220-223
　　1954年簡素化法案　231
　　1955年簡素化法案　220, 222-224
　　シンプソン法案　223
　　1954年延長法案　223
　　1955年延長法案　223-224, 248
　　1962年通商拡大法案　243, 245, 249, 252
　　1968年通商拡大法案　242-243, 252
　　1969年通商法案；ミルズ法案；ロング法案　243-244
　　1973年通商改革法案　245-246
　　FTC法案→FTC法、ウェッブ法案→ウェッブ法
補足協定　237, 242-245, 249-250, 256
ポリエチレン（ポリエチレン協定；ポリテン協定）　63, 66-68, 73, 75, 78

ヤ行

四者協定　189-192

ワ行

ワン・ストップ・サービスステーション　165

企業名索引

アルファベット

ACNA社　251
BASF・ワインドット社　253
BASF社　21-22, 25, 27, 29, 35, 178, 188, 250
C&C・ケミカル社　190
GAF社　237, 253-254
GE社　59, 76, 102, 111, 160
GM社　47-48, 52, 54, 58-59, 66, 68, 73, 145, 156, 187
ICI社　4, 28, 35-40, 48-55, 60, 63-68, 72-75, 77-80, 120-121, 125, 127-130, 132, 251, 258
IG・ファルベン社　4, 19-20, 23, 27-32, 35-41, 50-51, 64, 66, 80, 82, 134, 180-199, 202, 203-209, 213, 215, 225, 252
U・S・スティール社　23, 89, 95, 102, 105, 111
U・S・ラバー社　102, 136, 139-142, 144-147, 153, 155, 158, 160-163, 165, 167-169, 174-176, 180, 186, 196-197, 201
UCC社　66-67, 73, 190-192
W・ベッカーズ・アニリン社　9

ア行

アグファ社　23, 25
アクロン・インディア・ラバー社　141
アマルガメイテッド銅会社（アナコンダ銅会社）　88, 93, 100-102, 104-105, 110
アメリカン・IG・ケミカル社　30, 202, 205, 208
アメリカン・インターナショナル社　102
アメリカン・カラー・アンド・ケミカル社（アメリカン・アニリン・プロダクツ社）　239, 244, 253-254, 261
アメリカン・サイアナミド社　30, 32, 238, 240, 253-254
アメリカン・トロナ社　126
アメリカン・ビスコース社　60, 64
アメリカン・ポタッシュ・アンド・ケミカル社　126
アモスキーグ製造会社　227
アライド・ケミカル社　15, 18-20, 30, 35-38, 40-41, 118, 121, 237, 253-255, 261
イギリス・デュポン社　80
インガソル＝ランド社　102
インターナショナル・GE社　76
インターナショナル・クルード・ラバー社　168
インターナショナル・ハーベスター社　95, 102, 104
インモント社　254
インヨー・ケミカル社　121-122, 125-126, 129
ヴィローナ社　253
ウィンスロープ・ケミカル社　206
ウェスティングハウス社　76, 102, 111
ウェスティングハウス・インターナショナル社　76
ウエスト・エンド・ケミカル社　126
エクスプロウシブズ・インダストリーズ社　49
エクスプロウシブズ・トレード社　36, 47-48, 54
エチル・ガソリン社　59, 191
エトナ・パウダー社　42
オットー・B・メイ社　254

カ行

ガイギー社　250-251
カストナー・エレクトロリティク・アルカリ社　116
カッセラ社　25, 250

267

企業名索引

カナダ・キャスル・サイアナイド社　51
カナダ・デュポン社　80
カナディアン・アンモニア社　50
カナディアン・インダストリーズ社　39-40, 50-51, 53, 79-80, 85
カナディアン・エクスプロウシブズ社　45, 47, 50
カリフォルニア・アルカリ社　125
カルコ・ケミカル社　9, 19-20, 40
カレ社　33, 59
キネチック・ケミカルズ社　66
キャリコ・プリンターズ社　67
クールマン社　35
クーン・ローブ商会　162
グッドイヤー社　136, 141-147, 153, 155, 158-161, 163-168, 171, 174, 176, 185-188, 193-194, 196, 198-200
グッドリッチ社　136, 138, 140-144, 146-147, 153, 155, 158, 163, 165, 167-168, 170, 174, 176, 184-186, 188, 193-194, 196-197, 199, 200
グッドリッチ・テュー社　138, 140, 168
クットロフ・ピックハート社　29
グラッセリ・ケミカル社　20, 28-30
グラッセリ・ケミカル社(カナダ)　50
グラッセリ・ダイスタッフ社　28-31
クランプトン・アンド・ノウルズ社　253-255, 261
グリースハイム社　25
グレート・ウエスタン・エレクトロ=ケミカル社　126
ケネコット銅会社　110
ケリー・スプリングフィールド・タイヤ社　167
コウンスターム社　252
コートールズ社　59
コロンビア・ケミカル社　115
コンソリデイテッド・ラバー・タイヤ社　143, 169-170

サ行

サンド社　251, 254
シアーズ・ローバック社　163-165, 167, 176
シャーボンディ・ラバー社　146
ショエルコップ社　6, 8-9
シンセティック社　179
スターリング・プロダクツ社　20, 206
スタンダード・IG社　189
スタンダード・オイル・トラスト　23
スタンダード・ニュージャージー社　59, 66, 71, 95, 111, 165, 183, 185, 188-199
スタンダード開発会社　185-186, 191-195
ストレインジ社　178-179
ゼネラル・アニリン・アンド・フィルム社　206
ゼネラル・アニリン・ワークス社　30-31, 34
ゼネラル・ケミカル社　18, 118
ゼネラル・ダイスタッフ社　29-31, 34
ゼネラル・タイヤ社　193
セメット・ソルヴェー社　18, 118
セラニーズ社　61, 64
セランゴール・ラバー社　172-173
ソルヴェー社　37, 114-115, 117-119, 125, 127
ソルヴェー・プロセス社　18, 37, 115-124, 126

タ行

ダイヤモンド・ラバー社　142, 144, 146, 199-200
ダウ・ケミカル社　9, 19, 40, 129, 181, 184-185, 194, 198, 227, 234, 237
ダンロップ・タイヤ社(ダンロップ社)　146, 173
チオコール社　181
チバ社　19, 251
チバ・ガイギー社　253-254

チリ火薬会社 47
ディナミット社 48-49,55
ディナミット中央会社 54
ディロン・リード商会 159-160
テクスティル・ザルティフィシェル社 60-61
テネコ社 254
テネシー・イーストマン社 64
デュペリアル・アルゼンチン社 40,50-52,79,85,132
デュペリアル・ブラジル社 40,50-52,79,85,132
デュポン社 3,9-10,15,19-22,29-32,34-75,78-82,132,181,185,191-195,204,235,237,244,249,252-258
デュポン・セロハン社 59,71-72
デュポン・ファイバーシルク社（デュポン・レーヨン社） 60,71-72
ドゥシロ社 51,79
トムズ・リバー・ケミカル社 258

ナ行

ナイアガラ・アルカリ社 129
ナショナル・アニリン・アンド・ケミカル社 9,18,19,38,53,118
ナショナル・シティ・バンク 93,102,205,208
ナチュラル・ソーダ・プロダクツ社 125
南米火薬会社（CSAE） 49,54
ニューブランズウィック・ラバー社 169
ニューポート社 19
ノーベル・インダストリーズ社 36-37,48-49
ノーベル・エクスプロウシブズ社 45-47
ノーベル・ケミカル・フィニッシィーズ社 55,58
ノーベル・トラスト 42,45,47,53

ハ行

バークシャー・カラー・アンド・ケミカル社 255
ハーショー・ケミカル社 254
ハートフォード・ラバー・ワークス社 142,146
パーマー・タイヤ社 146
パールマン・リム社 172
バイエル社 20,22-23,25,28-29,178,180,250
バイヤー社 20-21,28
パシフィック・アルカリ社 125-126
パシフィック・コースト・ボラックス社 126
バッファロー・カラー社 254
ビュイック・モーター社 145
ファイアストーン社 136,141,143-147,153-156,158-159,163,165-172,174-176,185-187,195-196,201
ファイアーストーン・ビクター・ラバー・タイヤ社 169
ファイアーストーン・ラバー・タイヤ社 169
ファブリコイド社 57
フィスク・ラバー社（フィスク・タイヤ・アンド・ラバー社） 156,167
フォード・モーター社 145,158,174
フッカー・エレクトロケミカル社 116,124,126
フッド・ラバー社 167,199-201
ブラジル・デュポン社 79
ブラナー・モンド社 37,114,116-120
フランコロール社 251
ブリティシュ・セロハン社 59,71
ブリティシュ・ダイズ社 22
ブリティッシュ・ダイスタッフス社 22,35
ブンゲ・イ・ボルン社 51
ベスレヘム・スティール社 111
ペタリン・ラバー・エステート・シンジケート 172
ヘヒスト社 21,23-25,29,250,258

企業名索引

ペンシルバニア・ソルト・マニュファクチュアリング社　115, 126
ベンゾール・プロダクツ社　9, 118
ホイットマン・アンド・バーンズ製造会社　169

マ行

マシースン・アルカリ・ワークス社　116
ミシガン・アルカリ社　115, 117
ミラー・タイヤ・アンド・ラバー社　167
メカニカル・ラバー社　141
モートン・ケミカル社　254
モーベイ・ケミカル社　254
モルガン・アンド・ライト社　142
モンゴメリー・ウォード社　165, 176
モンサント・ケミカル社　227-228, 235-236, 238-239, 248-249

ヤ行

ヤング・アニリン・ワークス社　255
ユナイテッド・アルカリ社　120, 131
ユナイテッド・モーターズ社　172
ユニオン・カーバイド社　238

ユニオン・トラスト・カンパニー・オブ・クリーブランド　160

ラ行

ラ・セロファン社　58-60, 71
ラゾート社（デュポン・アンモニア社）　60, 71
ラバー・グッヅ製造会社　141-142, 144, 169
ラバー・タイヤ・ホイール社　142-143, 169
ラフリン・アンド・ランド・パウダー社　43
レヴィンシュタイン社　21-22, 57
レール・リキド社　60
レザークロス・プロプライエタリ社　55
レポーノ・ケミカル社　42
ローデアセタ社　61, 64
ローヌ社　61
ローム・アンド・ハース社　66, 206

ワ行

ワイラー＝テル・メール社　25

人名索引

ア行

アイゼンハワー (Dwight D. Eisenhower) 222-223
インテマン (Herman K. Intemann) 238
ウィカム (Henry Wickham) 172
ウィリアムズ (G. Williams) 177
ウィリアムズ (Roger Williams) 64
ウィルソン (T. Woodrow Wilson) 87, 94, 103, 106-108, 112
ウィルマー (Edward G. Wilmer) 160
ウィンゲート (Phil J. Wingate) 256, 258
ウェッブ (Edward Y. Webb) 93, 95
ウェーバー (Orlando F. Weber) 37, 121
ウッド (Leonard Wood) 10
エドワーズ (Corwin D. Edwards) 85
オースチン (Richard W. Austin) 103
オールコーン (David Alcorn) 255
オストロミスレンスキー (I. I. Ostromislensky) 180

カ行

カーリン (Charles C. Carlin) 96
ガスキル (Nelson B. Gaskill) 107
カミンズ (Albert B. Cummins) 95
ガリンガー (Jacob Galinger) 103-104, 107
カロザース (Wallace H. Carothers) 63, 65, 67
ガン (J. Newton Gunn) 163
キース (W. S. Kies) 93
キーティング (Edward Keating) 95
キッチン (Claude Kitchen) 8, 9
キャラウェー (Thaddeus H. Caraway) 98-99
キャンベル (Calvin Campbell) 234
ギリス (John L. Gillis) 235, 238-239
クィーニー (Edgar M. Queeny) 228-229, 248
クーリッジ (J. Calvin Coolidge, Jr.) 107
クッテレ (K. Coutelle) 178
グッドイヤー (Chrles Goodyear) 136, 149, 168, 172
グッドリッチ (Benjamin F. Goodrich) 138
クラーク (E. M. Clark) 190-192
クライナー (H. Kleiner) 182
クラウチ (C. Krauch) 192
グラハム (John S. Graham) 218, 231
グラント (Arthur W. Grant) 142
グラント (Robert J. Grant) 255
ケネディ (John F. Kennedy) 241, 246
ケリー (Edwin Kelly) 142-143, 169
ゲルステッカー (Carl Gerstacker) 237, 248
ゲルスト (Leon W. Gerst) 255
コグズウェル (William B. Cogswell) 115
コルコ (Gabriel Kolko) 103
コルバー (William B. Colver) 107
コンダコフ (I. Kondakow) 177
コンラート (E. Konrat) 182

サ行

シーメン (W. L. Semon) 184
ジェフリー (Thomas B. Jeffry) 144
シャーウィン (John Sherwin) 160
シュミッツ (D. A. Schmitz) 205
シュミッツ (Herman Schmitz) 205
ジェンキンス (Thomas A. Jenkins)

271

人名索引

シンプソン (Richard M. Simpson) 232
スウィント (W. Swint) 35, 52
スタンズ (Maurice H. Stans) 244
スチーブンソン (Sir James Stevenson) 152
スチュワート (Eugene L. Stewart) 239, 245
ストーボ (Robert B. Stobaugh, Jr.) 256, 258
スパークス (W. J. Sparks) 183
スムート (Reed Smoot) 13-14
スレイデン (James L. Slayden) 98
セイガー (Charles B. Seiger) 163
セイバリング (Frank A. Seibarling) 141, 159-160, 171
センプル (Robert B. Semple) 249
ソルヴェー (Alfred Solvay) 114
ソルヴェー (Ernest Solvay) 114
ソーンダース (W. L. Saunders) 93, 102

タ行

ダウ (Herbert H. Dow) 9
タウシッグ (Frank W. Taussig) 226
ダグラス (Paul Douglas) 240
タフト (William H. Taft) 87-88
チェース (Stuart Chase) 107
チャーチル (Winston Churchill) 173
チュンクー (E. Tschunkur) 182
チョート (Joseph H. Choate, Jr.) 13-14
チルデン (W. Tilden) 177
ティーグル (W. C. Teagle) 190, 192
ディクソン (J. T. Dickson) 67
ティリングハスト (Pardon W. Tillinghast) 142
ディロン (Clarence Dillon) 160-161
デービス (Joseph E. Davies) 103

デュースベルク (Carl Duisberg) 23-27, 33
デュースベルク (Walter Duisberg) 205, 209
デュポン (Lammot du Pont) 父 56
デュポン (Lammot du Pont) 子 30-31, 36
デュラント (William C. Durant) 172
ドーソン (David H. Dawson) 237
トーマス (R. M. Thomas) 183
トリップ (Guy E. Tripp) 102
トンプソン (Huston Thompson) 107-108

ナ行

ニクソン (Richard M. Nixon) 243
ニューランド (Julius A. Nieuwland) 65, 73, 181
ネーマー (Stanley Nehmer) 244
ノリス (George Norris) 104

ハ行

バーナード (Robert C. Barnard) 247, 249, 252
ハーリー (Edward N. Hurley) 91, 96, 103-104
パールマン (Louis H. Perlman) 171-172
ハーロー (Bryce Harlow) 244
バーン (E. J. Byrn) 173
パウチャー (Morris R. Poucher) 10, 21
ハザード (Rowland Hazard) 115
ハスラム (R. T. Haslam) 191
パトリック (C. J. Patrick) 181
バブソン (Roger W. Babson) 93
パリー (Will H. Parry) 106
ハリーズ (C. D. Harries) 178
ハワード (F. A. Howard) 191
ハワード (Henry Howard) 12

272

人名索引

ハンコック (Thomas Hancock) 172
ハント (Charles W. Hunt) 108
ハンバリー (J. C. Hanbury) 240
ハンフリー (William E. Humpherey) 106-108
バン=フリート (V. W. Van Fleet) 112
ヒックス (Frederick C. Hicks) 97
ヒル (Ebenezer J. Hill) 8
ファイアストーン (Harvey Firestone) 141, 153, 155, 158-159, 167, 169-171
ファラディ (M. Faraday) 177
ファレル (James A. Farrell) 89, 105
フーカー (R. W. Hooker) 219, 231
ブーシャルダ (G. Bouchardat) 177
フーバー (Herbert C. Hoover) 108, 113, 155
フェルンバッハ (A. Fernbach) 178
プランケット (Roy J. Plunkett) 66
フリント (Charles R. Flint) 140-141, 161, 168
プロットー (Cesare Protto) 21
ヘインズ (Walter D. Haines) 253
ホフ (George P. Hoff) 64
ボック (W. Bock) 182
ボッシュ (Carl Bosch) 27, 191
ホッチキス (H. Stuart Hotchkiss) 174
ホフマン (F. Hofmann) 178-179
ポメリーン (Atlee Pomerene) 94
ボラー (William E. Borah) 95, 104
ボルステッド (Andrew J. Volstead) 95
ホルト (A. Holt) 178

マ行

マーシャル (James J. Marshall) 244
マードック (Victor Murdock) 108
マキシモフ (A. D. Maximoff) 180
マコーミック (Cyrus H. McCormick) 102
マシューズ (F. E. Matthews) 178
マックゴワン (Harry McGowan) 35, 37
マックファーランド (Grenville S. MacFarland) 227
ミジリー (Thomas Midgley) 59, 66
ミッチェル (C. E. Mitchell) 208
ミルズ (Wilbur D. Mills) 243
ムーディー (Sindney C. Moody) 217, 222-223
メッツ (Herman A. Metz) 10, 13-15, 21, 29-30
メルツァー (Yale Meltzer) 252-253
モージス (George H. Moses) 10
モルガン (Dick T. Morgan) 95-96
モンド (Alfred Mond) 37

ヤ行

ヤング (Owen D. Young) 160

ラ行

ライアン (John D. Ryan) 88-89, 93, 102-104
ライアン (Sylvester T. Ryan) 75
ラフォレット (Robert M. La Follette) 103-104
リード (James A. Reed) 95
リッチフィールド (Paul W. Litchfield) 160, 174
リトル (Edward C. Little) 97-98
ルシュウール (Ernest A. LeSueur) 115
ルブラン (Nicholas Leblanc) 114
ルブリー (George Rublee) 91, 102-104, 106-107
レッドフィールド (William C. Redfield) 89, 101-103
レビンシュタイン (Edgar Levinstein) 22

人名索引

レベデフ (S. V. Lebedev)　178
ローズベルト (Franklin D. Roosevelt)　197
ローズベルト (Theodore Roosevelt)　43, 87-88
ロス (William M. Roth)　240, 247-248
ロング (Russel B. Long)　243
ロングワース (Nicholas Longworth)　11

ワ行

ワグナー (Cary Wagner)　221-223
ワトソン (James Watson)　107, 112

[著者略歴]

伊藤 裕人
（い とう ひろ ひと）

1950年　北海道帯広市に生まれる
1973年　小樽商科大学商学部卒業
1978年　大阪市立大学大学院経営学研究科博士課程単位取得退学
　　　　日本学術振興会奨励研究員，埼玉大学経済学部助教授を経て
現　在　大阪経済大学経営学部教授，経営学博士

国際化学産業経営史
────────────────────
2009年11月18日　第1刷発行

　　　　著　者　　伊　藤　裕　人
　　　　発行者　　片　倉　和　夫
　　　発行所　株式会社　八　朔　社
　　　　　　　　　　　　　（はっ さく しゃ）
　　　　東京都新宿区神楽坂2-19　銀鈴会館内
　　　　振替口座・東京 00120-0-111135 番
　　　　Tel.03(3235)1553　Fax.03(3235)5910

©伊藤裕人, 2009　　　　　印刷・製本　平文社
ISBN978-4-86014-045-8

———— 八朔社 ————

原　薫　戦後インフレーション　昭和二〇年代の日本経済　七〇〇〇円

原　薫　現代インフレーションの諸問題　一九八五―九九年の日本経済　四五〇〇円

梅本哲世　戦前日本資本主義と電力　五八〇〇円

藤井秀登　交通論の祖型　関一研究　四二〇〇円

佐藤昌一郎　陸軍工廠の研究　八八〇〇円

加藤泰男　現代日本経済の軌跡　景気循環の視点から　三三九八円

定価は本体価格です